"十四五"职业教育国家规划教材　　　名校名师精品系列教材

Database Technology and
Application

数据库技术
及应用

SQL Server 2022 | 微课版

周慧 施乐军 崔玉礼 ◎ 主编

周阿连 邹玮实 ◎ 副主编

人民邮电出版社

北　京

图书在版编目（C I P）数据

数据库技术及应用：SQL Server 2022：微课版 /
周慧，施乐军，崔玉礼主编. -- 北京：人民邮电出版社，
2024.10
名校名师精品系列教材
ISBN 978-7-115-64010-9

Ⅰ．①数… Ⅱ．①周… ②施… ③崔… Ⅲ．①关系数
据库系统－高等学校－教材 Ⅳ．①TP311.132.3

中国国家版本馆CIP数据核字(2024)第060503号

内 容 提 要

本书首先介绍数据库系统的基本知识、需求分析、概念设计和逻辑设计的方法，然后分别介绍 SQL Server 2022 的服务功能、安装与配置；使用 SSMS 或 T-SQL 创建与管理数据库、表、索引和关系图；T-SQL 的 SELECT 数据查询，视图的创建与应用；T-SQL 编程基础，创建与管理存储过程、触发器和用户定义函数，最后介绍 SQL Server 2022 的数据库安全性管理技术、备份与还原技术、导出与导入技术。

本书将数据库理论知识融入数据库开发与维护的工作过程中，依照职业岗位能力要求和行业实用技术要求编写；将各章内容以案例和项目为载体循序渐进地展示出来，适合工学结合、任务驱动形式的课程教学。

本书可作为普通高等院校、职业院校计算机类专业数据库技术与应用课程的教材，也可作为从事数据库开发与维护工作的工程技术人员的自学参考书。

◆ 主　　编　周　慧　施乐军　崔玉礼
　　副 主 编　周阿连　邹玮实
　　责任编辑　马小霞
　　责任印制　王　郁　焦志炜
◆ 人民邮电出版社出版发行　　北京市丰台区成寿寺路 11 号
　　邮编　100164　电子邮件　315@ptpress.com.cn
　　网址　https://www.ptpress.com.cn
　　三河市君旺印务有限公司印刷
◆ 开本：787×1092　1/16
　　印张：17.75　　　　　　　　2024 年 10 月第 1 版
　　字数：473 千字　　　　　　2024 年 10 月河北第 1 次印刷

定价：59.80 元

读者服务热线：(010)81055256　印装质量热线：(010)81055316
反盗版热线：(010)81055315
广告经营许可证：京东市监广登字 20170147 号

前　言

本书自 2009 年首次出版，至今 15 年来，经过 5 次改版，先后入围"十二五""十三五"和"十四五"职业教育国家规划教材，累计销量超 10 万册。此次修订延续"三教"改革的理念，同时全面贯彻党的二十大精神，落实立德树人根本任务，培养德智体美劳全面发展的社会主义建设高素质技术技能人才，增加 14 个拓展阅读和 58 个技能微课。作为职业教育国家规划教材，其建设思想、内容和特点如下。

1. 立德树人链接拓展阅读。 通过介绍夏培肃院士与其主持研制的中国第一台电子计算机，陈火旺院士与其设计的中国第一个编译系统，萨师煊、郑若忠、王珊和徐孝凯教授与其撰写的数据库著作以及中国数据库产业的振兴之路，旨在以社会主义核心价值观为引领，弘扬科学家精神，涵养优良学风，激发学生科技报国的家国情怀和使命担当。数字产业是数字经济的核心产业，数据库技术是数字产业的核心关键技术，通过融入云计算、云数据库、大数据、图形处理和机器学习的技术与发展，旨在培养学生自信自强、守正创新的精神，为加快建设数字中国，发展数字经济，打造具有国际竞争力的数字产业集群添砖加瓦。通过介绍图书馆管理系统和数据库管理员的匠心匠事，培养学生遵纪守法、诚实守信和精益求精的工匠精神，用所学数据库知识和技术筑牢数据的安全防线。

2. 校企双元合作开发教材。 本书编写团队以校企共建的虚拟化与云计算、数据运维、大数据分析等实训室为基础，依据"产教融合"办学模式重构"基于工作过程系统化"的课程体系，在课程中引入真实生产项目，对其典型工作任务、工作与学习内容、学习目标（能力、知识、素质）、学习组织形式与方法以及学业评价等进行描述，制定课程标准并编写教材，更好地发挥教材在培养数字产业所需的新一代信息技术高技能人才任务中的基础性作用。

3. 标准引领对接职业证书。 遵循职业教育国家课程标准与教学标准，紧密对接行业技术标准，参照软件技术相关职业技能证书的要求来确定教材的内容与组织形式。通过案例、项目和测试题很好地涵盖了数据库需求分析、概念设计、逻辑设计、物理设计、应用开发和系统维护工作过程中所需的基础知识、专业能力和职业素质，为"1+X 证书制度"提供服务。

4. 师生共享课程教材资源。 本书包含 58 个技能微课，对各章的重点与难点进行了精心的讲解与演示。拓展阅读与微课均可扫描书中的二维码自主学习。

借助人邮教育（https://www.ryjiaoyu.com）网络平台，分享辅助教学资源（课程标准、单元教学设计、教学课件、试题及答案、数据库文件等）。其中数据库文件包括贯穿课程的所有数据库对象（表、索引、视图、存储过程、用户定义函数等），为实践教学提供了极大的方便。

5. 工作任务单元化组织教材。 本书依据软件开发流程与标准，以精选案例和项目为载体，把数据库开发与维护工作任务中的理论知识、实践技能与实际应用环境结合在一起，按由易到难的工作方式设计案例 1——教务管理系统、案例 2——图书管理系统、项目训练中的人事管理系统 3 个学习情境（模块）。本书侧重于数据库的设计与开发，每个案例和项目分为若干子案例（单元）和子项目（单元），循序渐进地贯穿在本书的各章之中。本书的案例编号由"案例号–章号–序号"组成，例如"案例 1-2-2"表示案例 1 在第 2 章中的第 2 个子案例。

本书相关课程的学习情境设置、教学内容选取和教学形式建议如下表所示。考虑到数据库应用系统开发工具的多样性，学习情境 3 也可实时引进企业真实项目或学生自主创新项目，并与所学应用程序设计等课程结合进行综合实训。非计算机类专业可选择学习情境 1，力求掌握数据库基本知识。处于中高职衔接阶段的学生可选择学习情境 2 或学习情境 3，以进一步提高职业能力。

章	教学内容	学习情境 1-案例 1 教务管理系统	学习情境 2-案例 2 图书管理系统	学习情境 3-项目 人事管理系统
第 1 章	数据库系统认知	任务训练 1		
第 2 章	需求分析与数据库概念设计	案例 1-2-1（DFD，DD）案例 1-2-2（E-R）	案例 2-2-1（DFD，DD）案例 2-2-2（IDEF1X）	项目训练 1
第 3 章	关系模型与数据库逻辑设计	案例 1-3（E-R 概念模型到关系模型的转换）	案例 2-3（IDEF1X 概念模型到关系模型的转换）	项目训练 2
第 4 章	SQL Server 2022 的安装与配置	任务训练 2		
第 5 章	数据库的创建与管理	案例 1-5（使用 SSMS）	案例 2-5（使用 T-SQL）	项目训练 3
第 6 章	表的创建与操作	案例 1-6（使用 SSMS）	案例 2-6（使用 T-SQL）	项目训练 4
第 7 章	SELECT 数据查询	案例 1-7（基本查询）	案例 2-7-1（ANSI 连接查询）案例 2-7-2（子查询）	项目训练 5
第 8 章	视图的创建与应用	案例 1-8（使用 SSMS）	案例 2-8（使用 T-SQL）	项目训练 6
第 9 章	T-SQL 编程基础		T-SQL 编程基础	项目训练 7
第 10 章	T-SQL 程序设计		案例 2-10（创建存储过程、触发器和用户定义函数）	项目训练 8
第 11 章	数据库的安全性管理	案例 1-11（安全性管理）		项目训练 9
第 12 章	数据库的恢复与传输	案例 1-12-1（备份与还原）案例 1-12-2（导出与导入）		项目训练 10
建议教学形式		教师案例演示 学生模仿完成	教师案例引入 学生分组完成	教师项目指导 学生独立完成
建议学时（含课外）：120		56	40	24

本书的编写深受夏培肃、慈云桂和陈火旺院士，以及萨师煊、郑若忠和王珊教授的影响，他们在中国计算机领域取得的创造性成果，以及撰写的数据库著作赋予了我精神的力量与知识的源泉。

感谢我的前辈们，我的外祖父和父母终身致力于中国的科学研究与教育事业，他们在工程与教育事业上取得的成就，鞠躬尽瘁、死而后已的精神，以及务本求精、创新求实的态度永远鞭策着我。

感谢我的先生，作为 ERP 资深顾问，他凭借丰富的数据库开发与应用经验，解决了书中一个个技术问题，为本书案例的设计出谋划策，并对全书进行了认真的审阅。

感谢我的学生们，在完成任务训练之后，在收获体会中记录下了成功与喜悦、曲折与困难、信心与希望，字字句句给了我写作的灵感和激情。感谢毕业后坚守在 IT 岗位的学生们，他们已然成为高素质的能工巧匠，每当我遇到了新知识、新技术带来的疑惑时，总能从他们那里得到完美的解答。

　　在此还要感谢程立倩、杨敬波、王韶霞、崔蕾、孙俊林、贾丽虹、张津铭和刘晓梅等教师对本书编写给予的帮助。感谢 15 年来使用本书的广大教师和学生们，是他们激励着我不言放弃。

　　书中若有不妥之处，敬请读者提出宝贵的意见和建议，谢谢！

周　慧

2024 年 3 月

目　录

第1章
数据库系统认知

01

素养要点与教学目标

- 明确数据库技术的重要地位，激发科技报国的家国情怀和使命担当。
- 明确职业技术岗位所需的职业规范和精神，践行社会主义核心价值观。
- 能够理解数据库系统有关的英文术语，安装并初步使用 SQL Server，培养自主学习的职业素养。
- 能够初步认识数据库系统的组成，理解数据库的三级模式结构。
- 能够初步了解数据库管理系统的功能。
- 能够明确数据库系统中的用户角色（职业技术岗位）。
- 能够初步认识进行数据库设计所需建立的数据模型。
- 能够初步了解数据库设计的方法与步骤。

拓展阅读1　中国
计算机之母的
家国情怀

学习导航

　　本章介绍数据库系统的基本概念。读者可以通过本章学习数据管理技术的产生和发展，了解数据库系统的各个组成部分，初步认识数据模型和数据库设计的方法，从而对数据库系统与数据库设计有一个清晰的概念，为后续的学习和今后的工作打好基础。本章内容在数据库开发与维护中的位置如图 1-1 所示。

微课 1-1　数据
库系统认知

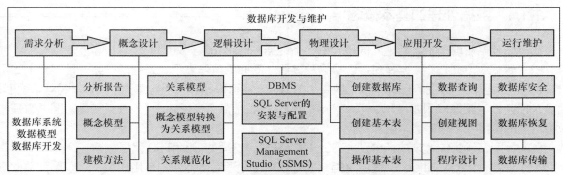

图1-1　本章内容在数据库开发与维护中的位置

知识框架

本章的知识内容主要为数据库系统的组成、数据库的三级模式（内模式、模式和外模式）结构、数据库管理系统的功能、数据库系统的用户、数据模型和数据库设计的基本方法与步骤等。本章知识框架如图 1-2 所示。

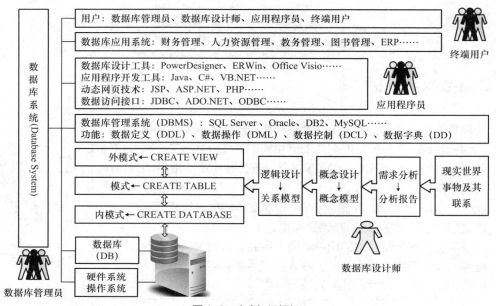

图 1-2　本章知识框架

1.1　数据管理技术的产生和发展

数据管理技术是应数据管理任务的需要而产生的。现阶段国家要求加快发展数字经济，促进数字经济和实体经济深度融合，打造具有国际竞争力的数字产业集群。数字经济以数据作为关键生产要素，将数据处理能力作为核心竞争力。数据库技术是数据管理技术发展的核心支撑，是促进数字化与产业化双向融合的数据基座。

1.1.1　数据处理的基本概念

在讨论数据管理技术之前，先简单介绍一下数据、信息和数据处理的概念。

（1）数据（Data）。数据是对客观事物及其活动的抽象符号表示，是存储在某一种媒介上的可以鉴别的符号资料。数据的形式不仅指狭义上的数字，还可以是具有一定意义的文字、符号、图形、图像、视频、音频等。例如，"0、1、2……"，"北京、上海、天津……"，教务管理、图书管理和人事管理的档案或记录等。

例如，两名学生的考试成绩分别为 85 分和 59 分，这里的 85 和 59 就是数据。

（2）信息（Information）。信息是指数据经过加工处理后所得到的有用知识，是以某种数据形式表现的。数据和信息是两个相互联系但又相互区别的概念，数据是信息的具体表现形式，信息是数据所表达的意义。也有人说，信息是事物及其属性标识的集合。

例如，某学生看到自己的考试成绩是 85 分或 59 分，通过思考判断成绩及格或不及格，这里的及格或不及格就是通过对数据 85 或 59 进行处理后所获取的信息。

（3）数据处理（Data Processing）。数据处理是指对数据进行加工的过程，即将数据转换成信息的过程，是对各种数据进行收集、存储、加工和传播的一系列活动的总和。

例如，编写一个 C 语言程序，对所输入的学生成绩进行分析判断并输出其是否及格。

C 语言源程序如下。

```
#include<stdio.h>
main()
{char no[11];int score;
scanf("%s%d",no,&score);        /*输入学号与分数*/
if(score>=60)                   /*如果分数大于等于 60 分*/
    printf("%s:pass!",no);      /*输出该学号对应成绩及格*/
else                            /*否则小于 60 分*/
    printf("%s:fail!",no);      /*输出该学号对应成绩不及格*/
getchar();getchar();}
```

运行该程序，当输入数据 85 或 59 时，经过 if 语句的判断处理将得到及格或不及格的信息。

我们经常应用的 Word 文字处理、Excel 表格处理和 Photoshop 图像处理等都是对各种数据进行收集、存储、加工的过程，均为计算机数据处理。

1.1.2　数据管理技术的发展

数据管理是指对各种数据进行分类、组织、编码、存储、检索和维护。数据管理技术经历了人工管理、文件系统和数据库系统 3 个阶段，并逐步实现网络化、智能化和集成化。

1. 人工管理阶段

20 世纪 50 年代中期以前，计算机主要用于科学计算。那时既没有存储数据的磁盘等硬件，也没有专门管理数据的软件，数据由计算或处理它的程序自行携带，程序设计依赖于数据表示。

人工管理阶段的特点如下。

- 数据不能长期保存。
- 由应用程序本身管理数据。
- 数据不可共享。
- 数据不具有独立性。

2. 文件系统阶段

20 世纪 50 年代后期到 60 年代中期，计算机不仅用于科学计算，还用于数据管理。这一时期不仅出现了磁鼓和磁盘等存储硬件，还出现了高级语言编译系统和操作系统等软件。程序和数据有了一定的独立性，并且有了程序文件和数据文件。但此时期的数据文件是为某一特定的应用服务的，修改了数据的逻辑结构就要修改相应的程序；反之，修改了程序同样也要修改数据的逻辑结构。程序设计仍然依赖于数据表示。

文件系统阶段的特点如下。

- 数据可以长期保存。

- 由文件系统管理数据。
- 数据冗余大，共享性差。
- 数据独立性差。

例如，编写一个 C 语言程序建立 10 名学生的数据文件，已知每个学生的数据包括学号、课程名和成绩。

要求：用键盘输入 10 名学生的数据，把学生的数据写入 sdata.dat 磁盘文件中。

C 语言源程序如下。

```
#include "stdio.h"
struct student
{char num[7]; char course[20];float score;};
struct student st[10];
main()
{FILE *fp;int i;
for(i=0;i<10;i++)                    /*通过循环输入 10 名学生的学号、课程名和成绩*/
    scanf("%s%s%f",&st[i].num,&st[i].course,&st[i].score);
if((fp=fopen("sdata.dat", "w"))==NULL)
    printf("Can not open file sdata.dat");
else
    {for(i=0;i<10;i++)               /*通过循环将 10 名学生的学号、课程名和成绩写入文件*/
        fwrite(&st[i],sizeof(struct student),1,fp);
    close(fp);}}
```

执行此程序，用键盘输入 10 名学生的学号、课程名和成绩，即可得到以下数据文件。

```
sdata.dat
0101001   C++语言    78
0101002   操作系统   62
0102005   电子技术   73
......
```

对于这个程序，虽然学生的数据能够长期保存，但如果学生的数据结构发生变化，那么也要对程序的相应部分进行修改。如果另一个程序也要使用这些学生的数据，则此程序的设计也必须充分考虑到学生数据文件（sdata.dat）的逻辑结构和物理结构。由于数据文件依赖相应程序，不能完全独立，因此不能为各种应用程序所共享。每个程序使用自己的数据文件必将造成数据冗余和随之带来的数据更新异常，同时依赖于程序的数据文件也不易于反映各数据文件之间的联系。

3. 数据库系统阶段

从 20 世纪 60 年代后期开始，计算机用于信息管理的规模越来越大。随着网络的发展，数据共享的需求日益增加，计算机软件与硬件的功能越来越强，从而发展出了数据库技术。关系数据库技术已经非常成熟，并且广泛地应用于企事业单位各部门的信息管理中，如事务处理系统、地理信息系统（Geographic Information System，GIS）、联机分析系统、决策支持系统、企业资源计划（Enterprise Resource Planning，ERP）系统、数据仓库和数据挖掘系统等都是以数据库技术作为重要支撑的。

数据库系统阶段的主要特点如下。

- 数据结构化：用特定的数据模型来表示事物及事物之间的联系。
- 数据共享性高：减少数据冗余，避免更新异常。
- 数据独立性强：程序和数据相对独立。
- 数据粒度小：粒度单位是记录中的数据项，粒度越小，数据处理就越便捷。

- 统一管理和控制：数据定义、操作和控制由数据库管理系统（Database Management System，DBMS）统一管理和控制，如 Oracle、SQL Server 和 MySQL 等数据库管理系统软件。
- 拥有独立的数据操作界面：DBMS 提供管理平台，通过命令或界面（包括菜单、工具栏、对话框等）对数据库进行访问和处理。

例如，在教务管理数据库"EDUC"中有一个如下所示的选课表"SC"，可以使用 DBMS 的 SQL 语句对其进行数据查询。

```
SID（学号）      CID（课程号）      Scores（成绩）
----------      ----------        -----------
2022216001      16020010          96.0
2022216001      16020011          80.0
2022216002      16020010          67.0
2022216003      16020012          78.0
2022216003      16020013          87.0
2022216003      16020014          85.0
2022216111      16020014          89.0
2022216111      16020015          90.0
2023216089      16020010          58.0
```

执行下面的 SQL 语句，完成成绩在 90 分及以上的学生信息的检索。

```
SELECT * FROM SC WHERE Scores>=90
```

查询结果如下。

```
SID             CID             Scores
----------      --------        -------
2022216001      16020010        96.0
2022216111      16020015        90.0
```

执行下面的 SQL 语句，完成成绩不及格（小于 60 分）的学生信息的检索。

```
SELECT * FROM SC WHERE Scores<60
```

查询结果如下。

```
SID             CID             Scores
----------      --------        -------
2023216089      16020010        58.0
```

从以上结果可以看出，DBMS 的 SQL 语句与数据有很好的独立性。

4. 数据管理技术的未来发展

数据、计算机硬件和数据库应用，这三者推动着数据库技术与系统进入数据结构多元化、存储异构化的时代。数据库要管理的数据的复杂度和数据量都在迅速增长，计算机硬件平台的发展仍然遵循着摩尔定律，尤其是互联网的发展极大地改变了数据库的应用环境，向数据库领域提出了前所未有的技术挑战。这些因素的变化推动着数据库技术的进步，出现了一批新的数据库技术，如 Web 数据库技术、并行数据库技术、数据仓库与联机分析技术、数据挖掘与商业智能技术、内容管理技术、海量数据管理技术和云计算技术等。限于篇幅，本书不可能逐一展开阐述这些技术的进展，读者可以通过继续学习和实践来体会新技术为数据管理带来的益处。

1.2　数据库系统概述

　　数据库系统（Database System，DBS）是指在计算机系统中引入数据库、数据库管理系统、数据库开发工具、数据库应用系统和用户组成的存储、管理、处理和维护数据的系统，如图 1-2 所示。其中，数据库与数据库管理系统是数据库系统的基础和核心。数据库系统的主要组成部分简述如下。

1.2.1　数据库

　　数据库（Database，DB）是指长期保存在计算机的存储设备上，按照某种数据模型组织起来的、可以被各种用户或应用程序共享的数据集合。

　　为了使数据库具有数据独立性（不因数据库逻辑结构和存储结构的改变而需要修改应用程序），以及降低系统维护的代价和提高系统的可靠性，美国国家标准学会（American National Standards Institute，ANSI）的数据库管理系统研究小组于 1978 年提出了标准化的建议，即将数据库建立为三级模式结构，如图 1-3 所示。

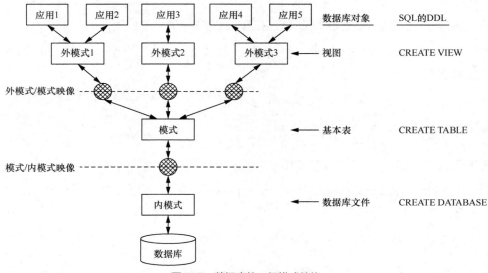

图 1-3　数据库的三级模式结构

1.　数据库的三级模式结构

　　（1）内模式。内模式也称为物理结构、存储模式或物理模式，是对数据的物理结构和存储方式的描述。它是数据库中全体数据的内部表示或底层描述，是三级模式结构的最底层。内模式对应着实际存储在外存储介质上的数据库（DATABASE），通常以文件形式存在。内模式反映数据库的存储观。

　　DBMS 提供描述内模式的定义语言，如 CREATE DATABASE。

　　（2）模式。模式也称为整体逻辑结构、逻辑模式或全局模式，是对数据的全体数据逻辑结构和特征的描述。它是对现实世界某个应用环境（企事业单位）中的所有信息内容集合的表示，是三级模式结构的中间层，是由数据库设计者综合所有用户的数据、按照统一的观点构造的全局逻辑结构，是所有用户的公共数据视图。它通常通过建立逻辑数据模型和基本表（TABLE）的方法来抽象、表示和处理现实世界中的数据和信息。模式反映数据库的整体观。

　　DBMS 提供描述模式的定义语言，如 CREATE TABLE。

　　（3）外模式。外模式也称为局部逻辑结构、用户模式或子模式，是对数据库用户看到并被允许使用的局部数据的逻辑结构和特征的描述，是三级模式结构的最外层。外模式是从模式导出的一个子集，包含模式中允许特定用户使用的那部分数据，是数据库用户的数据视图（VIEW），是保护数据库安全的一个有力结构。外模式反映数据库的用户观。

　　DBMS 提供描述外模式的定义语言，如 CREATE VIEW。

2. 数据库的两层存储映像

　　数据库的三级模式是对数据的 3 个抽象层次，它把数据的具体组织留给 DBMS 管理，使用户能面向数据的逻辑结构抽象地处理数据，而不必关心数据在计算机中的具体表示方式与存储方式。为了能够在内部实现这 3 个抽象层次的联系和转换，DBMS 在三级模式之间提供了两层存储映像。

　　（1）外模式/模式映像。当数据库的整体逻辑结构发生变化时，DBMS 通过调整外模式和模式之间的映像，使得外模式中的局部数据及其结构（定义）不变，因此不用修改应用程序，从而确保了数据的逻辑独立性。

　　（2）模式/内模式映像。当数据库的存储结构发生变化时，DBMS 通过调整模式和内模式之间的映像，使得整体模式不变，当然外模式及应用程序也不用改变，从而实现了数据的物理独立性。

1.2.2　数据库管理系统

　　数据库管理系统（Database Management System，DBMS）是一种操作和管理数据库的大型软件，用于建立、使用和维护数据库，以及对数据库进行统一的管理和控制，以保证数据库的完整性和安全性。常见的 DBMS 有用于大中型企业的 Oracle、SQL Server 和 DB2 等，有用于中小型网站的 MySQL，还有 Microsoft Office 中的 Access。本书将以 SQL Server 2022 为平台介绍数据库开发与维护的基本方法与技术，有关其服务功能和管理工具可参看第 4 章的内容。各种DBMS 的重要技术及功能均广泛遵循数据库结构化查询语言（Structured Query Language，SQL）标准。因此，读者不必纠结学习哪一种 DBMS 更好。DBMS 的主要功能如下。

1. 数据定义功能

　　DBMS 提供数据定义语言（Data Definition Language，DDL），以实现对数据库三级模式结构的描述，包括定义数据的完整性约束等。

2. 数据操作功能

　　DBMS 提供数据操作语言（Data Manipulation Language，DML），以实现对数据的操作。基本的数据操作有两类：修改（插入、删除数据行以及更新数据）与检索（数据查询）。

3. 数据控制功能

　　DBMS 提供数据控制语言（Data Control Language，DCL）以及 DDL，以实现对数据库的运行控制。其对数据库的保护主要通过以下 5 个方面实现。

- 数据完整性控制。保证数据库中数据及语义的正确性和有效性，防止任何可造成数据错误的操作。

- 数据库安全性控制。防止未经授权的用户存取数据库中的数据，以避免数据的泄露、更改或破坏。
- 数据库恢复。在数据库被破坏或数据不正确时，系统有能力把数据库恢复到正确的状态。
- 数据库维护。实现数据库的数据载入、转换、转储以及数据库的改组和性能监控等。
- 数据库并发控制。在多个用户同时对同一个数据进行操作时，系统应能加以控制，防止数据库中的数据被破坏。

4. 数据字典

DBMS 会自动建立和维护数据字典（Data Dictionary，DD），用于存放有关数据的数据（元数据），供 DBMS 和用户使用。数据库三级模式结构的定义均自动保存在数据字典中，如表、视图和索引的定义以及用户的权限等。此外，数据字典还用于自动存放来自系统的状态和数据库的统计信息，如数据库和磁盘的映射关系以及数据使用频率的统计信息等。

随着新型数据模型及数据管理实现技术的推进，可以预期各种 DBMS 产品的性能还将不断更新与完善，应用领域也将得到进一步拓宽。

1.2.3　数据库开发工具

数据库开发工具（Database Development Tool，DDT）主要用于数据库应用系统的开发，一般分为数据库设计和应用程序设计两个方面。

数据库设计主要采用规范设计法与辅助的数据库设计工具（Database Design Tool）进行，常用的工具软件有 PowerDesigner、ERWin、DbSchema 和 Visio（详见第 2 章）等。

对于应用程序设计，DBMS 提供 SQL，可以使用交互命令或者服务器编程方式实现对数据库的应用，还可以将 SQL 语句直接写入各种高级语言中实现对数据库的访问。其中，SQL Server 提供的 T-SQL（符合 SQL 标准）是本书要介绍的重点内容。

常用的程序设计语言有 Java、Python、C#和 VB.NET 等。动态网页技术 JSP、ASP.NET 和 PHP，以及数据访问接口 JDBC 和 ADO.NET 等，这些内容超出本书的范畴，将不做介绍。

1.2.4　数据库应用系统

数据库应用系统（Database Application System，DBAS）是在 DBMS 和数据库开发工具支持下建立的计算机应用系统。数据库应用系统通常提供可视化操作界面，以供终端用户进行日常数据处理，如企事业单位的财务管理系统和人力资源管理系统、企业采购和销售管理系统、学校教务管理系统、图书馆图书管理系统、民航和铁路售票管理系统、ERP 系统等。

1.2.5　用户

用户（User）是数据库系统中从事设计、开发、维护和应用工作的人员，分为数据库管理员、数据库设计师、应用程序员和终端用户，这些用户均是读者将来可能面向的职业岗位。其中，数据库设计师和应用程序员是软件公司数据库开发岗位上的工作人员，数据库管理员和终端用户是企事业单位信息管理部门和各应用部门岗位上的工作人员。

1. 数据库管理员

数据库管理员（Database Administrator，DBA）是从事管理和维护数据库系统工作的相关人员的统称，主要负责整个数据库系统的建立、管理、运行、维护和监控等系统性工作，核心目标是保证数据库系统的稳定性、安全性、完整性和高性能。

数据库管理员必须具有计算机和数据库方面的专业知识，还要对整个计算机软、硬件系统的构成比较熟悉，特别是要精通所使用的 DBMS（如 Oracle 和 SQL Server 等）。通常数据库管理员由经验丰富的计算机专业人员担任。

2. 数据库设计师

数据库设计师（Database Designer，DBD）主要负责根据数据库在某一方面的应用，同相关业务人员一起进行系统需求分析，形成需求分析报告；根据数据库设计理论与方法，借助数据建模工具（如 PowerDesigner 等）建立概念数据模型和逻辑数据模型；搜集和整理数据，使用数据库管理系统的数据库定义语言或操作界面建立相应的数据库。

3. 应用程序员

应用程序员（Application Programmer）主要负责根据数据库设计和用户的功能需求，利用 Java、C#或 VB.NET 等程序设计语言开发出功能完善、操作简便、满足用户需求的数据库应用系统，供终端用户使用。应用程序员既要掌握数据库方面的知识，又要精通至少一种程序设计语言，还要了解数据库应用系统相关部门的业务流程。

4. 终端用户

终端用户（End User）是使用数据库应用系统最广泛的群体，是数据库服务的对象，如企事业单位的财务和人事管理员、企业销售员、仓库管理员、学校学籍管理员、银行出纳员、窗口售票员等都是相应数据库应用系统的终端用户。他们通过已经开发好的数据库应用系统，利用含有菜单、按钮和对话框等各种控件的可视化窗口，能够自如地使用数据库开展业务工作。终端用户通常为仅熟悉本身业务工作的非计算机专业的人员。

1.3 数据模型

数据模型（Data Model）是对现实世界数据特征的抽象，是数据库系统中用来提供信息表示和操作手段的形式构架。计算机不能直接处理现实世界的客观事物，所以人们只有将客观事物转换成数字化的数据，才能让 DBMS 识别、处理。如前所述，数据库是按照某种数据模型组织起来的、可以被各种用户或应用程序共享的数据集合。

1.3.1 数据模型的应用层次

众所周知，现实世界是由客观存在的事物及其联系构成的。

例如，学校里学生和课程均为客观事物，学生和课程之间存在着学生选课的联系，如图 1-4 中的①所示。

为了把现实世界中的具体事物抽象并组织为某种 DBMS 支持的数据模型，人们常常先将现实世界抽象为信息世界，再将信息世界转换为机器世界。也就是说，先将现实世界中的事物及其联系抽象为概念数据模型，如图 1-4 中的②所示；然后将概念数据模型转换为某一种 DBMS 支持的逻辑数据模型，如图 1-4 中的③所示；再面向计算机进行物理存储设计，即建立物理数据模型。

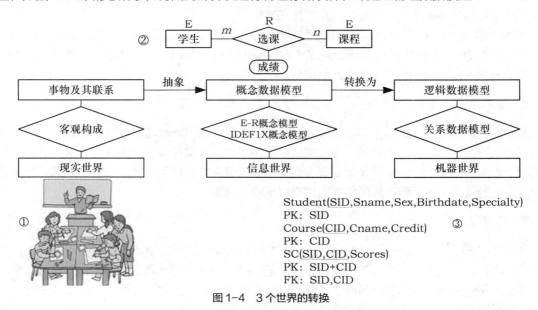

Student(SID,Sname,Sex,Birthdate,Specialty)
PK: SID
Course(CID,Cname,Credit)   ③
PK: CID
SC(SID,CID,Scores)
PK: SID+CID
FK: SID,CID

图 1-4　3 个世界的转换

由此可见，在数据库设计过程中，数据模型按不同的应用层次可分为以下 3 种类型。

1. 概念数据模型（信息世界）

概念数据模型（Conceptual Data Model）简称概念模型，是对现实世界的认识和抽象描述，按用户的观点对实体及其联系建立概念化结构，用于信息世界的建模。概念模型不考虑在计算机和 DBMS 上的具体实现，常用的有 E-R 概念模型和 IDEF1X 概念模型。

例如，在学校教务管理系统中，将学生、课程以及学生选课的客观事物抽象为"学生"实体（Entity，E）、"课程"实体（Entity，E）以及实体之间的"选课"联系（Relationship，R），并派生出"成绩"属性（Attribute，A），建立的 E-R 概念模型如图 1-4 中的②所示。

2. 逻辑数据模型（机器世界）

逻辑数据模型（Logical Data Model）简称逻辑模型，是指按照计算机系统的观点，将概念模型转换为 DBMS 支持的某一种数据模型（如关系数据模型，简称关系模型），用于机器世界的建模。

例如，在学校教务管理系统中，将概念模型转换为关系模型，其中的学生、课程以及选课可用 Student、Course 和 SC 关系来描述，如图 1-4 中的③所示。

3. 物理数据模型（物理存储）

物理数据模型（Physical Data Model）简称物理模型，是面向计算机物理表示的模型，描述了数据在存储介质上的组织结构。它不但与具体的 DBMS 有关，而且与操作系统和硬件有关。每一种逻辑模型在实现时都有其对应的物理模型。DBMS 为了保证其独立性与可移植性，大部分物理模型的实现工作都由系统自动完成，而设计者只设计索引、聚集等特殊结构。

1.3.2　数据模型的组成要素

数据模型是严格定义的一组概念的集合。这些概念精确地描述了系统的静态特性、动态特性和完整性约束条件。因此，数据模型通常由数据结构、数据操作和数据完整性约束 3 个部分组成。

1. 数据结构

数据结构是所研究的对象类型的集合。这些对象是数据模型的组成成分，它们包括两类，一类是与数据类型、内容、性质有关的对象，另一类是与数据之间的联系有关的对象。

数据结构用于描述系统的静态特征。DBMS 的 DDL 可实现数据库的数据结构定义功能。例如，用 SQL Server 的 T-SQL 定义一个学生表的语句如下。

```
CREATE TABLE Student              --建立关系模型的学生表
  (SID char(10),                  --定义字符型的学号
   Sname char(8),                 --定义字符型的姓名
   Sex nchar(1),                  --定义字符型的性别
   Birthdate date NULL,           --定义日期型的生日
   Specialty varchar(26) NULL)    --定义变长字符型的专业
```

2. 数据操作

数据操作是指对数据模型中各种数据对象允许执行的操作的集合，包括操作及有关的操作规则。数据模型必须定义这些操作的确切含义、操作符号、操作规则以及实现操作的语言。

数据操作用于描述系统的动态特性。DBMS 的 DML 可实现数据库的数据操作功能。例如，用 SQL Server 的 T-SQL 对以上学生表插入一行数据的语句如下。

```
INSERT Student(SID,Sname,Sex,Birthdate,Specialty)
  VALUES('2022216001','赵成刚','男','2003-5-5','软件技术')
```

3. 数据完整性约束

数据完整性约束是一组完整性规则的集合，主要描述数据模型中数据及其联系所具有的制约和依存规则，以保证数据的精确性和可靠性，即保证数据模型的数据完整性。

DBMS 的 DDL 和 DCL 提供多种约束来保证数据完整性。例如，用 SQL Server 的 T-SQL 在创建学生表的同时进行完整性约束定义的语句如下。

```
CREATE TABLE Student
  (SID char(10) PRIMARY KEY,                        --主键 PK 约束实现实体完整性控制
   Sname char(8) NOT NULL,
   Sex nchar(1) NULL CHECK(Sex = '男' OR Sex = '女'),  --检查 CHECK 约束实现域完整性控制
   Birthdate date NULL,                             --date 数据类型实现域完整性控制
   Specialty varchar(26) NULL)
```

对于这样定义的学生表，用户在输入学生的学号"SID"时，如果出现学号重复或者为空的情况，则 DBMS 将给出错误提示信息并要求纠正错误；当用户输入性别"Sex"时，也将只能输入"男"或"女"；当用户输入出生日期"Birthdate"时，只能输入合法的日期数据，从而保证了数据的正确性。

1.3.3 逻辑模型的分类

按照数据结构分类，数据库领域中的逻辑模型一般有以下 3 种。

1. 层次模型

层次模型（Hierarchical Model）用树形结构来表示各类实体以及实体之间的联系，如图 1-5 所示。现实世界中许多实体之间的联系本来就呈现出一种自然的层次关系，但由于这种数据结构常用链接指针来表示，因此在需要动态访问数据时效率不高。对于某些应用系统要求很高的情况，数据的插入与删除等操作也有许多限制，所以现在已经很少采用了。

2. 网状模型

网状模型（Network Model）用图形结构来表示各类实体以及实体之间的联系，如图 1-6 所示。网状模型是对层次模型的扩展，是现实世界中许多实体之间的联系本来就呈现出的一种自然的图形关系。网状模型的缺点是结构复杂，用户不易掌握，扩充和维护都比较复杂。它与层次模型的数据结构相同，但数据的插入与删除等操作限制更多，因此现在也很少采用。

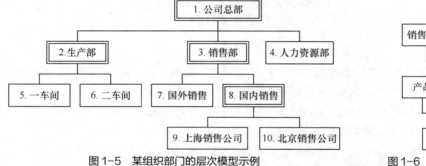

图 1-5　某组织部门的层次模型示例

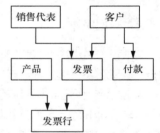

图 1-6　某销售机构的网状模型示例

3. 关系模型

关系模型（Relational Model）用二维表结构来表示各类实体以及实体之间的联系，如表 1-1 所示。关系模型建立在严格的关系代数的基础上，是目前最重要的一种逻辑模型。

表 1-1　教务管理关系模型中的关系 Student（学生表）

SID	Sname	Sex	Birthdate	Specialty
2022216001	赵成刚	男	2003-05-05	计算机应用
2022216002	李敬	女	2003-01-06	软件技术
……	……	……	……	……

1970 年，美国 IBM 公司 Sun Jose 研究室的研究员埃德加·弗兰克·科德（Edgar Frank Codd，简称 E.F.Codd）首次提出了数据库的关系模型，开创了数据库关系方法和关系数据理论的研究，为数据库技术奠定了理论基础。E.F.Codd 由于在这方面做出了杰出的贡献，于 1981 年获得 ACM 图灵奖。

20 世纪 80 年代以来，计算机厂商新推出的 DBMS 几乎都支持关系模型，非关系系统的产品也大多加上了关系接口。数据库领域当前的研究工作也都是以关系方法为基础的。

本书要介绍的 SQL Server 就是一种支持关系模型的数据库管理系统。有关关系模型的数据结构、数据操作和数据完整性约束的具体内容将在第 3 章详细介绍。

1.4 数据库开发与维护

根据数据库应用系统的结构和行为特性，其开发可分为数据库设计和应用程序开发两个主要方面。按照规范设计法，数据库设计分为需求分析、概念设计、逻辑设计和物理设计 4 个阶段。结合应用程序开发和系统运行维护，整个过程可分为以下 6 个阶段。

1. 需求分析阶段

需求分析是数据库应用系统开发的起点，主要任务是调查、收集与分析用户在数据处理中的数据需求、功能需求、完整性和安全性需求，经过反复修改和用户的确认，最终形成需求分析报告。需求分析的基本方法将在第 2 章简单介绍。

2. 概念设计阶段

概念设计阶段根据需求分析的结果，使用某种建模方法将客观事物及其联系抽象为包括实体及其属性、实体间的联系以及对信息的制约条件的概念模型。所建立的概念模型独立于计算机与各种 DBMS 产品，以一种抽象形式表示出来。数据库概念设计的基本方法将在第 2 章介绍。

3. 逻辑设计阶段

逻辑设计阶段将概念设计阶段得到的概念模型转换成具体的 DBMS 产品支持的逻辑模型（如关系模型），建立数据库的整体逻辑结构（数据库的模式），并对数据进行规范化和优化处理。数据库逻辑设计的基本方法将在第 3 章介绍。

4. 物理设计阶段

物理设计阶段根据 DBMS 的特点和数据处理的需要，对逻辑设计阶段得到的关系模型进行物理存储设计。使用 DBMS 提供的 DDL 在数据库服务器上创建数据库（DATABASE），并建立数据库的物理模型（数据库的内模式）。在所创建的数据库中创建基本表（TABLE）等数据库对象，以便在物理设备上实现数据库的模式结构。数据库物理设计的基本方法将在第 5 章和第 6 章详细介绍。

5. 应用程序开发阶段

应用程序开发阶段根据数据处理的功能需求，使用 DBMS 提供的 DML 对所创建的数据库进行修改（插入、删除数据行以及更新数据）与检索（数据查询）操作；使用 DBMS 提供的 DDL 在基本表（TABLE）的基础上创建视图（VIEW），建立数据库的局部逻辑结构（数据库的外模式）。数据库的数据操作、数据查询、视图的应用与 SQL 程序设计的基本方法将在第 6～10 章重点介绍。

在数据库应用系统开发的过程中，通常将 DBMS 提供的 SQL 嵌入程序设计语言中，按照软件项目开发流程编制与调试应用程序，组织数据入库并进行试运行，有关内容本书不做介绍。

6. 运行维护阶段

数据库应用系统试运行调试完成后即可投入正式运行。数据库应用系统在运行过程中还必须不断地进行评价、调整与优化。

数据库的日常维护工作主要由数据库管理员来完成，可以使用 DBMS 提供的 DCL 进行数据库的转储和恢复，数据库的安全性、完整性控制，数据库性能监视、分析和改进，以及数据库的重构。数据库的安全性管理和数据库的恢复与传输将在第 11 章和第 12 章介绍。

在数据库应用系统的实际开发过程中，各个阶段的划分并没有明确界限，设计步骤也不是完全按顺序从第一步进行到最后一步的。在任何阶段及在进入下一阶段前，一般都有一步或几步的回溯。在测试过程中解决出现的问题时可能要修改设计，用户还可能会提出一些需求而需要修改需求分析报告等。

本章简述了数据管理技术的发展阶段（人工管理、文件系统、数据库系统）；介绍了数据库系统的主要组成部分（DB、DBMS、DDT、DBAS 和 User），其中重点阐述了 DB 的三级模式结构和 DBMS 的主要功能；简单介绍了设计数据库所需的数据模型的应用层次（概念模型、逻辑模型、物理模型）、组成要素（数据结构、数据操作、数据完整性约束）以及逻辑模型的分类（层次模型、网状模型、关系模型）；简单列出了数据库开发与维护过程的主要步骤。通过学习本章，读者可以全面了解数据库应用系统开发与维护的主要技术，为后续的学习打下良好的基础。

任务训练 1　数据库系统认知

任务训练 1
数据库系统认知

1. 了解 IT 职业岗位与数据库技术的关系。
2. 初步使用数据库管理系统。

思考与练习

一、选择题

1. 下面列出的数据管理技术发展的 3 个阶段中，没有统一管理和控制的专门软件对数据进行管理的是（　　　）。

　Ⅰ．人工管理阶段　　　　　Ⅱ．文件系统阶段　　　　　Ⅲ．数据库阶段

　A．只有 Ⅰ　　　　　　B．只有 Ⅱ　　　　　C．Ⅱ和Ⅲ　　　　　D．Ⅰ和Ⅱ

2. DB（数据库）、DBS（数据库系统）和 DBMS（数据库管理系统）之间的关系是（　　　）。

　A．DBS 包括 DB 和 DBMS　　　　　　B．DBMS 包括 DB 和 DBS

　C．DB 包括 DBS 和 DBMS　　　　　　D．DBS 就是 DB，也就是 DBMS

3. 下列 4 个选项中，不属于数据库系统特点的是（　　　）。

　A．数据共享性高　　B．数据完整性高　　C．数据冗余度高　　D．数据独立性强

4. 描述数据库整体数据的全局逻辑结构和特性的是数据库的（　　　）。

　A．模式　　　　　　B．内模式　　　　　C．外模式　　　　　D．子模式

5. 用户或应用程序看到的局部逻辑结构和特征的描述是（　　　）。

　A．模式　　　　　　B．内模式　　　　　C．外模式　　　　　D．存储模式

6. 在修改数据结构时，为保证数据库的数据独立性，需要修改的是（　　　）。

　A．模式与外模式　　　　　　　　　　B．模式与内模式

　C．三级模式之间的两层映射　　　　　D．三级模式

7. 数据模型的 3 个组成要素是（　　　）。

    A. 实体完整性、参照完整性、域完整性   B. 数据结构、数据操作、数据完整性约束

    C. 数据增加、数据修改、数据查询   D. 外模式、模式、内模式

8. 下述（　　　）不是数据库管理员（DBA）的职责。

    A. 负责整个数据库系统的建立   B. 负责整个数据库系统的管理

    C. 负责整个数据库系统的维护和监控   D. 负责整个数据库管理系统的设计

二、简答题

1. 数据管理技术的发展经历了哪几个阶段？

2. 数据库系统由哪几个部分组成？其中数据库系统用户有哪几种？你期望自己在其中承担什么样的角色？相应的职业岗位需要具备哪些知识和技能？

3. 数据库的三级模式结构有哪些？该结构的好处是什么？用什么软件来实现管理？

4. 数据库有哪几种结构的逻辑数据模型？目前最常用的是哪种？

5. 数据库开发与维护主要包括哪几个阶段？各阶段的主要任务是什么？

6. 请列举与本章有关的英文词汇原文、缩写（如无可不填写）及含义等，可自行增加行。

序号	英文词汇原文	缩写	含义	备注

第2章
需求分析与数据库概念设计

素养要点与教学目标

- 通过数据库应用系统的需求分析，培养诚实守信与客户进行良好沟通的职业能力。
- 坚持基础知识与技能并重，培养认真、严谨和不怕困难的学习精神。
- 能够阅读需求分析报告，根据需求分析进行数据库概念设计。
- 能够使用 Office 的 Visio 工具建立 E-R 或 IDEF1X 概念模型。

拓展阅读2 中国数据库理论与方法研究的奠基石

学习导航

本章介绍数据库应用系统开发过程中需求分析和数据库概念设计的方法。读者将学习如何借助分析工具完成需求分析工作，如何应用建模方法和建模工具建立数据库的概念模型。本章内容在数据库开发与维护中的位置如图 2-1所示。

微课 2-1 需求分析与数据库概念设计

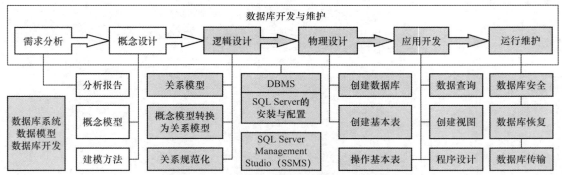

图 2-1 本章内容在数据库开发与维护中的位置

知识框架

本章的知识内容为需求分析中数据流图与数据字典分析工具的简单运用，重点是数据库概念设计的概念模型要素和设计步骤、E-R 或 IDEF1X 建模方法，以及 Microsoft Office 的 Visio 建模工具的简单运用。本章知识框架如图 2-2 所示。

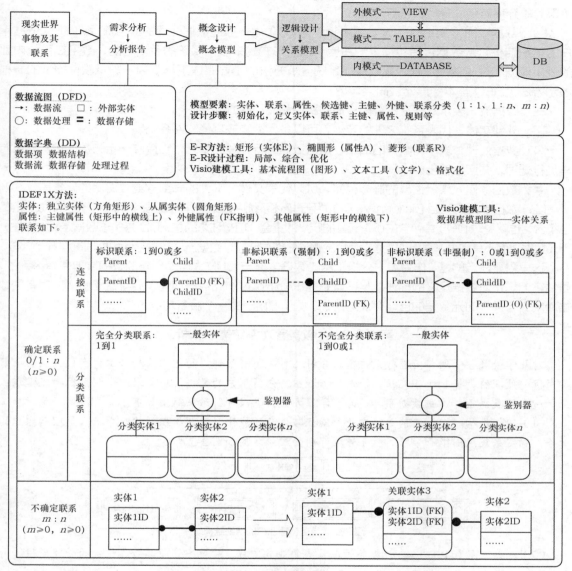

图 2-2　本章知识框架

数据库应用系统的主要应用方向为管理信息系统（Management Information System，MIS），简称管理系统。管理系统因具体对象的不同，可以应用于政务、经济、教育和生产等各个领域。

本书引入涵盖所有学习内容的教务管理系统案例、图书管理系统案例和人事管理系统项目，循序渐进地介绍数据库应用系统开发与维护中所需的数据库知识与技术。

2.1　需求分析

数据库应用系统的需求分析的重点是调查、收集与分析用户在数据处理中的数据需求、功能需求、完整性与安全性需求。应用分析方法与工具，经过反复修改和用户的确认形成需求分析报告。需求分析的内容非常复杂，通常由富有项目管理经验的数据库设计师与企业管理人员合作完成。以下仅简单介绍常用的分析工具与方法。

（1）数据流图（Data Flow Diagram，DFD）用于描述数据处理的业务流程。DFD 依据用户的组织结构，从数据传递和加工的角度，以图形方式来表达系统的逻辑功能、数据在系统内部的逻辑流向和逻辑变换过程，是结构化系统分析方法的主要表达工具及用于表示软件模型的一种图示方法。DFD 基本图形元素简述如下。

→：数据流，表示数据在系统内传播的路径和流动的方向。

□：外部实体，代表系统之外的实体，可以是人、物或其他软件系统。

○：数据处理，表示对数据的加工，是对数据进行处理的单元，它接收一定的数据输入，再对其进行处理，并产生输出。

＝：数据存储，表示信息的静态存储，可以代表文件、文件的一部分或数据库的元素等。

（2）数据字典（Data Dictionary，DD）用于描述系统中数据处理的数据需求。DD 是关于数据的信息集合，也就是对 DFD 中包含的所有元素的定义的集合。值得注意的是，DD 是关于数据定义的描述，即元数据，而不是数据本身。DD 通常包括数据项、数据结构、数据流、数据存储和处理过程 5 个部分。

这里需要注意的是，作为需求分析工具的数据字典与 DBMS 自动创建的数据字典是有区别的，虽然它们均是对数据定义的描述，但前者是需求分析阶段的元数据描述，后者是 DBMS 对有关数据库定义与操作的元数据的自动存储与维护，是 DBMS 的一个服务功能。

案例 1-2-1　教务管理系统需求分析

对某学校教务管理部门进行系统需求分析。首先了解该部门的组织结构和工作岗位，然后了解各岗位要处理的数据和业务流程，绘制数据流图；分析用户的数据管理需求，说明系统功能需求；分析所有的数据项，建立数据字典。为了学习方便，需求分析结果简化如下。

（1）组织结构。组织结构是用户业务流程与信息的载体，了解组织结构对分析人员理解组织的业务、确定系统范围很有帮助。教务管理部门的组织结构如图 2-3 所示。

图 2-3　教务管理部门的组织结构

（2）数据流图（DFD）。分析教务管理系统的业务流程，对教务管理部门各科室的管理岗位进行数据传递和加工业务流程调研，得到的数据流图如图 2-4 所示。

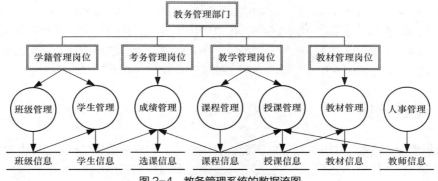

图 2-4　教务管理系统的数据流图

（3）功能需求。功能需求即用户的数据处理需求，通常是指用户需要的处理功能及处理方式。对教务管理部门各科室的管理岗位进行数据处理调研，得到的功能需求说明如下。

- 班级管理功能：能够插入、更新和删除班级信息，查询和分类统计班级信息。
- 学生管理功能：能够插入、更新和删除学生信息，查询和分类统计学生信息。
- 课程管理功能：能够插入、更新和删除课程信息，查询和分类统计课程信息。
- 教材管理功能：能够插入、更新和删除教材信息，查询和分类统计教材信息。
- 教师管理功能：能够插入、更新和删除教师信息，查询和分类统计教师信息；本功能属于人事管理部门的职工管理范围。
- 成绩管理功能：能够插入、更新和删除学生选课以及所选课程的考试成绩信息，查询和分类统计学生选课以及考试成绩信息。
- 授课管理功能：能够插入、更新和删除教师授课以及所授课程的教学评价信息，查询和分类统计教师授课以及教学评价信息。

对以上功能需求按照"自顶向下，逐步求精"的方法进行模块划分，应用程序设计语言实现各功能模块的界面设计与数据访问，相关内容超出本书的范畴，不做专门介绍。

（4）数据字典（DD）。对教务管理部门各科室的管理岗位的数据进行分析，得到的相关数据项简述如下。

- 班级信息：班级号、班级名称、年级、教室、人数等。
- 学生信息：学号、姓名、性别、出生日期、专业、入学录取分等。
- 课程信息：课程号、课程名、学分、课程类型、课程性质等。
- 教材信息：教材号、教材名、出版社、价格、订书数量、发放数量等。
- 教师信息：职工号、姓名、性别、出生日期、职称、学历、学位、所属系部等；本信息属于人事管理部门的职工信息范畴。
- 选课信息：学号、课程号、成绩等。
- 授课信息：职工号、课程号、专业、班级、授课任务、评价等。
- 课程选用教材信息：课程号、教材号、数量等。
- 学生属于班级信息：班级号、学号、职责等。

案例 2-2-1　图书管理系统需求分析

对某图书馆的图书管理部门进行系统需求分析。首先了解该部门的组织结构和工作岗位，然后了解各岗位要处理的数据和业务流程，绘制数据流图；分析用户的数据管理需求，说明系统功能需求；分析所有的数据项，建立数据字典。为了方便学习，需求分析结果简化如下。

（1）组织结构。图书管理部门设有读者管理岗位、借阅管理岗位和图书管理岗位，其组织结构如图 2-5 所示。

图 2-5　图书管理部门的组织结构

（2）数据流图（DFD）。对图书管理部门各岗位进行数据业务流程调研，收集要处理的原始数据和统计报表，得到的数据流图如图 2-6 所示。

（3）功能需求。对图书管理部门各岗位进行数据处理调研，得到的功能需求如下。

- 读者管理功能：能够插入、更新和删除读者信息，查询和分类统计读者信息。
- 图书管理功能：能够插入、更新和删除图书信息，查询和分类统计图书信息。

- 借书还书管理功能：能够插入、更新和删除借阅信息，查询和分类统计借阅信息。

同样，对以上功能模块的界面设计等需要通过应用程序设计语言来实现，本书不做专门介绍。

（4）数据字典（DD）。对图书管理部门各岗位的数据进行分析,得到的相关数据项简述如下。

① 有关读者的数据信息。

- 读者信息：读者编号、姓名、类型编号、已借数量、地址、电话、EMAIL 等。

- 读者类型信息：类型编号、类型名称、限借数量、限借天数、逾期罚款、丢失罚款等。

- 罚款信息：读者编号、罚款编号、罚款原因、罚款金额、罚款日期等。

② 有关图书的数据信息。

- 图书信息：图书编号、书名、作者名、出版社编号、出版日期、定价、是否借出等。

- 出版社信息：出版社编号、出版社名称、出版社地址、联系电话、EMAIL、联系人等。

- 图书修复信息：修复编号、图书编号、损坏程度、损坏原因、修复内容、修复日期、修复费用等。

③ 有关读者借阅图书的数据信息。

- 借阅信息：读者编号、图书编号、借期、还期等。

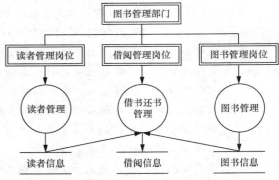

图 2-6　图书管理系统的数据流图

2.2　数据库概念设计概述

数据库概念设计的目标是对需求分析得到的数据流图、功能需求和数据字典等分析结果进行综合、归纳与抽象，建立包括实体及其属性、实体间的联系，以及对信息的完整性制约条件的概念模型。本章重点介绍 E-R 和 IDEF1X 概念模型的建模方法。

2.2.1　概念模型的基本要素

1. 实体（Entity，E）

（1）实体集：具有相同属性或特征的客观现实和抽象事物的集合，在不会混淆的情况下一般简称为实体。

例如：学生、课程、教材、教师等。

（2）实体实例：客观存在并且可以相互区别的事物和活动的抽象，是实体集中的一个具体例子。

例如：学生"赵成刚"、课程"微机组装与维护"、教材"微机原理"、教师"王芳"等。

（3）实体型：用实体名及属性名集合对同类实体共有特征的抽象定义。

例如：学生(学号,姓名,性别,…);
　　　课程(课程号,课程名,学分,…)。

（4）实体值：符合实体型定义的每个具体实体实例。

例如：学生(2022216001,赵成刚,男,…);
　　　课程(16020010,微机组装与维护,2.0,…)。

2. 联系（Relationship，R）

（1）联系集：实体之间相互关系的集合，在不会混淆的情况下一般简称为联系。

例如：联系集"选课"是实体"学生"中的每位学生与实体"课程"中各门课程的相互关系的集合。

（2）联系实例：客观存在并且可以相互区别的实体之间的联系，是联系集中的一个具体例子。

例如：实体"学生"中学号为"2022216001"的学生"赵成刚"，选择了实体"课程"中课程号为"16020010"的课程"微机组装与维护"，其考试成绩为"96"。

（3）联系型：用联系名及属性名集合对同类联系共有特征的抽象定义。

例如：选课(学号,课程号,成绩)。

（4）联系值：符合联系型定义的每个具体联系实例。

例如：选课(2022216001,16020010,96)。

3. 属性（Attribute，A）

（1）属性：描述实体和联系的特征。

例如：实体"学生"中的学号、姓名、性别等，联系"选课"中的学号、课程号、成绩等。

（2）属性值：属性的具体取值。

例如：实体"学生"中某位学生的学号、姓名的值分别为 2022216001、赵成刚。

4. 候选键（Candidate Key，CK）

能够唯一标识实体集或者联系集中每个实例的属性或属性组被称为候选键，可以有多个。能作为候选键的属性称为主属性，否则称为非主属性。

例如：实体"学生"中的学号、身份证号码、姓名（如果无重名）均为实体"学生"的候选键。

5. 主键（Primary Key，PK）

能够唯一标识实体集或者联系集中每个实例的属性或属性组被称为主键。主键只能有一个，可以从多个候选键中选择。

例如：实体"学生"的主键为属性"学号"，实体"课程"的主键为属性"课程号"，联系"选课"的主键为属性组"学号+课程号"。

实体的主键通常有以下几种类型。

（1）自然键：一些原本就可以唯一标识实例的属性，可直接选择作为主键。

例如：学号、员工编号、社会保障卡号、驾驶证号、发票号、订单号、产品号等。

（2）智能键：用几部分信息构造起来的属性，属性内部包含多种信息，用于帮助人们识别真实世界的某些事物。

例如：身份证号码用于唯一标识公民，某公民的身份证号码为 23000019990101671*。

前 6 位：地址码，230000 代表黑龙江。

中间 8 位：出生日期，19990101 代表 1999 年 1 月 1 日出生。

第 15 位和第 16 位：顺序码，67 为证件顺序。

第 17 位：性别码（奇数代表男，偶数代表女），此处的 1 代表男。

最后一位：验证码，采用 ISO 7064:1983.MOD11-2 校验码系统，是根据校验公式，由本体码生成的，用来验证录入或转录过程的准确性，此处用*代替。

例如：图书馆某册图书的编号为 978-7-115-19345-2TP311.138/269。

- 前段 978-7-115-19345-2 为图书的国际标准书号（International Standard Book Number, ISBN）。

第一组：EAN 标准码前缀，978 或 979 均表示图书。

第二组：国家、语言或区位代码，7 表示中国。

第三组：出版社号，115 表示人民邮电出版社。

第四组：书序号，19345 表示本书在该出版社出版的图书中的序号。

第五组：校验码，只有一位，为 0~9 中的一个，此处校验码为 2。

- 中段 TP311.138 为图书的分类号。

第一组：图书大类号，TP 表示自动化技术、计算机技术大类。

第二组：图书小类号，311 表示程序设计、软件工程，138 表示数据库系统。

- 后段 269 为图书的书次号。

图书的书次号表示在图书馆中此书排列在此类图书的第几本。

考虑到图书的这种编号过于长，一般图书馆将 ISBN 独立设置为图书的非主属性，仅用图书分类号和书次号构成图书的唯一索取号，例如，图书编号（索取号）TP311.138/269。图书管理员根据此索取号对此图书进行排架，并可以在借书、还书的过程中据此方便地找到这本书的位置。

6. 外键（Foreign Key，FK）

如果一个实体或联系的属性或属性组不是本实体或联系的主键，而是另一个实体的主键，则称其为本实体或联系的外键。

例如：联系"选课"中的属性"学号"和"课程号"，它们不是本联系"选课"的主键，而分别是实体"学生"和"课程"的主键，因此，属性"学号"和"课程号"是本联系"选课"的外键。

7. 联系基本分类

实体间存在的联系有以下 3 种基本类型。

（1）一对一联系（1:1）：如果对于实体集 A 中的每一个实体，实体集 B 中至多有一个（也可以没有）实体与之联系，反之亦然，则称实体集 A 与实体集 B 具有一对一联系，记为 1:1。

【例 2-1】 在学校里，假设一门课程只使用一本教材，反之一本教材仅供一门课程使用，则实体"课程"和实体"教材"具有一对一联系，记为 1:1，如图 2-7（a）所示。

（2）一对多联系（1:n）：如果对于实体集 A 中的每一个实体，实体集 B 中有 n（$n \geq 0$）个实体与之联系，反之，对于实体集 B 中的每一个实体，实体集 A 中至多只有一个实体与之联系，则称实体集 A 与实体集 B 具有一对多联系，记为 1:n。

【例 2-2】 一个班级中有若干名学生，一名学生只属于一个班级，则实体"班级"和实体"学生"具有一对多联系，记为 1:n，如图 2-7（b）所示。

（3）多对多联系（$m:n$）：如果对于实体集 A 中的每一个实体，实体集 B 中有 n（$n \geq 0$）个实体与之联系，反之，对于实体集 B 中的每一个实体，实体集 A 中也有 m（$m \geq 0$）个实体与之联系，则称实体集 A 与实体集 B 具有多对多联系，记为 $m:n$。

【例 2-3】 一门课程同时有若干名学生选修，而一名学生可以同时选修多门课程，则实体"课程"和实体"学生"具有多对多联系，记为 $m:n$，如图 2-7（c）所示。

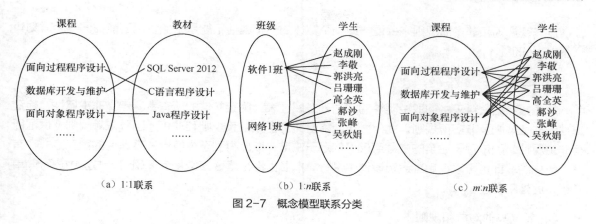

图 2-7　概念模型联系分类

2.2.2　概念设计的一般步骤

数据库的概念设计需要设计者有很丰富的行业管理经验和较高水平的数据库管理能力，本节仅对其设计步骤进行简单的介绍，以使读者对数据库概念设计有所了解，为后续学习数据库的逻辑设计、物理设计和应用程序设计打下较好的基础。

1. 初始化工程

初始化工程阶段的任务从目的描述和范围描述开始，即确定建模目标与建模计划，组织建模队伍，收集原始数据资料，制定约束和规范。其中，收集原始数据资料是这个阶段的重点。通过分析和观察结果，由业务流程、原有系统的输入与输出、各种报表、收集的原始数据资料形成基本数据资料表。

2. 定义实体

实体集合中的成员都有共同的特征和属性集，可以从基本数据资料表中直接或间接标识出大部分实体。根据原始数据资料表中表示物的术语及具有"代码"结尾的术语，如客户代码、代理商代码、产品代码等，将其名词部分代表的实体标识出来，如客户、代理商、产品等，从而初步找出潜在的实体，形成初步的实体表。

3. 定义联系

根据实际的业务需求、规则和其他实际情况确定连接联系、联系名和说明，从而确定联系类型。即在前述 3 种联系（1：1、1：n、m：n）的基础上，进一步确定是标识联系、非标识联系（强制的或非强制的）还是分类联系。如果子实体的每个实例都需要通过和父实体的联系来标识，则为标识联系，否则为非标识联系。在非标识联系中，如果每个子实体的实例都与而且只与一个父实体的一个实例关联，则为强制的，否则为非强制的（可选的）。如果父实体与子实体代表的是同一个现实对象，那么为分类联系。如果读者对以上联系类型觉得难以理解，可以通过对 2.4 节 IDEF1X 建模方法的学习和应用加以认识，暂可不纠结于此。

4. 定义主键

为实体标识候选键属性，以便唯一识别每个实体，再从候选键中确定主键。主键和联系的有效性通过非空规则和非多值规则来保证，即一个实体的一个属性不能是空值，也不能在同一个时刻有一个以上的值。

5. 定义属性

从原始数据资料表中抽取说明性的名词开发属性表，确定属性的所有者。定义非主属性，检查属性的非空规则及非多值规则。此外，还要检查完全函数依赖规则和非传递函数依赖规则，保证所有非主属性必须依赖于完全的主键且仅仅依赖于主键，以此得到至少符合关系理论的第三范式。有关规范化的设计也可以在后续逻辑设计中进行，本书也将在第 3 章数据库逻辑设计方法中进行简单介绍，此处不赘述。

6. 定义其他对象和规则

定义属性的数据类型、长度、精度、非空和默认值等规则。定义触发器、存储过程、视图、角色、同义词和序列等对象。有关内容也可以在后续逻辑设计、物理设计和服务器程序设计中逐步完成。

2.3 E-R 方法概念设计

概念模型是对信息世界的建模，所以概念模型应能够方便、准确地表示出信息世界的常用概念。概念模型的表示方法有很多，其中最为著名且常用的是陈品山（Peter Pin-Shan Chen，简称 P.P.S.Chen）于 1976 年提出的实体-联系方法（Entity-Relationship Approach），简称 E-R 方法，它是描述现实世界概念模型的有效方法。

案例 1-2-2　教务管理数据库概念设计

根据教务管理系统的需求分析进行数据库的概念设计，采用 E-R 方法定义实体、属性、主键和联系等，建立教务管理数据库的概念模型。

2.3.1　概念模型的 E-R 表示方法

用 E-R 图（Entity-Relationship Diagram）表示实体、属性和实体间的联系。E-R 图的基本组成部分如下。

（1）矩形：表示实体（Entity，E），矩形框中标明实体名称。

（2）椭圆形：表示属性（Attribute，A），椭圆形框中标明属性名称。

（3）菱形：表示联系（Relationship，R），菱形框中标明联系名称。

（4）无向边（直线）：实体与属性之间和联系与属性之间用无向边相连；实体与联系之间用无向边相连并在无向边旁用数字或字母标明联系的类型。

【例 2-4】 例 2-1～例 2-3 中的实体"教材""课程""班级""学生"分别用矩形表示，而课程与教材 $1:1$ 的联系"选用"、班级与学生 $1:n$ 的联系"属于"、学生与课程 $m:n$ 的联系"选课"则用菱形表示，其 E-R 图分别如图 2-8（a）～图 2-8（c）所示。

【例 2-5】 实体本身也有内在的联系，如实体"职工"内部有领导和被领导的联系，即某职工为部门领导，领导若干名职工，而一名职工仅被另外一名职工（领导）直接领导，对应 E-R 图如图 2-9 所示。

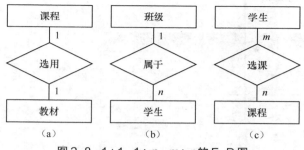

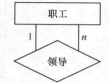

图 2-8 1:1、1:n、m:n 的 E-R 图　　　　图 2-9 实体"职工"内 1:n 的 E-R 图

2.3.2 使用 Visio 建立 E-R 概念模型

E-R 图的绘制既可以采用多种绘图软件，也可以使用一些专门的数据库设计工具。其中 Microsoft Office Visio 是一个多功能的绘图工具，包含数据库设计工具。可以使用其中的"数据库模型图"工具建立数据库的概念模型，但所建立的概念模型有自己独立的风格，支持 IDEF1X 建模方法。而 E-R 概念模型可以应用 Visio 的"基本流程图"模板来绘制 E-R 图的形状。

【例 2-6】 使用 Visio 建立教务管理数据库的 E-R 概念模型。具体步骤如下。

（1）启动 Microsoft Office Visio，选择菜单"文件"→"新建"→"流程图"→"基本流程图"模板，单击"创建"按钮，如图 2-10 所示。

（2）在【形状】窗格下的【基本流程图形状】中，分别将矩形（流程）、菱形（判定）和椭圆形（开始/结束）拖动到绘图页上，在功能选项卡【开始】/【工具】组中单击"连接线"按钮绘制直线（无向边），即可方便地表示实体、联系、属性及它们之间的连接，如图 2-11 所示。

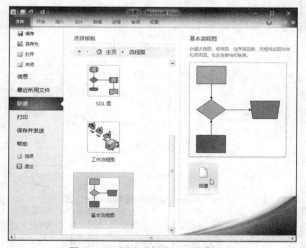

图 2-10 新建"基本流程图"文件

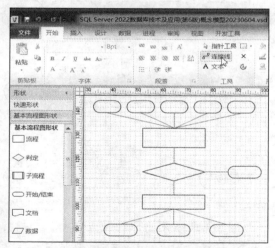

图 2-11 绘制 E-R 概念模型的基本图形构件

（3）可以使用复制、粘贴功能绘制相同的形状，单击功能选项卡【开始】/【排列】组中的相应按钮进行形状的位置对齐等格式化操作，如图 2-12 所示。

（4）单击或双击绘图页上的图形即可在其中输入文字，单击功能选项卡【开始】/【工具】组中的"A 文本"按钮，也可在绘图页上输入文字，如图 2-12 所示。

（5）单击功能选项卡【开始】/【字体】组、【段落】组、【形状】组中的相应按钮，对形状和文字进行格式化，如图 2-12 所示。

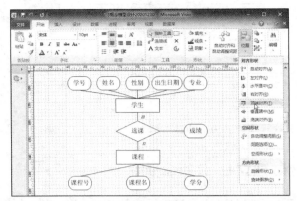

图 2-12　E-R 概念模型的形状布局、文字输入及格式化

　　根据教务管理系统的需求分析，得到实体"学生"，主键为"学号"；得到实体"课程"，主键为"课程号"。实体"学生"与实体"课程"之间通过联系"选课"建立关联，并派生出新的属性"成绩"。了解到一门课程有若干名学生选修，而一名学生可以选修多门课程，课程和学生之间具有多对多联系。为了方便学习，此处对教务管理系统需求分析的数据字典进行了简化，仅选取部分数据项作为实体的属性。学生选修课程局部 E-R 图如图 2-13 所示。

　　根据需求分析，还可以得到实体"教师"，主键为"职工号"。实体"教师"与实体"课程"之间通过联系"授课"建立关联，并派生出新的属性"评价"。了解到一门课程可以由若干名教师讲授，而每一名教师可以讲授多门课程，教师和课程之间具有多对多联系。教师讲授课程局部 E-R 图如图 2-14 所示。

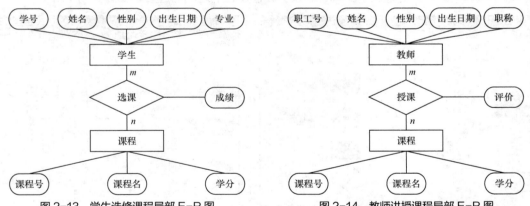

图 2-13　学生选修课程局部 E-R 图　　　　图 2-14　教师讲授课程局部 E-R 图

　　根据需求分析，还可以得到实体"教材"，主键为"教材号"。实体"教材"与实体"课程"之间通过联系"选用"建立关联，并派生出新的属性"数量"。了解到一门课程选用一种教材，且一种教材被一门课程选用，教材和课程之间具有一对一联系，如图 2-15 局部所示。

　　根据需求分析，还可以得到实体"班级"，主键为"班级号"。实体"班级"与实体"学生"之间通过联系"属于"建立关联，并派生出新的属性"职责"。了解到一名学生属于一个班级，而一个班级有多名学生，班级和学生之间具有一对多联系，如图 2-15 局部所示。

　　综合课程选用教材、学生属于班级、学生选修课程和教师讲授课程的局部 E-R 图，可以得到教务管理数据库的 E-R 图，所建立的概念模型如图 2-15 所示。

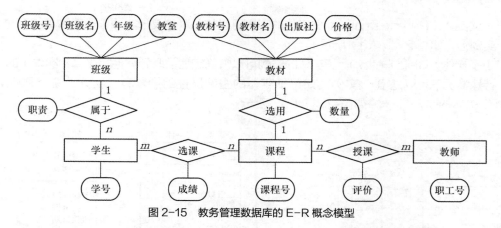

图 2-15 教务管理数据库的 E-R 概念模型

为了简单起见，图 2-15 中的实体"学生""课程""教师"只保留其主键属性。

2.4 IDEF1X 方法概念设计

IDEF 是 ICAM DEFinition method 的缩写，是 20 世纪 80 年代初，美国空军在集成计算机辅助制造（Integrated Computer Aided Manufacturing，ICAM）工程结构化分析和设计方法的基础上发展出来的一套系统分析和设计标准。

IDEF1X 是 IDEF 系列方法中 IDEF1 的扩展版本，是在 E-R 模型创始人陈品山（P.P.S.Chen）的实体-联系模型化概念与关系数据库之父埃德加·弗兰克·科德（E.F.Codd）的关系理论的基础上发展起来的，是用于描述系统信息及其联系的概念建模语言标准。

案例 2-2-2 图书管理数据库概念设计

根据图书管理系统的需求分析，采用 IDEF1X 方法建立图书管理数据库的概念模型。

在 IDEF1X 方法中，虽然某些概念与 E-R 方法中的非常相似，但 IDEF1X 方法具有功能更完善的语法、更强大的图形表达能力、规范的开发过程、标准的文件格式和大量的软件建模工具，应用更加广泛。下面简单介绍 IDEF1X 基本要素的语法和语义。

2.4.1 概念模型的 IDEF1X 表示方法

1. 实体的表示方法

在 IDEF1X 方法中，根据一个实体是否依赖于另一个实体，可将实体分为独立实体和从属实体两类；根据一个实体与另一个实体的关联情况，又可将实体分为父实体和子实体两种。

（1）独立实体。不依赖于其他实体和联系就可以独立存在的实体称为独立实体。该实体的主键属性组中没有来自其他实体的主键，用方角矩形表示，也常被称为强实体或拥有者实体，如图 2-16（a）所示。

（2）从属实体。依赖于其他实体和联系才能够存在的实体称为从属实体。从属实体的主键属性组中包含来自其他实体的主键，用圆角矩形表示，也常被称为弱实体或依赖实体，如图 2-16（b）所示。

（3）父实体（Parent Entity）。父实体的实例可以被关联到其他实体（子实体）的0个、1个或多个实例上，如图2-17（a）所示。

（4）子实体（Child Entity）。子实体的实例可以被确定地关联到其他实体（父实体）的1个实例上，特殊情况下可以是0个实例。如果子实体的主键属性组中含有父实体的主键属性，则子实体为父实体的从属实体，如图2-17（b）所示。

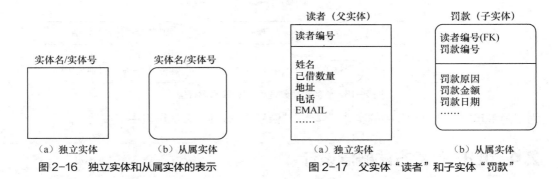

图 2-16　独立实体和从属实体的表示　　　　图 2-17　父实体"读者"和子实体"罚款"

【例 2-7】 在图书管理系统中，对于实体"读者"，主键"读者编号"可以唯一标识每一位读者，且不依赖于任何其他实体的主键，是一个独立实体，如图2-17（a）所示。

对于实体"罚款"，考虑到一位读者可能有多次因为延期还书、丢失图书、损坏图书等而被罚款，那么"罚款"的主键可以设为"读者编号+罚款编号"。因为实体"罚款"的主键中包含了实体"读者"的主键"读者编号"，所以实体"罚款"是从属实体，如图2-17（b）所示。

实体"读者"与实体"罚款"存在"1到0或多"的联系，所以实体"读者"为父实体，实体"罚款"为子实体，如图2-17所示。

2. 属性的表示方法

实体的属性用矩形中的属性名称来表示，其中作为主键的属性放在横穿实体矩形的一条直线之上，作为外键的属性后加"（FK）"进行指明，作为允许空值的属性后加"（O）"进行指明，如图2-18所示。

图 2-18　主键、外键允许空值和普通属性的表示

3. 联系的表示方法

实体之间的联系需根据其类型用不同的连线和矩形来表示。具体联系类型如表2-1所示。

表 2-1　iDEF1X 方法中的联系类型

确定联系 0/1 : n ($n \geq 0$)	连接联系	标识联系 1 : n ($n \geq 0$)	1 到 0 或多
		非标识联系（强制） 1 : n ($n \geq 0$)	1 到 0 或多
		非标识联系（非强制） 0/1 : n ($n \geq 0$)	0 或 1 到 0 或多
	分类联系	完全 1 : 1	1 到 1
		不完全 1 : 0/1	1 到 0 或 1
不确定联系 m : n ($m \geq 0, n \geq 0$)			相互 1 到 0 或多

📖 **说明**

① 以上所述的 "联系" 和 E-R 概念模型中的 "联系"，在有关数据库技术的英文著作里均为 "Relationship"，但翻译成中文常有联系和关系两种表述。例如，实体-联系模型或者实体-关系模型，意思是相同的。为了避免与后续关系模型中的关系（Relation）混淆，本书将 "Relationship" 统一翻译为 "联系"。

② 对于实体的联系类型一对一（1 : 1）、一对多 [1 : n ($n \geq 0$)] 等的表述，在以下 IDEF1X 方法介绍中将依照 Microsoft Office Visio 中的用法记作 "1 到 1" "1 到 0 或多" 等，如表 2-1 最右一列所示。

以下将结合案例逐一分述不同联系类型的 IDEF1X 表示方法。

（1）确定联系——连接联系。它是父（Parent）实体和子（Child）实体之间的联系，也称父子联系（Parent-Child Relationship）。连接联系用一条连线表示，连线的子实体端带有一个实心圆。连接联系又分为标识联系、非标识联系（强制/非强制）等。

① 标识联系，1 : n ($n \geq 0$)：父实体与子实体之间的联系为 "1 到 0 或多"，即子实体的每个实例必须与一个父实体的实例关联。将父实体的主键迁移到子实体中作为其外键（FK），并与子实体原有的主键联合构成子实体的主键（PK）。标识联系用实线表示，子实体为从属实体（圆角矩形），如图 2-19 所示。

从图 2-19 可以看出，标识联系中的子实体即前面所述的从属实体，用圆角矩形表示，而相对应的父实体即前面所述的独立实体，用方角矩形表示。

【例 2-8】 在例 2-7 中，独立实体 "读者" 是一个父实体，而从属实体 "罚款" 是一个子实体。一位读者既可能一次也不会被罚款，又可能有多次因延期还书、丢失图书、损坏图书等而被罚款，所以父实体 "读者" 和子实体 "罚款" 之间的联系为 "1 到 0 或多" 的标识联系。

将父实体 "读者" 的主键 "读者编号" 迁移到子实体 "罚款" 中作为其外键（FK），并与子实体原有的主键 "罚款编号" 联合构成子实体的主键，共同标识子实体的每个实例。读者与罚款的标识联系用实线表示，如图 2-20 所示。

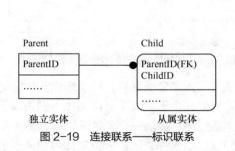

图 2-19　连接联系——标识联系

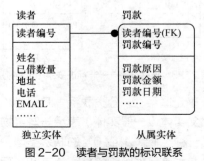

图 2-20　读者与罚款的标识联系

② 非标识联系（强制），1 : n ($n \geq 0$)：父实体与子实体之间的联系同上也是 "1 到 0 或多"，

但是父实体的主键不迁移到子实体的主键上，而是迁移到子实体中作为非主键属性，并成为子实体的外键（FK）。非标识联系（强制）用虚线表示，子实体为独立实体（方角矩形），如图2-21所示。

【例2-9】 在图书管理系统中，父实体"读者类型"和子实体"读者"之间存在"1到0或多"的非标识联系（强制），即子实体"读者"中的每个实例的"类型编号"的值，必须与父实体"读者类型"中的一个且仅与一个"类型编号"的值相关联。

将父实体"读者类型"的主键"类型编号"迁移到子实体"读者"中作为非主键属性，并成为其外键（FK）。读者类型与读者的非标识联系（强制）用虚线表示，如图2-22所示。

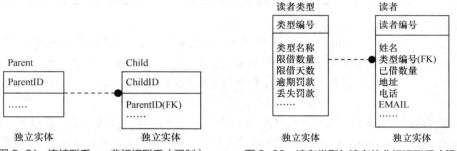

图2-21 连接联系——非标识联系（强制）　　　图2-22 读者类型与读者的非标识联系（强制）

③ 非标识联系（非强制），0/1：n（$n \geq 0$）：父实体与子实体之间的联系为"0或1到0或多"，即子实体的每个实例不是必须与一个父实体关联。同非标识联系（强制），父实体的主键不迁移到子实体的主键上，而是迁移到子实体中作为非主键属性，并成为子实体的外键（FK）。非标识联系（非强制）用虚线表示，子实体为独立实体（方角矩形），连线的父实体端用空心钻石来表示，如图2-23所示。

【例2-10】 在图书管理系统中，父实体"出版社"和子实体"图书"之间存在着"0或1到0或多"的非标识联系（非强制）。在子实体"图书"中可能存在非正式出版社出版的图书，其外键"出版社编号"的值被允许为空值（NULL），不与父实体"出版社"相关联。

将父实体"出版社"的主键"出版社编号"迁移到子实体"图书"中作为非主键属性，并成为其外键（FK），允许空值（O）。出版社与图书的非标识联系（非强制）用虚线表示，连线父实体端用空心钻石来表示，如图2-24所示。

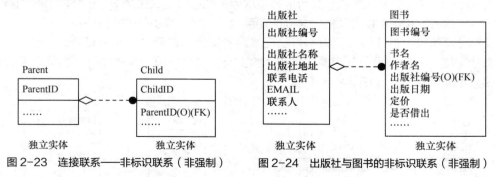

图2-23 连接联系——非标识联系（非强制）　　　图2-24 出版社与图书的非标识联系（非强制）

（2）确定联系——分类联系。IDEF1X建模方法中引入了分类联系，用于表示实体间的一种分层结构。父实体（一般实体）表示一些事物的全集，其他几个子实体（分类实体）则为其子集，分类联系是一种"1到1或0"的联系类型。一般实体通过鉴别器对一个属性值进行判断（类似于多路开关）之后再与相应的分类实体关联，它们之间的联系用连线表示。分类实体用圆角矩形表示，从属于一般实体，如图2-25所示。

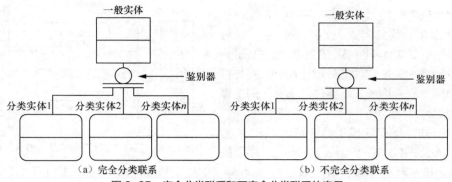

图 2-25　完全分类联系和不完全分类联系的表示

分类联系又分为完全分类联系和不完全分类联系。

① 完全分类联系（1：1）：一般实体与分类实体之间的联系为"1 到 1"，即在一般实体中的每个实例恰好与一个且仅与一个分类实体的实例相联系，鉴别器用一个圆圈及其下方的两条线表示，如图 2-25（a）所示。

② 不完全分类联系（1：0/1）：一般实体与分类实体之间的联系为"1 到 0 或 1"，即在一般实体中可以存在某个实例与任何分类实体的实例都不相联系，鉴别器用一个圆圈及其下方的一条线表示，如图 2-25（b）所示。

【例 2-11】 在图书管理系统中，假设图书有中文和外文两大类，在一般实体"图书"中设置一个鉴别器属性"图书类型"。当"图书类型"属性值为"中文"时，这个实例被放入分类实体"中文图书"中；当"图书类型"属性值为"外文"时，这个实例被放入分类实体"外文图书"中，对应的完全分类联系如图 2-26 所示。

图 2-26　一般实体"图书"与分类实体"中文图书"或"外文图书"的完全分类联系

此外，确定联系的类型还有"1 到 1 或多""1 到最小值至最大值的范围"和递归等，均可以将它们看作 0/1：n（$n \geq 0$）联系的特例，本书不赘述。

（3）不确定联系。不确定联系是一种 $m:n$（$m \geq 0$，$n \geq 0$）的联系类型，两个实体之间相互存在着"1 到 0 或多"的联系。不确定联系用一条连线表示，连线的两端带有实心圆，如图 2-27 所示。

建立不确定联系的模型存在一个严重问题，实体与实体多到多的联系本身还有一些信息无法表示。所以不确定联系常被建成图 2-28 所示的模型，这里中间的实体被称为关联实体或解决实体。

图 2-27　不确定联系　　　　　　图 2-28　增加中间关联实体的不确定联系

【例 2-12】 在图书管理系统中，实体"读者"与实体"图书"存在着 $m:n$（$m \geq 0$，$n \geq 0$）的联系，一位读者可以借阅多本书，一本书也可以被多位读者借阅（在不同的时期），在读者借阅图书的关联中派生出了属性"借期"和"还期"等。

在实体"读者"和实体"图书"中间增加一个关联实体"借阅"，将父实体"读者"的主键"读者编号"和另一个父实体"图书"的主键"图书编号"迁移过来分别成为关联实体的外键（FK），并与借书时间"借期"联合构成关联实体"借阅"的主键（PK），如图 2-29 所示。

当前有一些数据库建模工具支持 IDEF1X 方法，如 CA 公司的 ERWin、Sybase 公司的

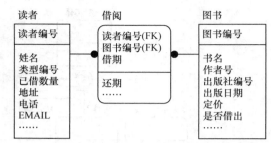

图 2-29　实体"读者"与实体"图书"的不确定联系

PowerDesigner 以及 Microsoft 公司的 Visio 等。这些工具都能建立完整的 IDEF1X 概念模型，并支持将其转换为物理数据库的结构。以上简单介绍了使用 IDEF1X 建立概念模型的方法，下面仅介绍如何使用 Microsoft 公司的 Visio 建模工具建立数据库概念模型。

2.4.2　使用 Visio 建立 IDEF1X 概念模型

Microsoft Office Visio "数据库模型图"设计工具中的"实体关系"形状可以用来建立 IDEF1X 概念模型。以下通过图书管理系统案例来说明使用 Visio 进行 IDEF1X 建模的方法和步骤。

📖 **说明**

在 Visio 中描述的"关系"与本章所说的"联系"意思相同。

【例 2-13】使用 Visio 建立图书管理数据库的 IDEF1X 概念模型。图书管理数据库的实体以及它们之间的联系如下。

① 实体（带下画线的属性为主键）。

- 读者：<u>读者编号</u>、姓名、已借数量、地址、电话、EMAIL 等。
- 读者类型：<u>类型编号</u>、类型名称、限借数量、限借天数、逾期罚款、丢失罚款等。
- 罚款：<u>罚款编号</u>、罚款原因、罚款金额、罚款日期等。
- 图书：<u>图书编号</u>、书名、作者名、出版日期、定价、是否借出等。
- 出版社：<u>出版社编号</u>、出版社名称、出版社地址、联系电话、EMAIL、联系人等。
- 图书修复：<u>修复编号</u>、损坏程度、损坏原因、修复内容、修复日期、修复费用等。

② 联系。

- 确定联系——标识联系：图书与图书修复（1 到 0 或多）和读者与罚款（1 到 0 或多）。
- 确定联系——非标识联系（强制）：读者类型与读者（1 到 0 或多）。
- 确定联系——非标识联系（非强制）：出版社与图书（0 或 1 到 0 或多）。
- 不确定联系：读者与图书（多到多）。

建立图书管理数据库的 IDEF1X 概念模型的具体步骤如下。

1. 建立实体模型

（1）启动 Microsoft Office Visio（建议使用 Visio 2010），选择菜单"文件"→"新建"→"软件和数据库"→"数据库模型图"模板，单击"创建"按钮，如图 2-30 所示。

（2）在打开的 Visio 绘图窗口中，单击功能选项卡【数据库】/【管理】组中的"显示选项"按钮，在【数据库文档选项】对话框中选择 IDEF1X 符号集，如图 2-31 所示。

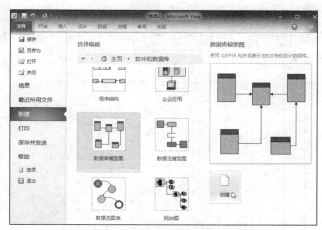

图 2-30　新建"数据库模型图"文件

图 2-31　选择 IDEF1X 概念模型符号集

（3）建立实体"读者"等模型。将【形状】窗格下【实体关系】中的"实体"拖动到绘图页上；在绘图页下方的【数据库属性】窗格中选择"类别"→"定义"，输入实体的名称，如图 2-32 所示；选择"类别"→"列"，输入实体的属性并设置主键（PK），如图 2-33 所示。

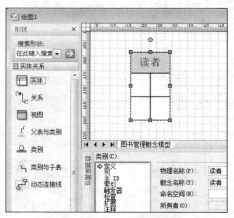

图 2-32　建立实体"读者"

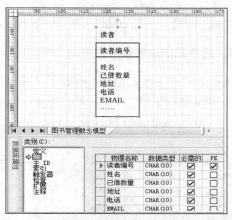

图 2-33　输入实体"读者"的属性并设置主键

（4）用同样的方法建立实体"读者类型""罚款""图书""出版社""图书修复"的模型。

2．建立标识联系模型

（1）为父实体"图书"和子实体"图书修复"建立"1 到 0 或多"的标识联系。将【形状】窗格下【实体关系】中的"关系"拖动到绘图页上，使其两端连接的实体边框变红。单击"关系"形状，在绘图页下方的【数据库属性】窗格中选择"类别"→"杂项"，选择关系类型"标识"建立标识联系（本例），选择关系类型"不标识"建立非标识联系，选择基数"零或多（本例）/一或多/零或一/恰好为一/范围：最小值至最大值"确定关系类型，如图 2-34 所示。

　📖 **注意**

Visio 的"数据库模型图"设计工具能自动实现键的迁移，主键"图书编号"从父实体"图书"到子实体"图书修复"的迁移是自动的。

（2）用类似的方法为父实体"读者"和子实体"罚款"建立"1到0或多"的标识联系，如图2-35所示。从子实体"罚款"的列表中可以看到，从父实体迁移过来的属性"读者编号"与子实体的属性"罚款编号"组合成实体"罚款"的主键（PK）。

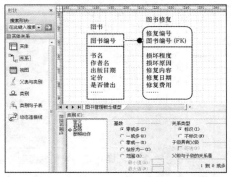
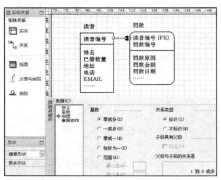

图2-34　"图书"与"图书修复"的标识联系　　　　图2-35　"读者"与"罚款"的标识联系

3. 建立非标识联系（强制）模型

与建立标识联系的方法类似，只是在关系类型中选择"不标识"，为父实体"读者类型"和子实体"读者"建立"1到0或多"的非标识联系（强制），如图2-36所示。

4. 建立非标识联系（非强制）模型

用类似的方法为父实体"出版社"和子实体"图书"建立"0或1到0或多"的非标识联系（非强制），将实体"图书"中的属性"出版社编号"设置为非必需的（即允许空值），如图2-37所示。

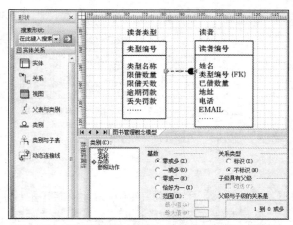
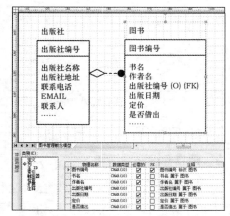

图2-36　"读者类型"与"读者"的非标识联系（强制）　　图2-37　"出版社"与"图书"的
　　　　　　　　　　　　　　　　　　　　　　　　　　　　　　非标识联系（非强制）

5. 建立不确定联系模型

为实体"读者"和实体"图书"建立多到多的不确定联系。首先建立一个关联实体"借阅"，为此实体设置其自身的属性，如图2-38所示。

接着建立父实体"读者"和关联实体"借阅"之间的"1到0或多"的标识联系；最后建立父

实体"图书"和关联实体"借阅"之间的"1 到 0 或多"的标识联系，如图 2-39 所示。

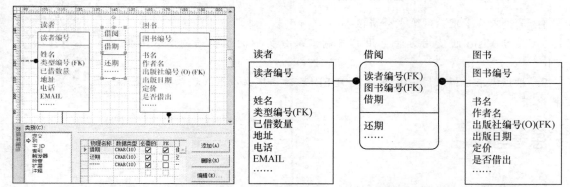

图 2-38 为不确定联系增加中间关联实体"借阅"　　　　图 2-39 实体"读者"与实体"图书"的不确定联系

综合以上局部概念模型，图书管理数据库的 IDEF1X 概念模型如图 2-40 所示。

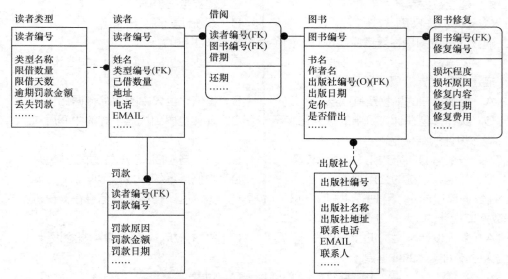

图 2-40 图书管理数据库的 IDEF1X 概念模型

除此之外，使用 Visio 建立 IDEF1X 概念模型时，还可以定义实体各属性的数据类型、非空（必需的）、索引、触发器和检查等信息，以及联系的参照动作。下载并安装 Visio 2010 插件——Visio Forward Engineer Addin，可以使 Visio 2010 支持正向工程，将数据库的概念模型导出为 SQL 脚本文件，实现数据库的物理设计。相反，也可以单击功能选项卡【数据库】/【模型】组中的"反向工程"按钮，从现有数据库中提取数据库架构建立数据模型。

Visio 的"数据库模型图"工具还支持其他有关实体属性的数据类型、长度、精度、非空、默认值、约束规则等的定义，以及有关实体的触发器、存储过程、视图、角色、同义词等的建立，这些内容将在后续数据库逻辑设计、SQL Server 数据库物理设计和应用编程中逐步介绍。

本章两个案例的概念设计均比较简单，目的是使读者对概念设计的方法有初步的了解。在数据库的实际开发过程中，概念设计是非常复杂的，概念设计的方法和概念模型的建模工具也有许多种。希望通过本章的学习和不断的实践，读者可以掌握适合自己的建模方法和工具。

项目训练 1　人事管理系统需求分析与数据库概念设计

1. 阅读人事管理系统需求分析报告。

2. 学习 Visio 的使用方法，用其绘制需求分析中的组织结构图和数据流图。

3. 根据需求分析采用 E-R 方法或 IDEF1X 方法建立人事管理系统数据库的概念模型。

项目训练1　人事管理系统需求分析与数据库概念设计

思考与练习

一、选择题

1. 下列不属于需求分析阶段的工作的是（　　）。
   A. 建立数据字典　　　　　　　　　　B. 建立数据流图
   C. 建立 E-R 图　　　　　　　　　　　D. 系统功能需求分析

2. 建立数据流图是在数据库系统开发的（　　）阶段进行的。
   A. 逻辑设计　　　B. 物理设计　　　C. 需求分析　　　D. 概念设计

3. 描述信息世界的概念模型指的是（　　）。
   A. 客观存在的事物及其联系　　　　　B. 将信息世界中的信息数据化
   C. 实体模型在计算机中的数据化表示　D. 现实世界到机器世界的中间层次

4. 概念设计的结果是（　　）。
   A. 一个与 DBMS 相关的概念模型　　　B. 一个与 DBMS 无关的概念模型
   C. 数据库系统的公用视图　　　　　　D. 数据库系统的数据字典

5. 在数据库设计中，用 E-R 图来描述现实世界的概念模型，但不涉及信息在计算机中的表示，它属于数据库设计的（　　）阶段。
   A. 逻辑设计　　　B. 物理设计　　　C. 需求分析　　　D. 概念设计

6. 区分不同实体的依据是（　　）。
   A. 名称　　　　　B. 属性　　　　　C. 对象　　　　　D. 概念

7. E-R 图中的矩形框、椭圆形框和菱形框分别表示（　　）。
   A. 实体、属性、实体集　　　　　　　B. 实体、键、联系
   C. 实体、属性、联系　　　　　　　　D. 实体、域、候选区

8. 在 IDEF1X 方法中，独立实体和从属实体分别用（　　）表示。
   A. 矩形、椭圆形　　　　　　　　　　B. 菱形、矩形
   C. 圆角矩形、方角矩形　　　　　　　D. 方角矩形、圆角矩形

9. 在 IDEF1X 方法中，确定联系和不确定联系分别是（　　）的联系。
   A. $1:1$，$m:n$　　　　　　　　　　B. $0/1:n(n{\geqslant}0)$，$m:n$
   C. $m:n$，$1:n(n{\geqslant}0)$　　　　D. $0/1:n(n{\geqslant}0)$，$m:n(m{\geqslant}0$，$n{\geqslant}0)$

10. 在 IDEF1X 方法中，在确定联系的连接联系中，父子实体的标识联系和非标识联系分别用（　　）表示。
    A. 实线和虚线　　B. 粗线和细线　　C. 长线和短线　　D. 虚线和实线

11. 在 IDEF1X 方法中，非标识联系（非强制）连线的父实体端用（　　）表示。

    A. 实心圆　　　　　　B. 空心圆　　　　　　C. 三角形　　　　　　D. 空心钻石

二、简答题

1. 概念模型有哪些基本要素？
2. 概念设计有哪几个主要步骤？
3. 请列举与本章有关的英文词汇原文、缩写（如无可不填写）及含义等，可自行增加行。

序号	英文词汇原文	缩写	含义	备注

第3章
关系模型与数据库逻辑设计

素养要点与教学目标

- 通过数据库的逻辑设计，培养较强的逻辑思维能力和抽象思维能力。
- 通过数据库的完整性设计，培养严谨的工作态度和工作作风。
- 能够将数据库概念设计得到的概念模型转换为关系模型。
- 能够对关系模型进行实体完整性、域完整性和参照完整性的设计。
- 能够对关系模型进行规范化设计。

拓展阅读3　中国数据库的先行者与探索者

学习导航

　　本章介绍数据库逻辑设计的方法。读者将学习如何运用关系模型的基本知识，将概念设计得到的概念模型转换为关系模型；如何应用完整性规则对关系模型进行完整性约束；如何应用关系规范化方法进行关系模型的规范化，使之成为 DBMS 可处理的逻辑模型。本章内容在数据库开发与维护中的位置如图 3-1 所示。

微课 3-1　关系模型与数据库逻辑设计

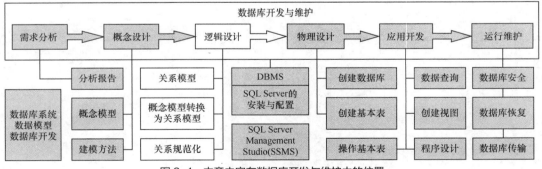

图 3-1　本章内容在数据库开发与维护中的位置

知识框架

　　本章的知识重点为运用数据库的逻辑设计方法，建立数据库的关系模型。具体内容包括关系模型的数据结构、数据操作和数据完整性约束的概念，概念模型转换为关系模型的方法，范式与规范化的方法。本章知识框架如图 3-2 所示。

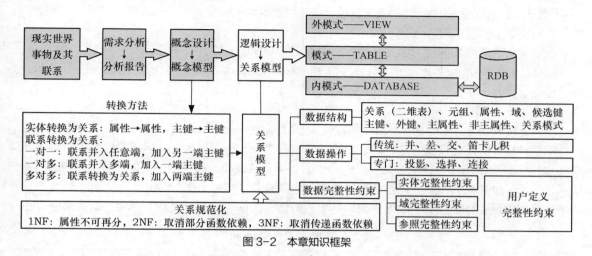

图 3-2　本章知识框架

数据库逻辑设计的目标主要是将概念设计得到的 E-R 或 IDEF1X 等概念模型（信息世界）转换成具体 DBMS 产品支持的逻辑模型（机器世界），并对数据进行优化处理。如前所述，现阶段最常用的逻辑模型为关系模型。

3.1　关系模型概述

关系模型（Relational Model）是用二维表结构表示实体和实体间联系的逻辑模型，用于在数据库的逻辑设计中数据化概念模型。关系模型建立在严格的关系代数和集合论的基础上，并且现在有多种关系数据库管理系统（Relational DBMS，RDBMS），如前述的 SQL Server 等。

第 1 章介绍过，数据模型通常由数据结构、数据操作和数据完整性约束 3 个部分组成。同样，关系模型也是由这 3 个要素组成的，并具有其自身的特殊形式。

3.1.1　关系数据结构

关系数据结构是许多关系（二维表）的集合，而关系是许多个元组（行）的集合。在关系模型中，概念模型的实体及实体之间的联系均用关系来表示。

1. 关系的定义

关系（Relation）是满足一定条件的二维表，它满足以下条件。

（1）关系中的每一个元组定义实体集的一个实例。

（2）关系中的每一列定义实体的一个属性，且列名不能重复。

（3）关系必须有一个主键，用来唯一标识一个元组，即实体集的一个实例。

（4）列的每个值的类型必须与对应属性的类型相同。

（5）列是不可分割的最小数据项。

（6）行与行和列与列的顺序无关紧要。

由于数据库逻辑设计是面向具体 DBMS 的，因此概念设计中实体、联系和属性的中文名称在关系模型中应该设计为英文的常规标识符。

【**例 3-1**】 在第 2 章中所述的教务管理系统，其数据库的概念模型中有实体"学生"和实体"课程"，以及它们之间的联系"选课"。

先将实体、联系和属性的中文名称转换为英文的常规标识符，如下所示。

实体（E）学生→Student(学号→SID,姓名→Sname,性别→Sex,出生日期→Birthdate,专业→Specialty)

实体（E）课程→Course(课程号→CID,课程名→Cname,学分→Credit)

联系（R）选课→SC(学号→SID,课程号→CID,成绩→Scores)

根据数据库的逻辑设计方法，可以设计一个关系"Student"，用于描述概念模型中的实体"学生"，如表 3-1 所示；设计一个关系"Course"，用于描述概念模型中的实体"课程"，如表 3-2 所示；设计一个关系"SC"，用于描述概念模型中的联系"学生选课"，如表 3-3 所示。为了说明关系运算与关系完整性控制，此处先简单列出教务管理数据库的 3 个关系，其中的数据是虚构的。

表 3-1　学生关系"Student"

SID	Sname	Sex	Birthdate	Specialty
2022216001	赵成刚	男	2003-05-05	计算机应用技术
2022216002	李敬	女	2003-01-06	计算机应用技术
2022216003	郭洪亮	男	2003-04-12	计算机应用技术
2022216004	吕珊珊	女	2004-10-11	计算机信息管理
2022216005	高全英	女	2004-07-05	计算机信息管理
2022216006	郝莎	女	2002-08-03	计算机信息管理
2022216007	张峰	男	2003-09-03	软件技术
2022216111	吴秋娟	女	2003-08-05	软件技术

表 3-2　课程关系"Course"

CID	Cname	Credit
16020010	微机组装与维护	2.0
16020011	操作系统安装与使用	2.0
16020012	软件文档编辑与制作	3.5
16020013	面向过程程序设计	10.0
16020014	数据库开发与维护	6.5
16020015	面向对象程序设计	7.5

表 3-3　学生选课关系"SC"

SID	CID	Scores
2022216001	16020010	96.0
2022216001	16020011	80.0
2022216002	16020010	67.0
2022216003	16020012	78.0
2022216003	16020013	87.0
2022216003	16020014	85.0

2. 关系模型的术语

在讨论关系之前，先简单介绍一下关系模型的术语。读者会发现其中部分术语与概念模型的基本要素相同或类似，但它们是两个不同设计层面上的概念，请注意它们之间的异同。

（1）关系：每个二维表称为一个关系，每个关系有一个关系名。

例如：学生表、课程表、学生选课表均为关系，关系名分别为 Student、Course 和 SC。

（2）关系型：二维表的所有列名，用于描述实体或联系。

例如：(SID,Sname,Sex,Birthdate,Specialty)、(CID,Cname,Credit)和(SID,CID,Scores)。

（3）关系值：二维表的所有列对应的数据，用于描述实体或联系的值。

例如：2022216003,郭洪亮,男,2003-04-12,计算机应用技术；

2022216004,吕珊珊,女,2004-10-11,计算机信息管理；

……

（4）元组：二维表的一行，用于描述一个实体或联系。

例如：2022216004,吕珊珊,女,2004-10-11,计算机信息管理。

（5）属性：二维表的各列，用于描述实体和联系的特征。可以给每一个属性起一个名字，即属性名。

例如：SID、Sname。

（6）属性值：二维表各列对应的数据，用于描述实体或联系的特征。

例如：2022216003、郭洪亮。

（7）域：属性的取值范围，即不同的元组对同一个属性的取值所限定的范围。

例如：属性"SID"的取值范围是长度为 10 的字符，属性"Birthdate"取值的格式和范围是合法的日期。

（8）候选键（Candidate Key, CK）：能够唯一标识关系中每个元组的属性或属性组被称为候选键，也被称为候选关键字或候选码；候选键可以有多个。

例如：假设关系"Student"中没有同名的学生，则属性"SID"和"Sname"均是候选键。

（9）主键（Primary Key，PK）：能够唯一标识关系中每个元组的属性或属性组被称为主键，也被称为关键字、主码或码；一个关系中的主键只能有一个，可以从多个候选键中选择。

例如：关系"Student"中的属性"SID"、关系"Course"中的"CID"、关系"SC"中的属性组"SID+CID"均是主键。

（10）外键（Foreign Key，FK）：如果一个关系中的属性或属性组不是本关系的主键，而是另一个关系的主键，则称为本关系的外键，也称为外关键字或外码。

例如：关系"SC"中的属性"SID"和"CID"均不是本关系的主键，而分别是关系"Student"和"Course"的主键，它们均是本关系"SC"的外键。

（11）主属性：能作为候选键的属性。

例如：关系"Student"中的属性"SID"和"Sname"均为主属性。

（12）非主属性：除了主属性的其他属性。

例如：关系"Student"中的属性"Sex""Birthdate""Specialty"均为非主属性。

（13）关系模式：对关系的描述，一般形式为关系名(属性 1,属性 2,...,属性 n)。

例如：学生选课关系模型的关系模式如下。

Student(SID,Sname,Sex,Birthdate,Specialty)

Course(CID,Cname,Credit)

SC(SID,CID,Scores)

将概念模型（信息世界）转换为关系模型（机器世界）的具体设计方法将在下一节详细介绍。

3.1.2 关系数据操作

关系数据操作是以关系代数为基础的，用对关系（元组的集合）的运算来表达对数据库的各种操作。其中一类运算是传统的集合运算，如并、差、交和笛卡儿积等，另一类运算是专门用于数据库操作的关系运算，如投影、选择和连接等。

DBMS 的 SQL 提供关系数据操作语句，特别是 SELECT 数据查询语句（详见第 7 章）可以用于对表进行投影、选择和连接操作，它是 SQL 中应用最广泛和最重要的语句。掌握关系运算理论可以为熟练应用 SELECT 数据查询语句奠定基础。

1. 传统的集合运算

假设有两个关系 R 和 S，且它们具有相同的结构，t 是元组变量（仅用于并、差、交），关系 R 为喜欢跳舞的学生，关系 S 为喜欢唱歌的学生，分别如表 3-4 和表 3-5 所示。

表 3-4　喜欢跳舞的学生关系 R

Sname	Sex
李敬	女
郭洪亮	男
吕珊珊	女
高全英	女
郝莎	女
吴秋娟	女

表 3-5　喜欢唱歌的学生关系 S

Sname	Sex
赵成刚	男
吕珊珊	女
郝莎	女
张峰	男
吴秋娟	女

（1）并（Union）

公式：$R \cup S = \{t \mid t \in R \lor t \in S\}$。

语义：t 元组属于关系 R 或者属于关系 S。

【例 3-2】　求出喜欢跳舞或喜欢唱歌的学生，$R \cup S$ 的关系如表 3-6 所示。

（2）差（Difference）

公式：$R - S = \{t \mid t \in R \land t \notin S\}$。

语义：t 元组属于关系 R，但不属于关系 S。

【例 3-3】　求出喜欢跳舞但是不喜欢唱歌的学生，$R - S$ 的关系如表 3-7 所示。

（3）交（Intersection）

公式：$R \cap S = \{t \mid t \in R \land t \in S\}$。

语义：t 元组属于关系 R 并且属于关系 S。

【例 3-4】　求出既喜欢跳舞又喜欢唱歌的学生，$R \cap S$ 的关系如表 3-8 所示。

（4）笛卡儿积（Cartesian Product）

假设关系 R 为 m 列（m 个属性）、k_1 行（k_1 个元组）；关系 S 为 n 列（n 个属性）、k_2 行（k_2 个元组）。

公式：$R \times S = \{t_R t_S \mid t_R \in R \land t_S \in S\}$。

语义：笛卡儿积的运算结果仍是一个关系，该关系的结构是 R 和 S 的连接，即前 m 个属性来自 R，后 n 个属性来自 S，该关系的值是由 R 中的每个元组连接 S 中的每个元组所构成元组的集合。

📖 **注意**

新关系的属性个数等于 $m+n$，元组个数等于 $k_1 \times k_2$。

表 3-6　并运算（R∪S）新关系

Sname	Sex
赵成刚	男
李敬	女
郭洪亮	男
吕珊珊	女
高全英	女
郝莎	女
张峰	男
吴秋娟	女

表 3-7　差运算（R−S）新关系

Sname	Sex
李敬	女
郭洪亮	男
高全英	女

表 3-8　交运算（R∩S）新关系

Sname	Sex
吕珊珊	女
郝莎	女
吴秋娟	女

【例 3-5】假设关系 R 和关系 S 分别如表 3-9 和表 3-10 所示，R×S 运算结果如表 3-11 所示。可以看出对于本例，单独的笛卡儿积运算结果中有部分元组（灰色区域）是没有意义的。

表 3-9　学生关系 R

SID	Sname
2022216001	赵成刚
2022216002	李敬

表 3-10　选课关系 S

SID	CID	Scores
2022216001	16020010	96.0
2022216001	16020011	80.0
2022216002	16020010	67.0

表 3-11　笛卡儿积（R×S）运算结果

SID	Sname	SID	CID	Scores
2022216001	赵成刚	2022216001	16020010	96.0
2022216001	赵成刚	2022216001	16020011	80.0
2022216001	赵成刚	2022216002	16020010	67.0
2022216002	李敬	2022216001	16020010	96.0
2022216002	李敬	2022216001	16020011	80.0
2022216002	李敬	2022216002	16020010	67.0

2. 专门的关系运算

（1）投影（Projection）

假设 A 是要从关系 R 中投影出的属性子集，t 是关系 R 中的一个元组。

公式：$\Pi_A(R)=\{t._A \mid t \in R\}$。

语义：从关系 R 中按所需顺序选取 A（若干个属性）构成新关系。

📖 **注意**

新关系的元组数少于或等于原关系的元组数，新关系的属性数不多于原关系的属性数。

【例 3-6】从学生关系 R（见表 3-12）中投影运算出学生的姓名和性别，运算结果如表 3-13 所示。

微课 3-2　专门的
关系运算

表 3-12　学生关系 R

SID	Sname	Sex	Birthdate	Specialty
2022216001	赵成刚	男	2003-05-05	计算机应用技术
2022216002	李敬	女	2003-01-06	计算机应用技术
2022216003	郭洪亮	男	2003-04-12	计算机应用技术
2022216004	吕珊珊	女	2004-10-11	计算机信息管理
2022216005	高全英	女	2004-07-05	计算机信息管理
2022216006	郝莎	女	2002-08-03	计算机信息管理
2022216007	张峰	男	2003-09-03	软件技术
2022216111	吴秋娟	女	2003-08-05	软件技术

表 3-13　投影运算$\Pi_{Sname,Sex}$(R)新关系

Sname	Sex
赵成刚	男
李敬	女
郭洪亮	男
吕珊珊	女
高全英	女
郝莎	女
张峰	男
吴秋娟	女

（2）选择（Selection）

假设 t 是关系 R 中的一个元组，F(t)为元组逻辑表达式。

公式：$\sigma_{F(t)}(R)=\{t \mid t \in R \wedge F(t)='true'\}$。

语义：从关系 R 中找出的满足条件 F(t)的元组。

📖 **注意**

新关系的元组数不多于原关系的元组数。

【例 3-7】 从学生关系 R（见表 3-12）中选择运算出男生的信息，运算结果如表 3-14 所示。

表 3-14　选择运算$\sigma_{Sex='男'}$(R)新关系

SID	Sname	Sex	Birthdate	Specialty
2022216001	赵成刚	男	2003-05-05	计算机应用技术
2022216003	郭洪亮	男	2003-04-12	计算机应用技术
2022216007	张峰	男	2003-09-03	软件技术

（3）连接（Join）

假设 A 和 B 分别是关系 R 和 S 中的属性，分别记作 R.A 和 S.B。

公式：$R \underset{R.A\,\theta\,S.B}{\bowtie} S = \sigma_{R.A\,\theta\,S.B}(R \times S)$。

语义：对两个关系 R 和 S 的笛卡儿积按相应属性 R.A 和 S.B 值的比较条件 θ 进行选择运算，生成一个新关系，也称为 θ 连接。

① 等值连接。

R×S+选择（θ 为"="）。如果在 R 和 S 的连接运算中，比较条件 θ 为"="，则在 R 和 S 的笛卡儿积中按照两个关系中对应属性值相等的条件进行选择，这是最有实际意义的一种连接。

② 自然连接。

等值连接+去重复属性，记作 R ⋈ S。在对几个关系进行等值连接之后，会出现属性值（或属性名）相同的列，这不符合关系无重复属性的定义，因此有必要去掉重复的属性。下面通过实例进行说明。

【例 3-8】 假设学生、选课和课程关系分别如表 3-15、表 3-16 和表 3-17 所示，那么学生选

课的情况为这 3 个表的自然连接 S ⋈ SC ⋈ C，运算结果如表 3-18 所示。

表 3-15 学生关系 S

SID	Sname
2022216001	赵成刚
2022216002	李敬
2022216003	郭洪亮

表 3-16 选课关系 SC

SID	CID
2022216001	16020010
2022216001	16020011
2022216002	16020010
2022216003	16020012
2022216003	16020013
2022216003	16020014

表 3-17 课程关系 C

CID	Cname
16020010	微机组装与维护
16020011	操作系统安装与使用
16020012	软件文档编辑与制作
16020013	面向过程程序设计
16020014	数据库开发与维护
16020015	面向对象程序设计
16020016	数字媒体采集与处理
16020017	静态网页设计与制作
16020018	Web 标准设计

表 3-18 自然连接运算 S ⋈ SC ⋈ C 新关系

SID	Sname	CID	Cname
2022216001	赵成刚	16020010	微机组装与维护
2022216001	赵成刚	16020011	操作系统安装与使用
2022216002	李敬	16020010	微机组装与维护
2022216003	郭洪亮	16020012	软件文档编辑与制作
2022216003	郭洪亮	16020013	面向过程程序设计
2022216003	郭洪亮	16020014	数据库开发与维护

3. 综合运算

仍以学生选课关系模型为例，将关系模式名分别简化为 S、C 和 SC，如下所示。

S($\underline{SID}$,Sname,Sex,Birthdate,Specialty)

C($\underline{CID}$,Cname,Credit)

SC($\underline{SID,CID}$,Scores)

【例 3-9】 查询学生赵成刚的学号、姓名、所选课程的课程号和成绩。

运算公式：$\Pi_{SID,Sname,CID,Scores}(\sigma_{Sname='赵成刚'}(S \bowtie SC))$。

运算结果如表 3-19 所示。

表 3-19 例 3-9 综合运算新关系

SID	Sname	CID	Scores
2022216001	赵成刚	16020010	96.0
2022216001	赵成刚	16020011	80.0

【例 3-10】 查询学号为 2022216003 的学生的学号、姓名、所选课程的课程名及成绩。

运算公式：$\Pi_{SID,Sname,Cname,Scores}(\sigma_{SID='2022216003'}(S \bowtie SC \bowtie C))$。

运算结果如表 3-20 所示。

表 3-20　例 3-10 综合运算新关系

SID	Sname	Cname	Scores
2022216003	郭洪亮	软件文档编辑与制作	78.0
2022216003	郭洪亮	面向过程程序设计	87.0
2022216003	郭洪亮	数据库开发与维护	85.0

【例 3-11】　查询同时选修了 16020010 和 16020011 这两门课程的学生的学号。

将 SC 看成两个相同的关系 SC1 和 SC2，如表 3-21 和表 3-22 所示。分别对 SC1 和 SC2 选择课程号"CID"为 16020010 和 16020011 的元组（浅灰色），再分别从选择的结果集中投影运算出学号"SID"，将得到的集合（深灰色）进行自然连接。

表 3-21　选课关系 SC1

SID	CID
2022216001	16020010
2022216001	16020011
2022216002	16020010
2022216003	16020012
2022216003	16020013
2022216003	16020014

表 3-22　选课关系 SC2

SID	CID
2022216001	16020010
2022216001	16020011
2022216002	16020010
2022216003	16020012
2022216003	16020013
2022216003	16020014

运算公式：$(\Pi_{SID}(\sigma_{CID='16020010'}(SC))) \bowtie (\Pi_{SID}(\sigma_{CID='16020011'}(SC)))$。

运算结果如表 3-23 所示。

表 3-23　例 3-11 综合运算新关系

SID
2022216001

【例 3-12】　查询没有选修任何课程的所有学生的信息。

运算公式：$S \bowtie (\Pi_{SID}(S)-\Pi_{SID}(SC))$。

运算结果如表 3-24 所示。

表 3-24　例 3-12 综合运算新关系

SID	Sname	Sex	Birthdate	Specialty
2022216004	吕珊珊	女	2004-10-11	计算机信息管理
2022216005	高全英	女	2004-07-05	计算机信息管理
2022216006	郝莎	女	2002-08-03	计算机信息管理
2022216007	张峰	男	2003-09-03	软件技术
2022216111	吴秋娟	女	2003-08-05	软件技术

3.1.3　关系完整性约束

与第 1 章介绍的数据模型的数据完整性约束相同，关系模型的数据完整性约束（简称关系完整性约束）也用于保证数据的精确性和可靠性。关系完整性约束主要包括实体完整性约束、域完整性约束、参照完整性约束和用户定义完整性约束。

大多数 DBMS（如 Oracle、SQL Server 等）可以通过对表定义相应的约束来保证数据的完整性。除此之外，DBMS 还提供用户定义完整性约束，以满足特殊的数据完整性需求。本节将以 SQL Server 中的 T-SQL 为例说明如何定义关系完整性约束，概述系统是如何自动进行完整性控制的，具体实现将在第 6 章和后续内容中详细介绍。

1. 实体完整性约束

在一个关系中，每个元组表示现实世界中一个可描述的实体集中的一个实体。

规则： 每个关系（实体集）至少存在由一个属性或多个属性组合构成的主键，由此来唯一标识相应的元组（实体）；主键不能取空值，或者说关系中每个元组的主键值都不能为空值。

说明： 空值（NULL）不是 0，也不是空字符串，而是没有值；由于主键是元组的唯一标识，如果取空值，则关系中就会存在某个不可标识的元组，即实体集中存在不可区分的实体，这与实体的定义相矛盾，这样的实体就不是一个完整的实体。

检查： 在关系数据库系统中，用户只要定义了一个关系的主键约束，在插入或更新数据时，DBMS 将自动对该关系中的每个元组的主键值进行检查，若发现主键值为空值或已有相同主键值存在，将给出错误提示信息，并要求用户纠正错误，以保证数据的实体完整性。

【例 3-13】 建立一个表"Course"（课程关系）。属性"CID"（课程号）为主键，唯一且不能为空值。试为其定义实体完整性约束。

SQL Server 的 T-SQL 在定义表"Course"时给出如下语句。

```
CREATE TABLE Course
(CID char(8) NOT NULL PRIMARY KEY,          --定义非空值主键，实体完整性约束
Cname nchar(30) NULL,
Credit decimal(3,1) NULL)
```

有了这样的定义，在对此表（关系）插入数据行或更新数据时，SQL Server 将自动进行检查，有效地防止了表"Course"中出现课程不确定的情况，保证了数据的有效性。

2. 域完整性约束

当用关系来描述对象时，对关系的每个属性定义值域或数据类型等进行取值范围上的约束，以确保不会输入无效的数据。

规则： 关系中列的值域必须满足某种特定数据类型或某种约束，如数据类型、格式、取值范围、默认值、是否允许空值等。

说明： 域完整性约束限制了某些属性中可能出现的错误值，即把属性的取值限制在一个有限的集合中。

例如，某属性被定义为整数类型（简称整型），那么其值就不能是 99.9 或任何其他非整数。

检查： 在关系数据库系统中，用户只要定义了一个关系各属性的域完整性约束，在输入或更新某属性值时，DBMS 将自动对该属性值进行检查，若属性值不符合域完整性约束规定的取值范围，将给出错误提示信息，并要求用户纠正错误，以保证数据的域完整性。

【例 3-14】 建立一个表"Student"（学生关系）；属性"SID""Sname""Sex""Specialty"均为字符类型，长度分别为 10、8、1（双字节）、26 个字符。如果定义属性"SID"为整数类型，则学号过长就会出现数值溢出或者用科学记数法表示的情况。学生的姓名属性"Sname"不允许为

空值，出生日期属性"Birthdate"必须是规范的日期格式。试为其定义域完整性约束。

SQL Server 的 T-SQL 在定义表"Student"时给出如下语句。

```
CREATE TABLE Student
(SID char(10) PRIMARY KEY,           --长度为 10 的字符类型，域完整性约束
Sname char(8) NOT NULL,              --长度为 8 的字符类型和不允许空值，域完整性约束
Sex nchar(1) NULL,                   --长度为 1 的双字节字符类型，域完整性约束
Birthdate date NULL,                 --日期类型和允许空值，域完整性约束
Specialty varchar(26) NULL)          --长度为 26 的字符类型和允许空值，域完整性约束
```

有了这样的定义，在对此表（关系）插入数据行或更新数据时，SQL Server 将自动进行检查，检查其取值是否满足数据类型所规定的值域，日期格式和值是否符合标准的日期类型；若不满足，将拒绝输入，并给出错误提示信息，保证了数据的正确性。

3. 参照完整性约束

在关系模型中，一个关系 R1 中的外键关联另一个关系 R2 中的主键，R1 中的外键和 R2 中的主键不但要定义在同一个域上，而且要求关系 R1 中的外键取值不能超出关系 R2 中的主键取值，否则将被视为非法数据。

规则： 若关系 R1 的外键参照了另一个关系 R2 的主键，则关系 R1 中每个元组的外键取值等于关系 R2 中某个元组的主键取值或者为空值。

说明： 若关系 R1 中外键的取值要参照关系 R2 中主键的取值，则 R1 被称为参照关系、引用关系或子关系，而 R2 被称为被参照关系、被引用关系或父关系。

例如，3.1.2 节中选课关系"SC"是参照关系（子关系），学生关系"Student"是被参照关系（父关系）。"SC"中外键学号"SID"的取值不能超出"Student"中各元组的主键学号"SID"的取值，即不能出现学号不确定的学生进行选课的情况，从而保证了数据的一致性和有效性。

检查： 在关系数据库系统中，用户只要定义了一对参照关系和被参照关系，并给出了参照关系中的外键，则 DBMS 将自动进行参照完整性规则的检查，当发现违反该规则的外键取值时，将显示错误提示信息，并要求用户予以纠正，以保证数据的参照完整性。具体操作约束如下。

（1）对参照关系的操作约束

① 向参照关系（子关系）插入元组时，DBMS 将检查外键属性上的值是否在被参照关系（父关系）的主键属性值中存在。若存在，则可以执行插入操作，否则不能执行插入操作。

② 对参照关系（子关系）更新数据时，规则检查相当于先执行删除元组操作，再按照①中的内容完成向参照关系插入元组的操作约束。

（2）对被参照关系的操作约束

删除被参照关系（父关系）的元组或更新被参照关系的主键值时，DBMS 将检查其主键是否被参照关系（子关系）的外键引用，有以下两种情况。

① 若没被引用，则执行删除或更新操作。

② 若被引用，则可选择执行以下 3 种操作之一。

- 拒绝删除或更新。
- 空值删除或更新［参照关系（子关系）中的相应外键值被改为空值］。
- 级联删除或更新［参照关系（子关系）中的相应元组一起被删除或更新］。

在实施参照完整性约束的两个关系中，父子关系通常是一对多的联系，父关系中的一个元组对应子关系中的多个元组，即子关系中允许存在多个外键值相同的元组，而子关系中的元组至多对应

父关系中的一个元组。这里包含当外键为空值时不对应父关系中的任何元组的情况。

【例 3-15】在例 3-13 中已经建立了表"Course"（课程关系），主键是"CID"；在例 3-14 中已经建立了表"Student"（学生关系），主键是"SID"。再建立一个表"SC"（选课关系），"Student"和"Course"是被参照关系（父关系），"SC"是参照关系（子关系）。"SC"中外键"SID"的取值不能超出"Student"中主键"SID"的取值，"SC"中外键"CID"的取值不能超出"Course"中主键"CID"的取值。试为其定义参照完整性约束。

SQL Server 的 T-SQL 在定义表"SC"时给出如下语句。

```
CREATE TABLE SC
(SID char(10) NOT NULL,
CID char(8) NOT NULL,
Scores decimal(4,1) NULL,
PRIMARY KEY(SID,CID),
FOREIGN KEY(SID) REFERENCES Student(SID),    --参照主键表的主键来定义外键，参照完整性约束
FOREIGN KEY(CID) REFERENCES Course(CID))    --参照主键表的主键来定义外键，参照完整性约束
```

有了这样的定义，在对参照关系"SC"（外键表）插入数据行时，SQL Server 将自动检查外键"SID"和"CID"属性的值是否在被参照关系"Student"（主键表）的"SID"和被参照关系"Course"（主键表）的"CID"属性取值中存在。若存在，则可以执行插入操作，否则不能执行插入操作，从而避免了出现不存在的学生选课或者学生选择不存在的课程的情况。

在删除或更新被参照关系"Student"（主键表）和"Course"（主键表）的元组时，也要检查其主键是否被参照关系"SC"（外键表）的外键"SID"和"CID"引用，再根据具体情况选择执行拒绝、空值还是级联操作，避免将选择了课程的学生实例在学生表中删除或修改为不一致，以及将有学生选择的课程实例在课程表中删除或修改为不一致，有效地保证了数据的一致性。

4. 用户定义完整性约束

对于以上 3 类数据完整性约束，不同的关系数据库系统根据其应用环境的不同，往往还需要一些特殊的约束条件，它反映某一具体应用所涉及的数据必须满足的语义要求。

规则： 属性取值满足某种条件或函数要求，包括对每个关系的取值限制（或称约束）的具体定义。

说明： DBMS 通常会提供一些工具来帮助用户定义数据完整性约束，例如，在 SQL Server 中，可以由用户定义的完整性约束有用户自定义约束（CONSTRAINT）、类型（TYPE）、存储过程（PROCEDURE）、触发器（TRIGGER）和函数（FUNCTION）等。

检查： 用户定义完整性约束的规则和其他完整性规则一样被记录在 DBMS 的数据字典中，在对数据库进行操作时，DBMS 将自动根据所定义的完整性规则进行操作监控，拒绝不符合要求的数据进入数据库。

【例 3-16】建立一个表"Student"（学生关系），属性"Sex"的取值必须满足为"男"或"女"。试为其定义用户定义完整性约束。

SQL Server 的 T-SQL 在定义表"Student"时给出如下语句。

```
CREATE TABLE Student
(SID char(10) PRIMARY KEY,
Sname char(8) NOT NULL,
Sex nchar(1) NULL,
Birthdate date NULL,
```

```
Specialty varchar(26) NULL,
CONSTRAINT CK_Student_1 CHECK(Sex = '男' OR Sex = '女'))    --CHECK检查,用户定义完整性约束
```

用户定义了这样的检查约束之后，在对表"Student"进行插入数据行或更新数据操作时，SQL Server 将检查其取值是否满足为"男"或"女"的条件；若不满足，将拒绝输入，并给出错误提示信息，保证了数据的正确性。

3.1.4　关系模型的特点

与层次模型和网状模型相比，关系模型具有以下几个方面的特点。

1. 数据结构或模型概念单一

（1）实体及实体之间的联系均用关系表示。
（2）关系的定义也是关系（元关系）。
（3）关系的运算对象和运算结果都是关系。

2. 采用集合运算

（1）关系是元组的集合，所以对关系的运算就是集合运算。
（2）关系的运算对象和结果都是集合，可采用关系代数的各种集合运算。

3. 数据完全独立

（1）只需告诉系统"做什么"，不需要指明"怎么做"。
（2）程序和数据各自独立。

4. 具有数学理论支持

（1）有关系代数、集合论和数理逻辑作为基础。
（2）能够以数学理论为依据对数据进行严格定义、运算和规范化。

3.2　E-R 概念模型到关系模型的转换

在第 1 章中我们知道信息世界（概念模型）是现实世界到机器世界抽象的一个层次，本节将介绍如何将概念模型（信息世界）转换为关系模型（机器世界）。

案例 1-3　教务管理数据库逻辑设计

将教务管理数据库概念设计得到的 E-R 概念模型（见案例 1-2-2 的图 2-15）转换为关系模型。将实体、联系和属性的中文名称转换为英文的常规标识符。为了便于学习，此处对各实体与联系的属性进行适当的简化。

3.2.1　实体（E）转换为关系的方法

将一个实体转换为一个关系，实体的属性就是关系的属性，实体的主键就是关系的主键。

【例 3-17】 将教务管理数据库的实体"课程""教材""学生""班级""教师"转换为关系，转换后的关系模式如下。

实体（E）：课程(课程号,课程名,学分)　　　　　　　　　　　PK：课程号
关系模式：Course(<u>CID</u>,Cname,Credit)　　　　　　　　　　PK：CID
实体（E）：教材(教材号,教材名,出版社,价格)　　　　　　　PK：教材号
关系模式：Textbook(<u>TID</u>,Tname,Publisher,Price)　　　　PK：TID
实体（E）：学生(学号,姓名,性别,出生日期,专业)　　　　　PK：学号
关系模式：Student(<u>SID</u>,Sname,Sex,Birthdate,Specialty)　PK：SID
实体（E）：班级(班级号,班级名称,年级,教室,人数)　　　PK：班级号
关系模式：Class(<u>ClassID</u>,Classname,Grade,Classroom,Number)　PK：ClassID
实体（E）：教师(职工号,姓名,性别,出生日期,职称)　　　PK：职工号
关系模式：Teacher(<u>EID</u>,Ename,Sex,Birthdate,Title)　　　PK：EID

3.2.2　联系（R）转换为关系的方法

概念模型向关系模型转换时，除了要将实体转换为关系外，设计者还要考虑如何将实体之间的联系正确地转换为关系。实体之间的联系类型不同，转换规则也不同。

1. 一对一联系转换为关系

对于 1∶1 联系，应将联系与任意端实体所对应的关系合并，并加入另一端实体的主键和联系本身的属性。

【例 3-18】 实体"课程"与"教材"之间的联系"选用"是 1∶1 的联系，E-R 概念模型（白底部分）如图 3-3 所示，试将其转换为关系。

将联系"选用"与实体"教材"端对应的关系合并，并加入另一端实体"课程"的主键"课程号"和联系"选用"本身的属性"数量"。

或者，将联系"选用"与实体"课程"端所对应的关系合并，并加入另一端实体"教材"的主键"教材号"和联系"选用"本身的属性"数量"。

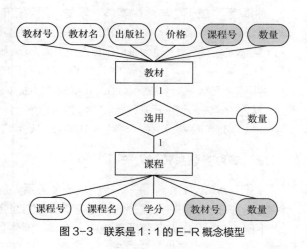

图 3-3　联系是 1∶1 的 E-R 概念模型

转换后的关系模式如下。

实体"教材"→Textbook(<u>TID</u>,Tname,Publisher,Price,CID,Quantity)　PK：TID　FK：CID
实体"课程"→Course(<u>CID</u>,Cname,Credit)　　　　　　　　　PK：CID

或者如下。

实体"教材"→Textbook(<u>TID</u>,Tname,Publisher,Price)　　　PK：TID
实体"课程"→Course(<u>CID</u>,Cname,Credit,TID,Quantity)　　PK：CID　FK：TID

从图 3-3 所示的 E-R 概念模型中可以看出，为实体"教材"增加的属性"课程号"（灰底）作为外键，起到了联系实体"课程"的作用；同样地，为实体"课程"增加的属性"教材号"（灰底）作为外键，起到了联系实体"教材"的作用。

2. 一对多联系转换为关系

对于 1：n 联系，应将联系与 n 端实体所对应的关系合并，并加入 1 端实体的主键和联系本身的属性。

【例 3-19】 实体"班级"和实体"学生"之间的联系"属于"是 1：n 的联系，E-R 概念模型（白底部分）如图 3-4 所示，试将其转换为关系。

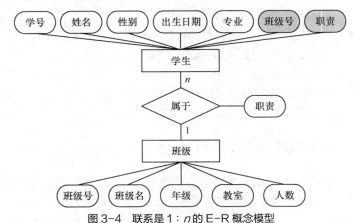

图 3-4　联系是 1：n 的 E-R 概念模型

将联系"属于"与 n 端实体"学生"所对应的关系合并，并加入 1 端实体"班级"的主键"班级号"和联系"属于"本身的属性"职责"。转换后的关系模式如下。

实体"学生"→Student(<u>SID</u>,Sname,Sex,Birthdate,Specialty,ClassID,Duty)

　　　　　　PK：SID　　　　　　FK：ClassID

实体"班级"→Class(<u>ClassID</u>,Classname,Grade,Classroom,Number)　PK：ClassID

从图 3-4 所示的 E-R 概念模型中可以看出，实体"学生"中迁入的属性"班级号"（灰底）作为外键，起到了联系实体"学生"和实体"班级"的作用。

3. 多对多联系转换为关系

对于 m：n 联系，将联系转换成一个关系，应将联系两端实体的主键迁移至新关系，并加上联系本身的属性，而关系的主键为各实体主键的组合。

【例 3-20】 在教务管理系统中，实体"学生"和实体"课程"之间的联系"选课"是多对多的联系，E-R 概念模型（白底部分）如图 3-5 所示。实体"教师"和实体"课程"之间的联系"授课"也是多对多的联系，E-R 概念模型（白底部分）如图 3-6 所示。试将联系"选课"和"授课"转换为关系。

（1）将联系"选课"转换成一个关系"SC"，将实体"学生"的主键"学号"和实体"课程"的主键"课程号"迁移至新关系"SC"中，并加上联系本身的属性"成绩"，而关系"SC"的主键为实体"学生"的主键"学号"和实体"课程"的主键"课程号"的组合。转换后的关系模式如下。

实体"学生"→Student(<u>SID</u>,Sname,Sex,Birthdate,Specialty)　　　　　PK：SID

联系"选课"→SC(<u>SID,CID</u>,Scores)　　　　PK：SID+CID　　　　FK：SID，CID

实体"课程"→Course(<u>CID</u>,Cname,Credit)　　　　　　　　　　PK：CID

其中，关系"SC"中的属性"SID"关联被参照关系"Student"的主键，是本关系的外键；

关系"SC"中的属性"CID"关联被参照关系"Course"的主键,是本关系的外键;"Scores"是关系"SC"本身的属性。

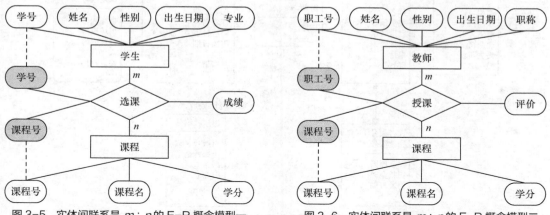

图 3-5 实体间联系是 $m:n$ 的 E-R 概念模型一 　　图 3-6 实体间联系是 $m:n$ 的 E-R 概念模型二

从图 3-5 所示的 E-R 概念模型中可以看出,联系"选课"中迁入的属性"学号"和"课程号"(灰底)作为外键,起到了联系实体"学生"和实体"课程"的作用。

（2）将联系"授课"转换成一个关系"TC",将实体"教师"的主键"职工号"和实体"课程"的主键"课程号"迁移至新关系"TC"中,并加上联系本身的属性"评价",而关系"TC"的主键为实体"教师"的主键"职工号"和实体"课程"的主键"课程号"的组合。转换后的关系模式如下。

实体"教师"→Teacher(<u>EID</u>,Ename,Sex,Birthdate,Title) 　　　　　　　　　　PK: EID
联系"授课"→TC(<u>EID,CID</u>, Evaluation) 　　　　PK: EID+CID 　　　　FK: EID, CID
实体"课程"→Course(<u>CID</u>,Cname,Credit) 　　　　　　　　　　PK: CID

综合以上,教务管理数据库逻辑设计得到的关系模型由以下关系模式组成。

- 教材: Textbook(<u>TID</u>,Tname,Publisher,Price,CID,Quantity) 　　PK: TID FK: CID
- 课程: Course(<u>CID</u>,Cname,Credit) 　　　　　　　　　　PK: CID
- 学生: Student(<u>SID</u>,Sname,Sex,Birthdate,Specialty,ClassID,Duty) PK: SID FK: ClassID
- 班级: Class(<u>ClassID</u>,Classname,Grade,Classroom,Number) 　　PK: ClassID
- 教师: Teacher(<u>EID</u>,Ename,Sex,Birthdate,Title) 　　　　　　PK: EID
- 选课: SC(<u>SID,CID</u>,Scores) 　　　　　　PK: SID+CID 　　　FK: SID, CID
- 授课: TC(<u>EID,CID</u>,Evaluation) 　　　　　PK: EID+CID 　　　FK: EID, CID

3.3 IDEF1X 概念模型到关系模型的转换

与将 E-R 概念模型转换为关系模型的方法类似,实体可以直接转换为关系。因为在 IDEF1X 建模方法中是根据联系类型建立概念模型的,所以联系也可以直接转换为关系。

案例 2-3　图书管理数据库逻辑设计

图书管理数据库概念设计得到的 IDEF1X 概念模型（见第 2 章案例 2-2-2）如图 3-7 所示,试将其转换为关系模型。将实体、联系和属性的中文名称转换为英文的常规标识符。为了便于学习,此处进行适当的简化。

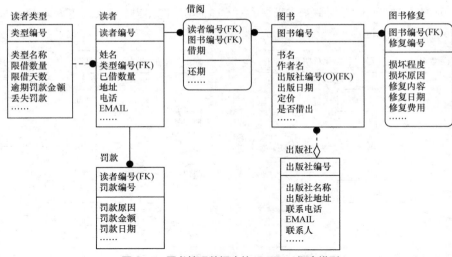

图 3-7　图书管理数据库的 IDEF1X 概念模型

3.3.1　实体（E）转换为关系的方法

【例 3-21】　将图书管理数据库概念模型中的实体转换为关系。

"读者类型""读者""出版社""图书" 4 个独立实体和 "罚款""图书修复" 两个从属实体可以直接转换为关系。实体的属性就是关系的属性，实体的主键就是关系的主键。

3.3.2　联系（R）转换为关系的方法

【例 3-22】　将图书管理数据库概念模型中的联系转换为关系。

1. 一对多联系（含零对多联系、父子联系）转换为关系

（1）确定联系——标识联系

读者与罚款，使用 Visio 建立的 IDEF1X 概念模型已经自动将父实体 "读者" 的主键 "读者编号" 迁移到子实体 "罚款" 中作为其外键（FK），并已与子实体原有的主键 "罚款编号" 联合构成子实体的主键（PK）。

图书与图书修复，使用 Visio 建立的 IDEF1X 概念模型已经自动将父实体 "图书" 的主键 "图书编号" 迁移到子实体 "图书修复" 中作为其外键（FK），并已与子实体原有的主键 "修复编号" 联合构成子实体的主键（PK）。

（2）确定联系——非标识联系（强制）

读者类型与读者，使用 Visio 建立的 IDEF1X 概念模型已经自动将父实体 "读者类型" 的主键 "类型编号" 迁移到子实体 "读者" 中作为其非主属性外键（FK）。

（3）确定联系——非标识联系（非强制）

出版社与图书，使用 Visio 建立的 IDEF1X 概念模型已经自动将父实体 "出版社" 的主键 "出版社编号" 迁移到子实体 "图书" 中作为其非主属性外键（FK），并已设置为允许空值。

2. 多对多联系（不确定联系）转换为关系

读者与图书，使用 Visio 建立 IDEF1X 概念模型时建立了一个关联实体 "借阅"；并在建立父

实体"读者"和关联实体"借阅"、父实体"图书"和关联实体"借阅"之间的标识联系时，分别将父实体的主键"读者编号"和"图书编号"迁移到关联实体中，再加上"借阅"本身的属性"借期"共同作为组合主键（PK），"读者编号"和"图书编号"成为其外键（FK）。

综合以上，根据标识要求，将实体和属性的中文名称转换为英文的常规标识符。图书管理数据库逻辑设计得到的关系模型的 7 个关系模式如下。

- 读者类型：ReaderType(<u>TypeID</u>,Typename,LimitNum,LimitDays,DelayFine,LostFine)
  PK：TypeID
- 读　　者：Reader(<u>RID</u>,Rname,TypeID,Lendnum,Address,TEL,Email)
  PK：RID　　　　　　　　FK：TypeID
- 罚　　款：Fine(<u>RID,FineID</u>,FineReason,Fines,FineDate)
  PK：RID+FineID　　FK：RID
- 出 版 社：PublishingHouse(<u>PHID</u>,Publisher,Address,TEL,Email,Contacts)
  PK：PHID
- 图　　书：Book(<u>BID</u>,Bname,PHID,Author,PubDate,Price,LentOut)
  PK：BID　　　　　　　　FK：PHID
- 图书修复：BookRepaire(<u>BID,RepaireID</u>,DamagedCondition,DamageCauses,
  RepairContent,DateOfRepairing,CostOfRepairing)
  PK：BID+RepaireID　　　FK：BID
- 借　　阅：Borrow(<u>RID,BID,LendDate</u>,ReturnDate)
  PK：RID+BID+LendDate　　FK：RID，BID

3.4 关系规范化

数据库逻辑设计的好坏主要看所含的关系模式设计的好坏。如果每个关系模式结构合理、功能明确、规范化程度较高，就能够确保所建立的数据库具有较少的数据冗余、较高的数据共享度、较好的数据一致性，以及较灵活和方便的数据更新能力。不规范的关系模型设计有可能导致整个数据库系统崩溃。因此，对由概念模型转换过来的关系模型进行规范化是非常重要的。

关系规范化的理论涉及数据依赖、范式和模式设计方法 3 个方面。这里只简单介绍必要的知识，省略大量的理论证明和推导过程，也避免用较抽象的数学符号来描述，力求以实例说明问题。

基本概念解释如下。

- 不规范：较多的数据冗余、较低的数据结构化程度和随之带来的数据更新异常。
- 规范：较少的数据冗余、较高的数据共享度和较好的数据一致性。
- 范式：规范的程度和级别。
- 规范化：对关系模型的所有关系模式进行分析和逐步分解，使之达到符合要求的范式。

3.4.1 第一范式（1NF）

1. 定义

设 R 是一个关系，R 的所有属性不可再分，即原子属性，记作 R∈1NF（First Normal Form）。

2. 关系规范化

【例 3-23】 假设一个通信录如表 3-25 所示，试对其进行规范化。

表 3-25　学生通信录

学号	姓名	性别	电话号码		
			手机号码	家庭号码	宿舍号码
2022216001	赵成刚	男	13105242***	6127963	6125463
2022216002	李敬	女	13105543***	6231159	6235159
2022216003	郭洪亮	男	13105326***	3890356	5790356
2022216004	吕珊珊	女	13105242***	7843567	7900453

（1）存在的问题如下。

属性"电话号码"可以再分，不符合关系的特性，达不到 1NF。

（2）解决方法如下。

方法一：在属性上展开，如表 3-26 所示。

表 3-26　学生通信录关系一

学号	姓名	性别	手机号码	家庭电话	宿舍电话
2022216001	赵成刚	男	13105242***	6127963	6125463
2022216002	李敬	女	13105543***	6231159	6235159
2022216003	郭洪亮	男	13105326***	3890356	5790356
2022216004	吕珊珊	女	13105242***	7843567	7900453

方法二：对关系模式进行分解，分解的两个关系如表 3-27 和表 3-28 所示。

表 3-27　学生信息关系

学号	姓名	性别
2022216001	赵成刚	男
2022216002	李敬	女
2022216003	郭洪亮	男
2022216004	吕珊珊	女

表 3-28　学生通信录关系二

学号	手机号码	家庭电话	宿舍电话
2022216001	13105242***	6127963	6125463
2022216002	13105543***	6231159	6235159
2022216003	13105326***	3890356	5790356
2022216004	13105242***	7843567	7900453

3.4.2　第二范式（2NF）

1. 定义

设 R 是一个关系，其所有非主属性完全函数依赖（取消部分函数依赖）每个候选键，记作 R∈ 2NF（Second Normal Form）。

非主属性：不是候选键的属性。

2. 关系规范化

【例 3-24】 假设教师授课情况的关系模式为"教师授课(职工号,姓名,性别,职称,住址,课程号,课程名,学分,评价)",主键(候选键)为"职工号+课程号"。教师授课关系的部分数据如表 3-29 所示,试对其进行规范化。

表 3-29 教师授课关系

职工号	姓名	性别	职称	住址	课程号	课程名	学分	评价
1011	张文娟	女	教授	静海花园 5-2	20010	微机组装与维护	2.0	优
1011	张文娟	女	教授	静海花园 5-2	20013	面向过程程序设计	10.0	良
1011	张文娟	女	教授	静海花园 5-2	20014	数据库开发与维护	6.5	优
1012	刘红霞	女	讲师	福莱花苑 3-1	20014	数据库开发与维护	6.5	良
1013	李晓峰	男	讲师	先锋小区 4-9	20014	数据库开发与维护	6.5	优

(1)存在的问题如下。

- 数据冗余:若不同课程由同一名教师授课,任教教师的姓名、性别、职称、住址等存在着大量的重复(见表 3-29 左侧的灰色区域);若同一门课程由不同教师授课,课程的课程名与学分等也存在着大量的重复(见表 3-29 右侧的灰色区域)。

- 更新异常:冗余会带来更新的不一致,例如,教师"张文娟"更新职称或住址,课程"数据库开发与维护"更新课程名或学分,多次输入时可能因表达方式的不同、遗漏或者失误带来同样的数据在表中不一致。

- 插入异常:因没有上课的教师的主属性"课程号"无值,将不允许插入其相关信息。

- 删除异常:删除某一门课程将致使删除该门课程授课教师的信息。

(2)问题原因如下。

关系的属性之间存在部分函数依赖,达不到 2NF。

所有非主属性"姓名""性别""职称""住址""课程名""学分""评价"均函数依赖主键"课程号+职工号"。

但是存在主键的一部分"职工号"就可以决定教师的姓名、性别、职称、住址的情况,即非主属性"姓名""性别""职称""住址"部分函数依赖主键(候选键),依赖关系表现如下。

课程号+职工号→姓名,性别,职称,住址

职工号→姓名,性别,职称,住址

📖 说明

根据 3.1.1 节中关系的定义,关系的行与行和列与列的顺序无关紧要。为了清楚说明,主键也可表示为"课程号+职工号"。

同样存在主键的一部分"课程号"就可以决定课程的课程名和学分的情况,即非主属性"课程名"和"学分"部分函数依赖主键(候选键),依赖关系表现如下。

职工号+课程号→课程名,学分

课程号→课程名,学分

(3)解决方法如下。

对关系模式进行分解,原则是概念单一、数据完整(无损)。

将上述达不到 2NF 的关系模式分解如下。

联系类型　　关系模式分解

多　　　　　教师(<u>职工号</u>,姓名,性别,职称,住址)

对　　　　　授课(<u>职工号,课程号</u>,评价)

多　　　　　课程(<u>课程号</u>,课程名,学分)

分解后 3 个关系的数据分别如表 3-30、表 3-31 和表 3-32 所示。

<table>
<tr><td colspan="5" align="center">表 3-30　教师关系</td></tr>
<tr><th>职工号</th><th>姓名</th><th>性别</th><th>职称</th><th>住址</th></tr>
<tr><td>1011</td><td>张文娟</td><td>女</td><td>教授</td><td>静海花园 5-2</td></tr>
<tr><td>1012</td><td>刘红霞</td><td>女</td><td>讲师</td><td>福莱花苑 3-1</td></tr>
<tr><td>1013</td><td>李晓峰</td><td>男</td><td>讲师</td><td>先锋小区 4-9</td></tr>
</table>

<table>
<tr><td colspan="3" align="center">表 3-31　授课关系</td></tr>
<tr><th>职工号</th><th>课程号</th><th>评价</th></tr>
<tr><td>1011</td><td>20010</td><td>优</td></tr>
<tr><td>1011</td><td>20013</td><td>良</td></tr>
<tr><td>1011</td><td>20014</td><td>优</td></tr>
<tr><td>1012</td><td>20014</td><td>良</td></tr>
<tr><td>1013</td><td>20014</td><td>优</td></tr>
</table>

<table>
<tr><td colspan="3" align="center">表 3-32　课程关系</td></tr>
<tr><th>课程号</th><th>课程名</th><th>学分</th></tr>
<tr><td>20010</td><td>微机组装与维护</td><td>2.0</td></tr>
<tr><td>20013</td><td>面向过程程序设计</td><td>10.0</td></tr>
<tr><td>20014</td><td>数据库开发与维护</td><td>6.5</td></tr>
</table>

从分解后的关系可以看出，关系"授课"中仅存在职工号和课程号等少量和必要的重复数据，关系"教师"与关系"课程"通过关系"授课"的外键"职工号"和外键"课程号"相关联。这与前面根据 E-R 概念模型转换的教师授课的关系模式相同，其规范化程度已经达到了 2NF，可见有一个好的概念设计是非常重要的。

3.4.3　第三范式（3NF）

1. 定义

设 R 是一个关系，其所有非主属性都不传递函数依赖（取消传递函数依赖）每个候选键，记作 R∈3NF（Third Normal Form）。

2. 关系规范化

【例 3-25】假设图书管理系统中读者的关系模式为"读者(<u>读者编号</u>,姓名,读者类型,借阅数量)"，其中属性"读者类型"中还包括"类型编号""类型名称""限借数量""限借天数"子属性。为了达到 1NF，展开"读者类型"属性，则读者的关系模式为"读者(<u>读者编号</u>,姓名,类型编号,类型名称,限借数量,限借天数,借阅数量)"，主键（候选键）为"读者编号"，部分数据如表 3-33 所示，试对其进行规范化。

表 3-33　读者关系

读者编号	姓名	类型编号	类型名称	限借数量	限借天数	借阅数量
2000186010	张子健	1	教师	6	90	0
2022216117	孟霞	3	学生	3	30	0
2023216008	杨淑华	3	学生	3	30	0
2023216009	程鹏	3	学生	3	30	2

（1）存在的问题如下。

- 数据冗余：同一读者类型的多位读者（试想有上万名学生）对应的类型名称、限借数量和限借天数等存在着大量的重复数据（见表 3-33 中的灰色区域）。
- 更新异常：冗余会带来更新的不一致；如果要修改限借数量、限借天数，可能要改上万处，很可能出现遗漏或修改不一致等错误。
- 插入异常：在某种读者类型没有对应读者的情况下，不允许插入。
- 删除异常：如果某种读者类型的读者只有一位，则删除该读者将致使删除对应的读者类型。

（2）问题原因如下。

关系的属性之间存在传递函数依赖，达不到 3NF。

主键"读者编号"决定属性"类型编号"，而"类型编号"决定非主属性"类型名称""限借数量""限借天数"，即这些非主属性通过"类型编号"传递函数依赖主键（候选键）"读者编号"，依赖关系表现如下。

读者编号→类型编号

类型编号→类型名称、限借数量、限借天数

类型编号↛读者编号

（3）解决方法如下。

对关系模式进行分解，原则是概念单一、数据完整（无损）。

将上述达不到 3NF 的关系模式分解如下。

联系类型	关系模式分解	
多	读者(读者编号,姓名,类型编号,借阅数量)	PK：读者编号　FK：类型编号
对	所属类型(读者编号,类型编号)	此联系可以通过在多端加外键省略
一	读者类型(类型编号,类型名称,限借数量,限借天数)	PK：类型编号

分解后，两个关系的数据如表 3-34 和表 3-35 所示。

表 3-34　读者关系

读者编号	姓名	类型编号	借阅数量
2000186010	张子健	1	0
2022216117	孟霞	3	0
2023216008	杨淑华	3	0
2023216009	程鹏	3	2

表 3-35　读者类型关系

类型编号	类型名称	限借数量	限借天数
1	教师	6	90
2	职员	4	60
3	学生	3	30

从分解后的关系可以看出，仅存在类型编号等少量和必要的重复数据，关系"读者"与关系"读者类型"通过外键"类型编号"相关联，这与前面图书管理数据库 IDEF1X 建模的结果相同。

3.4.4　BC 范式

BC 范式（Boyce-Codd Normal Form，BCNF）的定义是所有属性都不传递函数依赖每个候选关键字，记作 R∈BCNF。由于关系规范化理论较复杂，此处不赘述，读者可以根据实际设计情况加以体会。

应用关系规范化的方法分析图书管理数据库从概念模型转换得到的关系模型，可以看出每个关系模式的属性之间的依赖关系均达到了 3NF。其中，分解的实体"读者""读者类型""图书""出版社"的关系模式消除了传递函数依赖，使得关系达到了 3NF。

从以上设计可以看出数据库概念设计的重要性，一个好的概念模型可以直接达到逻辑设计的规范，甚至可将 Visio 绘图页上的模型图直接导出到数据库中，实现物理设计。

本章重点介绍了关系模型的关系数据结构、关系数据操作和关系完整性约束 3 个要素，同时介绍了数据库逻辑设计中概念模型到关系模型的转换方法和规范化方法，为进一步进行数据库物理设计打下了基础。

项目训练 2　人事管理数据库逻辑设计

1. 将人事管理系统的数据库概念模型（E-R 或 IDEF1X）转换为关系模型。
2. 对转换后的关系模型进行关系规范化，使得所有关系达到 3NF。

项目训练 2
人事管理数据库
逻辑设计

思考与练习

一、选择题

1. 关系模型是目前最重要的一种逻辑模型，它的 3 个组成要素是（　　　）。
   A. 实体完整性约束、域完整性约束、参照完整性约束
   B. 关系数据结构、关系数据操作、关系完整性约束
   C. 数据增加、数据修改、数据查询
   D. 外模式、模式、内模式
2. 在一个关系中，能唯一标识元组的属性或属性组称为关系的（　　　）。
   A. 副键　　　　　　B. 主键　　　　　　C. 从键　　　　　　D. 参数
3. 现有如下关系：患者(患者编号,患者姓名,性别,出生日期等)，主键为"患者编号"；医生(医生编号,医生姓名等)，主键为"医生编号"；医疗(患者编号,医生编号,诊断日期,诊断结果等)，主键为"患者编号+医生编号+诊断日期"。其中，医疗关系中的外键是（　　　）。
   A. 患者编号　　　　　　　　　　　　B. 患者姓名
   C. 患者编号和患者姓名　　　　　　　D. 患者编号和医生编号
4. 关系数据库管理系统应能实现的专门关系运算包括（　　　）。
   A. 排序、索引、统计　　　　　　　　B. 选择、投影、连接
   C. 关联、更新、排序　　　　　　　　D. 显示、打印、制表
5. 从一个关系中取出满足某个条件的所有元组形成一个新的关系是（　　　）操作。
   A. 投影　　　　　　B. 连接　　　　　　C. 选择　　　　　　D. 复制
6. 如果采用关系数据库实现应用，则在数据库逻辑设计阶段需将（　　）转换为关系模型。
   A. 概念模型　　　　B. 层次模型　　　　C. 物理模型　　　　D. 网状模型

二、应用题

参照表 3-1、表 3-2 和表 3-3 以及 3.1.2 节的学生选课关系模型，写出实现以下数据处理的关系运算公式。
1. 查询学号为 2022216002 的学生的姓名、性别和专业。

2. 查询计算机应用技术专业考试成绩优秀（大于或等于 90 分）的学生的学号和姓名。

3. 查询选修了"操作系统安装与使用"课程的学生的学号、姓名和成绩。

三、填空题

1. 在关系模型中，关系完整性约束主要包括_____、_____、_____和_____。

2. 在关系代数运算中，专门的关系运算有_____、_____和_____。

四、简答题

1. 什么叫关系规范化？其规范化程度有哪几种？至少要达到哪种程度？

2. 请列举与本章有关的英文词汇原文、缩写（如无可不填写）及含义等，可自行增加行。

序号	英文词汇原文	缩写	含义	备注

第4章
SQL Server 2022的安装与配置

04

素养要点与教学目标

- 通过拓展阅读，认识数据库技术是数字产业化的核心关键技术，了解中国数据库管理系统产品的现状，树立高远的理想追求和深沉的家国情怀，培养振兴中国数字产业的责任感和使命感。
- 通过安装和配置 SQL Server 2022，培养学习和使用各种软件的能力。
- 了解 SQL Server 2022 的服务功能、各种版本和安装环境。
- 能够在安装 SQL Server 2022 的过程中进行系统初步配置。
- 能够根据具体需要使用 SQL Server 2022 的管理工具进行管理与配置。
- 能够使用 SSMS 的【对象资源管理器】连接到服务器、查看数据库对象。
- 能够熟练使用 SSMS 的【查询编辑器】编辑和执行 T−SQL 语句。

拓展阅读4　中国数据库产业的振兴之路

学习导航

本章介绍 SQL Server 2022 的安装、配置与基本管理，读者将重点学习如何使用 SQL Server 管理工作室——SQL Server Management Studio（SSMS）。本章内容在数据库系统开发与维护中的位置如图 4−1 所示。

微课 4-1　SQL Server 2022 的安装与配置

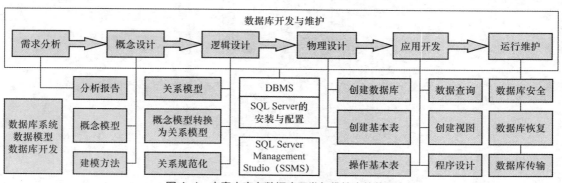

图 4−1　本章内容在数据库开发与维护中的位置

知识框架

本章的知识内容为 SQL Server 2022 的服务功能、各种版本、安装环境与安装方法，以及基本管理工具与使用方法；重点是 SSMS 的使用基础，具体内容包括使用其连接到服务器、使用其【对象资源管理器】窗口和【文档】窗口查看与管理数据库对象的基本方法，SQL 和 T-SQL 的基本概念以及使用 SSMS 的【查询编辑器】编辑和执行 T-SQL 语句的基本方法。本章知识框架如图 4-2 所示。

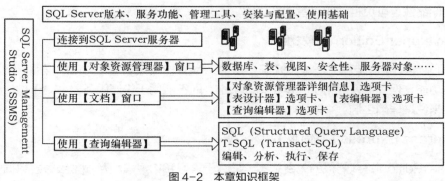

图 4-2　本章知识框架

<h1>▨▨▨ 4.1　SQL Server 2022 概述</h1>

SQL Server 2022 是由 Microsoft 公司于 2022 年 11 月推出的关系型数据库管理系统（RDBMS），除了延续之前版本 SQL Server 的数据存储、查询、分析、报表、集成和通知等基本功能以外，还增强和完善了支持大数据、云数据库、多种语言、图形处理、多种操作系统和机器学习等方面的功能，是迄今为止支持 Azure 最多的 SQL Server 版本。本章将重点介绍其基本功能及操作基础，在有关章节中通过以下拓展阅读（二维码链接）简单介绍 SQL Server 的其他功能。

- 拓展阅读 5　云计算、云数据库与 Azure SQL。
- 拓展阅读 8　大数据与 Azure Synapse Analytics。
- 拓展阅读 9-2　SQL Server 中的图形处理。
- 拓展阅读 10-2　机器学习与 SQL Server 机器学习服务。

4.1.1　SQL Server 2022 的版本

SQL Server 2022 主要有企业版、标准版、网络版、开发版和精简版。其中企业版是全功能版本，其他版本则分别面向中小企业、网络运营商和数据库开发人员，所支持的处理器规模和扩展数据库功能不尽相同。各版本的价格根据所支持或许可的处理器核心数量而定。各版本的功能简述如下。

1. Enterprise Edition（企业版）

Enterprise Edition 提供了全面的高端数据中心功能，性能极高，可以无限虚拟化，可满足大型企业的高难度需求。它还具有端到端的商业智能，可以为关键任务工作负载和最终用户获取数据洞见（Data Insights）提供高级别服务。

2. Standard Edition（标准版）

Standard Edition 提供了基本的数据管理和商业智能平台，使部门和小型组织能够顺利运行其应用程序，支持用于内部部署和云的通用开发工具，有助于以最少的 IT 资源进行有效的数据库管理。

3. Web Edition（网络版）

Web Edition 是 Web 托管商和 Web 增值服务商低成本的选择，可为从小到大各种规模的 Web 属性提供可伸缩性、可负担性和可管理性功能。

4. Developer Edition（开发版）

Developer Edition 支持开发人员基于 SQL Server 构建任意类型的应用程序。开发版包含企业版的所有功能，但仅被许可用于开发和测试系统，而不能用于生产服务器，对于构建和测试应用程序的人员来说是理想之选。

5. Express Express（精简版）

Express Edition 是入门级的免费版本，适合于学习和构建桌面及小型服务器数据驱动的应用程序。精简版是构建客户端应用程序的独立软件供应商、开发人员和爱好者的最佳选择。

4.1.2 SQL Server 2022 的服务功能

SQL Server 2022 是由一系列的服务和工具组件构成的，它们分别提供不同的服务功能和管理功能。用户可以按照需求购买与安装相应版本的组件，以达到最佳的性能和花费最少的费用。其中基本的服务分述如下。

1. 数据库引擎（数据库引擎服务）

数据库引擎（Database Engine）是用于存储、处理和保护数据的核心服务，可支持创建用于联机事务处理（On-Line Transaction Processing，OLTP）或联机分析处理（On-Line Analytical Processing，OLAP）的关系数据库，包括创建用于存储数据的表和用于查看、管理和保护数据安全的其他数据库对象（如索引、视图和存储过程等）。

例如，在教务管理系统中，该服务可通过使用 SSMS 或者 T-SQL（SQL Server 支持的结构化查询语言）完成学生、课程和学生选课数据的建立、添加、更新、删除、查询和安全控制。

此外，数据库引擎还为维护高可用性提供各种支持，包括 SQL Serve 复制、全文和语义提取搜索、管理关系数据和 XML 数据的工具、数据分析集成和用于访问异类数据源的 PolyBase 集成，以及使用关系数据运行 Python 和 R 脚本的机器学习服务。

2. Analysis Services（分析服务）

Analysis Services 包含用于创建和管理联机分析处理（OLAP）和数据挖掘应用程序的一些工具。Analysis Services 用于提供多种解决方案，生成和部署在 Excel、PerformancePoint Services（绩效管理服务）、Reporting Services（报表服务）和其他商业智能应用程序中提供决策支持的分析数据库。使用该服务可以获取数据集并分析数据切块和切片中所包含的信息，从而发现数据中存在的趋势和模式，然后根据这些趋势和模式对业务难题做出明智的决策。

例如，在航空公司的机票销售信息系统中，可以用此服务对客户数据进行挖掘分析，发现更多有价值的信息和知识，为减少客户流失、提高客户管理水平提供有效的支持。

3. Reporting Services（报表服务）

Reporting Services 包括用于创建、管理和部署表格、矩阵、图形和自由格式报告的服务器和客户端组件。Reporting Services 也是一个可用于开发报表应用程序的可扩展平台。可以使用 SQL Server Data Tools（SQL Server 数据工具）创建并管理报表服务解决方案及其中的项目，可以使用其报表设计器打开、修改、预览、保存和部署报表。

例如，在图书管理系统中，Reporting Services 可通过使用 SQL Server Data Tools 及其报表设计器创建各种格式的报表和报表服务解决方案。可在其中定义数据源、数据集和查询，设置数据区域和字段的报表布局位置，还可以将报表导出为 Excel 或 PDF 等特定格式的文件。

4. Integration Services（集成服务）

Integration Services 是一组用于移动、复制和转换数据的图形工具和可编程对象，它还包含用于数据库引擎服务的数据质量服务（Data Quality Services，DQS）组件，可用于生成企业级数据集成和数据转换解决方案的平台，适用于解决复杂的业务问题。

5. Master Data Services（主数据服务）

Master Data Services（MDS）是针对主数据管理（Master Data Management，MDM）的 SQL Server 解决方案。MDS 可以配置为管理任何域（产品、客户、账户），包括层次结构、细粒度安全性、事务、数据版本控制和业务规则，以及可用于管理数据的 Excel 加载项。

成功的 MDM 解决方案的结果是可以进行分析的、可靠的、集中的数据，能得到更好的业务决策。通过适当的培训，大多数业务用户能够实现主数据服务解决方案。有关 MDM 的概念和技术请参考相关书籍，此处不赘述。

6. 机器学习服务（数据库内）

机器学习服务（Machine Learning Server）是 SQL Server 中一项支持使用关系数据运行 Python 和 R 脚本的功能。可以使用开源包和框架，以及 Microsoft Python 和 R 包进行预测分析和机器学习。脚本在数据库中执行，而无须通过网络将数据传输到其他服务器。

机器学习（Machine Learning）是人工智能的核心，是使计算机具有智能的根本途径。SQL Server 的机器学习服务允许在数据库中执行 Python 和 R 脚本，使用其准备和清理数据、执行特征工程，以及在数据库中训练、评估和部署机器学习模型。

7. 针对外部数据的 PolyBase 查询服务（PolyBase）

通过 PolyBase 进行数据虚拟化，从 SQL Server 查询不同类型的数据源上的不同类型数据。借助 PolyBase，可以使 SQL Server 实例使用 T-SQL 直接从 SQL Server、Oracle、Teradata、MongoDB、Hadoop 集群、Cosmos DB 和 S3 兼容的对象存储中查询数据，而无须单独安装客户端连接软件。还可以使用泛型 ODBC（Open Database Connectivity，开放数据库连接）连接器，通过第三方 ODBC 驱动程序连接到其他提供程序。借助 PolyBase，T-SQL 查询可以将外部源中的数据连接到 SQL Server 实例中的关系表。

8. Azure 连接服务

SQL Server 2022 扩展了 Azure 连接服务的功能，包括 Azure Synapse Link、Microsoft Purview 访问策略、SQL Server 的 Azure 扩展、即用即付计费，以及 SQL 托管实例的链接功能。

对于以上所述 SQL Server 2022 的服务功能，本书将仅重点介绍数据库引擎的核心服务技术，其他服务功能读者可以参考有关手册与文档。

4.1.3　SQL Server 2022 的管理工具

如上所述，SQL Server 2022 是由一系列的服务和工具组件构成的，其中最基本的管理工具简述如下。

1. SQL Server Management Studio

SQL Server Management Studio（SSMS）是一个用于管理任何 SQL 基础结构的集成环境，也称为 SQL Server 管理工作室。SSMS 的管理工具由访问、配置、管理和开发 SQL Server、Azure SQL 和 Azure Synapse Analytics 的所有组件构成。SSMS 提供了一个综合的实用程序，它将广泛的图形工具组与许多丰富的脚本编辑器结合，为各种技能水平的开发人员和数据库管理员提供对 SQL Server 的访问。

本书将重点介绍使用 SSMS 管理数据库引擎服务，设计、管理和查询 SQL Server 数据库，基本使用方法参见 4.4 节。有关 Azure SQL 和 Azure Synapse Analytics 的内容将分别在第 5 章和第 8 章的拓展阅读中简单介绍。

2. Azure Data Studio

Azure Data Studio 是一种跨平台的数据库工具，自动与 SSMS 一起安装，适合在 Windows、macOS 和 Linux 上使用本地和云数据平台的数据专业人员。

它是一个轻量级的编辑器，可以按需运行 SQL 查询，显示结果并将其保存为文本、JSON 或 Excel 格式的数据；还可以编辑数据，组织自己常用的数据库连接，以熟悉的方式浏览数据库对象。

3. SQL Server 配置管理器

SQL Server 配置管理器为 SQL Server 服务、服务器的协议、客户端协议和别名提供基本的配置管理功能，基本使用方法参见 4.3.2 节。

4. SQL Server 导入和导出向导

SQL Server 导入和导出向导用于实现源数据与目标数据的相互传输，详见第 12 章。

5. SQL Server Data Tools

SQL Server Data Tools（SSDT）是 SQL Server 的数据工具，为数据库开发人员提供集成开发环境。可以使用 T-SQL 的设计功能生成、调试、维护和重构数据库。可以使用"数据库项目"，在内部或外部直接使用所连接的数据库实例。可以使用熟悉的 Visual Studio 工具进行数据库的设计与开发。

4.2 SQL Server 2022 的安装与配置

4.2.1 安装的硬件与软件要求

鉴于版本、用户数据量、处理器规模和扩展功能等的不同，安装和运行 SQL Server 2022 对硬件和软件的环境要求也各不相同。以下仅简单介绍最低硬件和软件要求。

1. 对硬件的要求

安装 SQL Server 2022 各版本，对处理器、内存以及磁盘的要求如表 4-1 所示。

表 4-1　安装 SQL Server 2022 对基本硬件的要求

组件	要求
处理器速度	最小值：x64 处理器 1.4GHz。 建议：2.0GHz 或更快
处理器类型	x64 处理器：AMD Opteron、AMD Athlon 64、支持 Intel EM64T 的 Intel Xeon、支持 EM64T 的 Intel Pentium Ⅳ
内存存储容量	最小值：Express 版本 512MB；所有其他版本 1GB。 建议：Express 版本 1GB；所有其他版本至少 4GB，并且应该随着数据库大小的增加而增加，以确保最佳的性能
磁盘存储容量	在安装过程中，系统驱动器至少有 6GB 的可用磁盘空间，实际磁盘空间需求取决于系统配置和选择安装的功能

2. 对软件的要求

安装 SQL Server 2022 各版本，对操作系统等软件的要求如表 4-2 所示。

表 4-2　安装 SQL Server 2022 对软件的要求

组件	要求
操作系统	Windows 10 TH1 1507 或更高版本； Windows Server 2016 或更高版本
.NET Framework	最低版本的操作系统自带最低版本的.NET Framework
网络软件	SQL Server 支持的操作系统具有内置的网络软件。 独立安装的命名实例和默认实例支持以下网络协议：共享内存、命名管道和 TCP/IP

4.2.2 安装的过程与配置

SQL Server 的安装要求因用户的应用需求而异。SQL Server 的不同版本可满足组织和个人的独特性能、运行时间和价格要求。所安装的 SQL Server 组件还取决于用户的特定要求，需要用户在 SQL Server 可用的组件中做出最佳选择。

下面以在 Windows10 64 位操作系统下安装 SQL Server 2022 Developer Edition 为例，重点介绍如何使用 SQL Server 安装向导在安装过程中进行有关设置。

1. 下载 SQL Server 2022

SQL Server 的下载位置取决于版本，SQL Server 2022 Developer Edition 和 SQL Server 2022 Express Edition 可以从微软官方网站免费获取。

在【SQL Server 下载】网页中还可以试用本地或云中的 SQL Server，如图 4-3 所示。

图 4-3 【SQL Server 下载】网页

2. 准备安装 SQL Server 2022

（1）确保已拥有计算机管理员权限。
（2）退出防病毒软件。
（3）暂时关闭 Windows 防火墙。

3. 安装 SQL Server 2022

在 SQL Server 2022 的安装介质上双击安装程序"setup"，安装向导将运行 SQL Server 安装中心，根据提示一步一步进行安装与配置。各安装环境和软件版本会有所不同，读者不必强求过程完全相同，发现问题可以查看提示信息和安装文档。以下仅介绍安装的主要步骤。

（1）在【SQL Server 安装中心】窗口的【安装】页中单击"全新 SQL Server 独立安装或向现有安装添加功能"，开始 SQL Server 2022 的安装，如图 4-4 所示。

图 4-4 【SQL Server 安装中心】窗口的【安装】页

（2）进入【版本】页，指定可用的版本或输入产品密钥以指定特定的版本。选中"指定可用版本"→"Developer"单选项，如图 4-5 所示，单击"下一步"按钮。

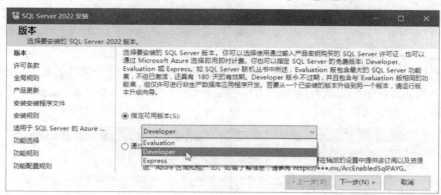

图 4-5 【版本】页

（3）进入【许可条款】页，勾选"我接受许可条款和隐私声明"复选框，如图 4-6 所示，单击"下一步"按钮。

图 4-6 【许可条款】页

（4）进入【全局规则】页，全局规则可确定在安装 SQL Server 安装程序支持文件时可能发生的问题，如图 4-7 所示，在更正所有失败后，单击"下一步"按钮。

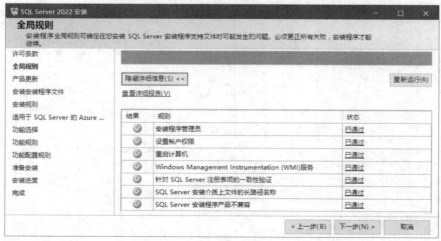

图 4-7 【全局规则】页

（5）进入【产品更新】页，其中显示最近提供的 SQL Server 产品更新，如果未发现任何产品更新，则安装程序将不会显示此页并自动跳转到下一页。

（6）进入【安装安装程序文件】页，安装程序将提供下载、提取和安装安装程序文件的进度。如果找到了针对 SQL Server 安装程序的更新，并且指定包括该更新，则也将安装该更新；如果未找到任何更新，将自动跳转到下一页。

（7）进入【安装规则】页，系统配置检查器将在继续安装之前验证计算机的系统状态，如图 4-8 所示。例如，假如 Windows 防火墙未关闭，则将显示警告信息，可在计算机的【控制面板】窗口的【系统和安全】页中将其关闭，单击"下一步"按钮。

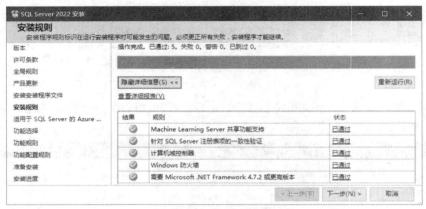

图 4-8 【安装规则】页

（8）进入【适用于 SQL Server 的 Azure 扩展】页，可以配置 SQL Server 以连接到 Azure。可暂时取消勾选"适用于 SQL Server 的 Azure"复选框，单击"下一步"按钮。

（9）进入【功能选择】页，选择要安装的功能，如图 4-9 所示。在【功能】窗格中显示了所有 SQL Server 组件的功能树；选择需要安装的功能后，在【功能说明】窗格中将显示每个功能组的说明，并将在【所选功能的必备组件】窗格中显示相应的必备组件。

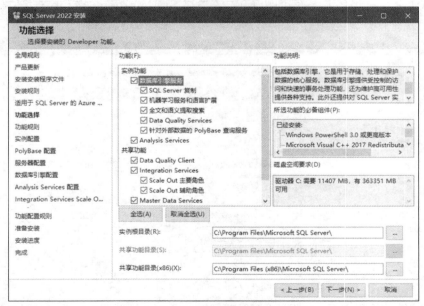

图 4-9 【功能选择】页

　　为便于学习，单击"全选"按钮，选择所有功能。还可以在【功能选择】页底部的文本框中更改实例根目录和共享功能组件的安装目录。在默认情况下，安装的根目录为"C:\Program Files\Microsoft SQL Server\"。设置完成之后，单击"下一步"按钮。

　　（10）进入【实例配置】页，设置 SQL Server 的实例，如图 4-10 所示。

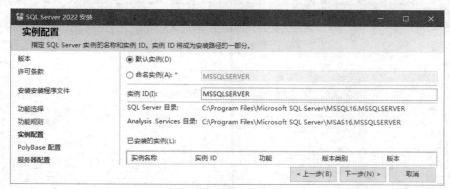

图 4-10　【实例配置】页

　　① 实例名称。SQL Server 支持在单个服务器或处理器上安装多个（可以为不同版本、服务、功能和安装目录）SQL Server 实例（Instance），每个实例必须有唯一的名称。例如，可能一个实例用于开发，另一个实例用于系统测试，还有一个实例用于用户测试。

　　系统默认选中"默认实例"单选项，默认实例名称为"MSSQLSERVER"。不论版本如何，服务器都只能安装一个 SQL Server 默认实例。如果计划在数据库服务器上只安装一个 SQL Server 实例，则该实例可以为默认实例。

　　② 实例 ID。默认情况下，将 SQL Server 实例名称用作实例 ID，这用于标识 SQL Server 实例的安装目录和注册表项。对于默认实例，实例名称和实例 ID 均为"MSSQLSERVER"。若要使用非默认的实例 ID，可在"实例 ID"文本框中指定一个不同的名称。

　　（11）进入【PolyBase 配置】页，可指定 PolyBase 扩大选项和端口范围，本例选择默认值。

　　（12）进入【服务器配置】页，在【服务账户】选项卡中配置 SQL Server 服务账户，如图 4-11 所示。可以为所有的 SQL Server 服务分配相同的账户，也可以为每个 SQL Server 服务分配单独的账户。SQL Server 建议对服务使用默认账户，如图 4-11 所示。有关 SQL Server 的服务、服务账户以及服务管理的内容见 4.3.2 节。

　　此外，还可以指定服务的启动类型是自动、手动还是禁用。本例选择默认设置，其中服务 SQL Server Browser 初始安装时默认是禁用的。

　　勾选"向 SQL Server 数据库引擎服务授予'执行卷维护任务'特权"复选框，可以让 SQL Server 数据库引擎服务账户使用数据库即时文件初始化。

　　在【服务器配置】页的【排序规则】选项卡中还可以指定数据库引擎和 Analysis Services 的非默认排序规则，本例均使用默认值，单击"下一步"按钮。

　　（13）进入【数据库引擎配置】页，在【服务器配置】选项卡中设置身份验证模式、指定 SQL Server 管理员等，如图 4-12 所示。

　　① 设置身份验证模式。选中"Windows 身份验证模式"单选项，表明将使用 Windows 的安全机制维护 SQL Server 的登录，此为默认选项。选中"混合模式（SQL Server 身份验证和 Windows 身份验证）"单选项，则表明既可以使用 Windows 的安全机制，也可以使用 SQL Server

定义的登录名和密码来维护 SQL Server 的登录。此时还需要在"为 SQL Server 系统管理员(sa)账户指定密码"区域中设置密码。Microsoft 建议尽可能使用 Windows 身份验证模式，因为它比混合模式更为安全。有关 SQL Server 的安全机制详见第 11 章的相关内容。

图 4-11 【服务器配置】页

图 4-12 【数据库引擎配置】页

② 指定 SQL Server 管理员。本例单击"添加当前用户"按钮，指定本地计算机用户"ZH\Hui"为 SQL Server 管理员。应该至少指定一位 SQL Server 管理员，也可以添加其他用户为 SQL Server 管理员。SQL Server 管理员将拥有在服务器中执行任何活动的权限。

在【数据目录】选项卡中可以指定非默认的数据目录，本例暂不改变。在【FILESTREAM】选项卡中可以对 SQL Server 实例启用 FILESTREAM 来处理大量非结构化的数据。对于其他几个选项卡暂时保持默认值，单击"下一步"按钮。

（14）进入【Analysis Services 配置】页，在【服务器配置】选项卡中设置服务器模式、指定 SQL Server 管理员等，如图 4-13 所示。服务器模式用于确定创建和部署的解决方案的类型，可以选中"多维模式"（默认选项）或"表格模式"单选项。本例选择默认配置。

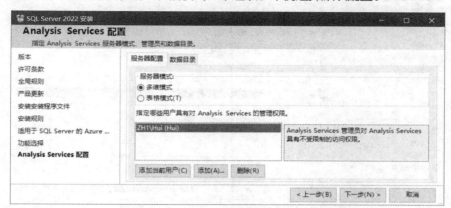

图 4-13 【Analysis Services 配置】页

单击"添加当前用户"按钮，将当前用户设置为 Analysis Services 管理员，也可以添加其他用户为 Analysis Services 管理员，单击"下一步"按钮。

（15）进入【功能配置规则】页，系统配置检查器将运行多组规则针对 SQL Server 功能验证计算机配置，如验证通过将自动跳转到下一页。

（16）进入【准备安装】页，此页将显示安装期间指定的安装选项的树状视图，如图 4-14 所示，单击"安装"按钮。

图 4-14 【准备安装】页

（17）进入【安装进度】页，开始安装。

（18）安装完成后，【完成】页中会提供指向安装摘要日志文件，以及其他重要说明的链接，如图 4-15 所示。如果全部组件安装正确，则单击"关闭"按钮，完成 SQL Server 2022 的安装。

在实际安装过程中会遇到各种问题，读者可以搜索有关信息和帮助文档加以解决。

在成功安装 SQL Server 2022 之后，选择菜单"开始"→"所有程序"→"Microsoft SQL Server 2022"，可以看到其下安装的管理工具"SQL Server 2022 Installation Center""SQL Server 2022 导入和导出数据""SQL Server 2022 配置管理器"等命令。

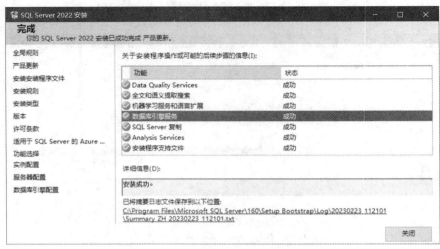

图 4-15 【完成】页

4. 下载并安装 Microsoft SQL Server Management Studio

（1）选择菜单"开始"→"所有程序"→"Microsoft SQL Server 2022"→"SQL Server 2022 Installation Center"命令，在【SQL Server 安装中心】窗口的【安装】页上，单击"安装 SQL Server 管理工具"，如图 4-16 所示。

图 4-16 【SQL Server 安装中心】窗口的【安装】页

（2）安装中心会跳转到浏览器窗口中的【下载 Microsoft SQL Server Management Studio （SSMS）】页面，选择最新的 SSMS 版本下载。

（3）在下载的 SQL Server Management Studio 安装介质上双击安装程序"SSMS-Setup-CHS"，打开安装界面，如图 4-17 所示，单击"安装"按钮。

（4）在成功安装所有程序包之后，单击"关闭"按钮，如图 4-18 所示。

📖 **说明**

在【SQL Server 安装中心】窗口的【安装】页上，还可以下载与安装 SQL Server Reporting Services 和 SQL Server Data Tools 等。

图 4-17 【SQL Server Management Studio】
安装界面

图 4-18 【SQL Server Management Studio】
安装完成界面

4.3 SQL Server 2022 的使用基础

在成功安装 SQL Server 2022 和 SQL Server Management Studio 之后，在操作系统的
【服务管理器】中可以看到安装的各种服务，在"开始"菜单中可以看到安装的各种管理工具。

4.3.1 界面操作术语说明

SQL Server 2022 管理工具的图形界面与 Windows 操作系统、Office 等软件类似。为了更
清楚和简洁地叙述其操作，以下仅就本书使用的操作术语做简单说明。

- 单击：用鼠标左键单击。
- 双击：用鼠标左键双击。
- 选择菜单"菜单名"→"子菜单名"……→"子菜单名"命令：用鼠标单击选择某菜单（或
  级联菜单）中的命令。
- 右击某处，从快捷菜单中选择"菜单名"→"子菜单名"……→"子菜单名"命令：用鼠
  标右键单击某处，从快捷菜单中选择某菜单（或级联菜单）中的命令。
- 展开/选择"节点名"→"子节点名"节点……→"子节点名"节点：用鼠标左键逐级单击
  节点左侧的加号（+）展开，用鼠标左键单击（选择）某节点。
- 【窗口名】窗口—【页名/选项卡名】页/选项卡：窗口中的某页（选择页列表）或某选项卡。
- 【对话框名】对话框—【页名/选项卡名】页/选项卡：对话框中的某页（选择页列表）或某
  选项卡。

4.3.2 SQL Server 服务管理

对于所安装的 SQL Server 服务，在安装过程中为其配置了服务账户，如 4.2.2 节的图 4-11
所示。安装之后系统会自动在数据库引擎服务器上创建相应服务账户的登录名，并将其添加为相应
固定服务器角色的成员，详细内容参见 11.3.1 节。对于所有安装以及配置的服务账户，还可以使
用操作系统的计算机管理器或者 SQL Server 的配置管理器进行管理。

1. 服务账户

SQL Server 中的每个服务代表操作系统的一个或一组进程，每个进程需要有访问 SQL
Server 相关文件（如.mdf、.ndf 和.ldf 文件）等的权限。为了能让 SQL Server 的服务在 Windows
环境中正常启动和运行，需要为其配置相应的服务账户并获取需要访问操作系统文件的权限。服务

账户可以是域用户账户、本地用户账户、托管服务账户、虚拟账户或内置系统账户。

如果基于 Windows 7、Windows Server 2008 R2 及更高版本的操作系统，配置各个服务账户时对其名称使用默认值，则 SQL Server 建议大多数服务使用虚拟账户，并且将服务名用作账户名，格式为 NT Service\<SERVICENAME>。例如，SQL Server 数据库引擎服务的账户名为 NT Service\MSSQLSERVER，如 4.2.2 节的图 4-11 所示。

内置系统账户又分为本地系统账户（实际名称为 NT AUTHORITY\SYSTEM）、网络服务账户（实际名称为 NT AUTHORITY\NETWORKSERVICE）以及本地服务账户（实际名称为 NT AUTHORITY\LOCALSERVICE）3 类。例如，SQL Server PolyBase 引擎的账户为网络服务账户，账户名为 NT AUTHORITY\ NETWORKSERVICE；SQL Server Browser 服务的账户为本地服务账户，账户名为 NT AUTHORITY\LOCALSERVICE，如 4.2.2 节的图 4-11 所示。

域用户账户、本地用户账户、托管服务账户和本地系统账户涉及具体服务器操作系统，有关配置 Windows 服务账户和权限的内容请读者参看相关书籍和手册。

2. 服务管理

（1）使用操作系统管理工具。在【计算机管理】窗口—【服务和应用程序—服务】页中，可以看到 Windows 操作系统中的服务，也可以看到所安装的 SQL Server 2022 服务。例如，数据库引擎服务的名称为"SQL Server (MSSQLSERVER)"，描述为"提供数据的存储、处理和受控访问，并提供快速的事务处理。"，状态为"正在运行"，启动类型为"自动(延时启动)"，登录（账户名或登录名）为"NT Service\MSSQLSERVER"。

右击某一项服务的名称，从快捷菜单中选择"启动""停止""暂停""恢复""重新启动"等命令可以对服务进行相应的控制，还可以选择"属性"命令查看或设置该服务，如图 4-19 所示。

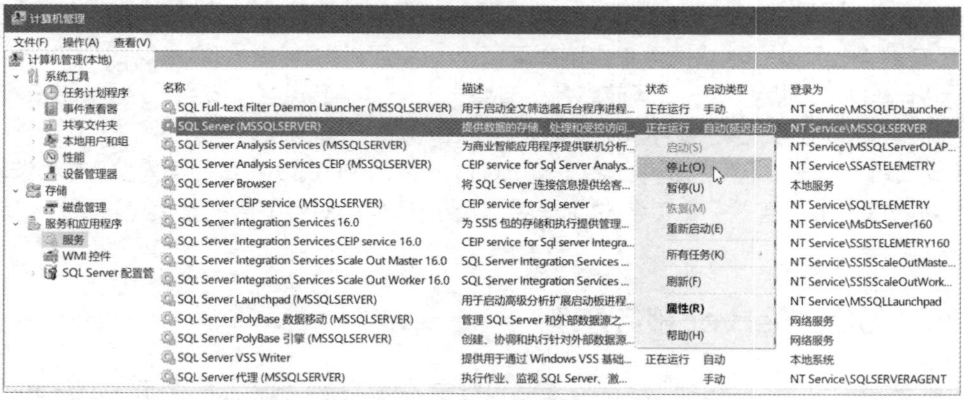

图 4-19 【计算机管理】窗口—【服务和应用程序—服务】页

（2）使用 SQL Server 管理工具。选择菜单"开始"→"所有程序"→"Microsoft SQL Server 2022"→"SQL Server 2022 配置管理器"命令，打开【SQL Server Configuration Manager】窗口—【SQL Server 服务】页，同样可以看到所安装的 SQL Server 服务的信息，如图 4-20 所示。右击某一项服务的名称，从快捷菜单中选择"启动""停止""暂停""继续""重启"等命令可以对服务进行相应的控制，还可以选择"属性"命令查看或设置服务。

如果暂时不需要某项 SQL Server 服务，可以将其停止，以免过多占用计算机的资源。例如，希望停止服务"SQL Server Integration Services"，则可右击该服务的名称，从快捷菜单中选择"停止"命令。

图 4-20 【SQL Server Configuration Manager】窗口—【SQL Server 服务】页

需要说明的是，SQL Server 服务的启动模式分为以下 3 种。

- 手动：计算机启动时，服务不自动启动，必须使用
  SQL Server 配置管理器或其他工具来启动。
- 自动：计算机启动时，服务将尝试启动。
- 已禁用：服务无法启动。

对于上例，当启动模式设置为"自动"时，虽然已经将
服务"SQL Server Integration Services 16.0"的状态设
置为"停止"，但下次计算机重新启动时，该服务还将自动启
动。如果希望该服务在每次计算机启动时不自动启动，可将其
启动模式修改为"手动"。右击该服务，从快捷菜单中选择"属
性"命令，在【属性】对话框—【服务】选项卡中将启动模式
设置为"手动"，如图 4-21 所示。

图 4-21 【属性】对话框—【服务】选项卡

前述在【计算机管理】窗口—【服务和应用程序—服务】页中的配置方法和结果与此相同。

4.4 SSMS 使用基础

SSMS 是将一组多样化的图形工具与多种功能齐全的脚本编辑器组合在一起的集成环境，下面
简单介绍使用其连接到服务器、使用【对象资源管理器】窗口和【文档】窗口的基本方法。有关使
用 SSMS 的【查询编辑器】编辑和执行 T-SQL 语句的基本方法在 4.5 节单独介绍。

1. 连接到 SQL Server 服务器

以 SQL Server 管理员的身份启动计算机，选择菜单"开始"→"所有程序"→"Microsoft SQL
Server Tools 19"→"SQL Server Management Studio 19"命令，在【连接到服务器】对话
框中选择服务器类型为"数据库引擎"（默认值），服务器名称为"ZH"，身份验证为"Windows
身份验证"，如图 4-22 所示。如果选择"SQL Server 身份验证"，则还要输入 SQL Server 用户
的登录名和密码。

单击"连接"按钮，进入【Microsoft SQL Server Management Studio】主窗口。该
窗口工具栏的下方被称为【文档】窗口，在其中可以配置为显示选项卡式文档或多文档界面
（Multiple-Document Interface，MDI）环境。默认情况下，【文档】窗口中可见【对象资源管理
器】窗口，如图 4-23 所示。

图 4-22 【连接到服务器】对话框

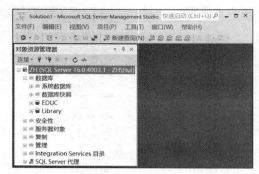

图 4-23 【Microsoft SQL Server Management Studio】窗口

2. 使用【对象资源管理器】窗口

【对象资源管理器】窗口以树形结构显示和管理所连接到服务器的所有对象，如图 4-24 所示。在本例中，一级节点为数据库引擎服务器"ZH(SQL Server 16.0.4003.1-ZH\Hui)"。其中，"ZH"为服务器名称，"SQL Server 16.0.4003.1"为服务器类型与版本（SQL Server 2022 开发版）标识，此处默认实例名称不显示，"ZH\Hui"为 Windows 用户的登录名，常用的对象介绍如下。

- 数据库：包含连接到数据库引擎服务器的系统数据库和用户数据库。
- 安全性：显示能连接到数据库引擎服务器的登录名列表等。
- 服务器对象：详细显示对象（如备份设备），并提供链接服务器列表；可通过链接服务器使服务器与另一个远程服务器相连。
- 复制：复制是一组技术，它将数据和数据库对象从一个数据库复制和分发到另一个数据库，然后在数据库之间进行同步以保持一致性。
- 管理：详细显示维护计划并提供信息消息和错误消息日志，这些日志对 SQL Server 的故障排除将非常有用。

📖 **说明**

为了便于学习，可参考第 5 章 5.4.2 节的说明附加本书提供的 EDUC 用户数据库。

在【对象资源管理器】窗口中，可以通过单击对象资源节点左侧的加号（＋）展开节点或单击对象资源节点左侧的减号（－）折叠节点来进行数据库对象的层次化管理。

例如，展开"数据库"→"EDUC"→"表"→"Student"→"列"节点，可以看到表"Student"定义的各列，如图 4-25 所示。

图 4-24 【对象资源管理器】窗口（1）

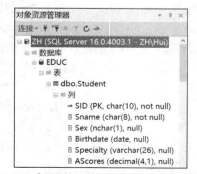

图 4-25 【对象资源管理器】窗口的层次化管理

3．使用【文档】窗口

根据应用需要，可以在【文档】窗口中打开多个组件。例如，选择主菜单"视图"→"对象资源管理器详细信息"命令，打开【对象资源管理器详细信息】选项卡。单击【对象资源管理器】窗口中的任意节点（如"系统数据库"），则在【对象资源管理器详细信息】选项卡中会显示相应对象的详细信息（4 个系统数据库），如图 4-26 所示。

图 4-26　【文档】窗口—【对象资源管理器详细信息】选项卡

根据对服务器上对象资源的操作，在【文档】窗口中将显示相应的【查询编辑器】【表设计器】【表编辑器】【视图设计器】等选项卡或窗口。有关【查询编辑器】的内容将在 4.5 节中专门介绍。

例如，在【对象资源管理器】窗口中展开"数据库"→"EDUC"→"表"节点，右击"Student"节点，从快捷菜单中选择"设计"命令，如图 4-27 所示。这时在【文档】窗口中打开相应的【表设计器】选项卡，可在其中对表"Student"进行进一步定义，如图 4-28 所示。

图 4-27　【对象资源管理器】窗口（2）

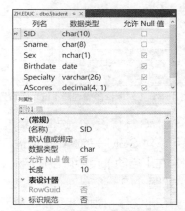

图 4-28　【文档】窗口—【表设计器】选项卡

4．SSMS 环境布局

为了合理利用【Microsoft SQL Server Management Studio】窗口的空间，可对组件进行外观布局和环境设置。

（1）窗口设置。选择主菜单"窗口"下的命令即可对活动窗口进行外观布局。对于某些窗口，可以直接单击其标题栏右侧的"▫ 自动隐藏"和"× 关闭"等按钮。选择"▾ 窗口位置"→"浮动"/"作为选项卡式文档停靠"/"自动隐藏"/"隐藏"命令，也可对窗口进行相应的设置。例如，选择【对象资源管理器】窗口，再选择主菜单"窗口"→"作为选项卡式文档停靠"命令，如图 4-29 所示。【对象资源管理器】将以选项卡的形式在【文档】窗口中停靠，如图 4-30 所示。

（2）选项卡设置。选择主菜单"窗口"下的命令即可对活动选项卡进行外观布局。也可以右击选项卡标签，从快捷菜单中选择相应命令对选项卡进行设置。当在【文档】窗口打开多个选项卡时，可以单击选项卡标签进行切换或单击选项卡标签上的"× 关闭"按钮进行关闭。

例如，右击【对象资源管理器】选项卡标签，从快捷菜单中选择"停靠"命令，如图 4-31 所示，【对象资源管理器】将仍以窗口的形式停靠。

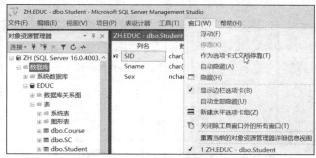

图 4-29 【对象资源管理器】窗口设置

图 4-30 【对象资源管理器】选项卡

例如，单击【表设计器】选项卡标签上的"关闭"按钮，即可关闭此组件，如图 4-32 所示。

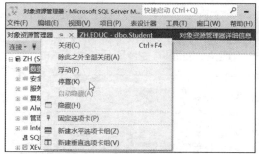

图 4-31 【对象资源管理器】选项卡设置

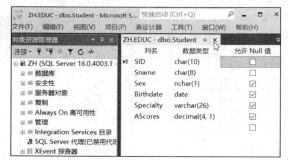

图 4-32 【表设计器】选项卡

（3）SSMS 环境设置。选择主菜单"工具"→"选项"命令，在【选项】对话框—【环境】下的各页中可以对 SSMS 的窗口环境进行配置。

例如，在【启动】页中可设置启动时"打开对象资源管理器"或"在对象资源管理器中隐藏系统对象"，如图 4-33 所示。

例如，在【字体和颜色】页的"显示其设置"下拉列表中选择"表设计器和数据库设计器"，即可设置所需的字体和大小等，如图 4-34 所示。

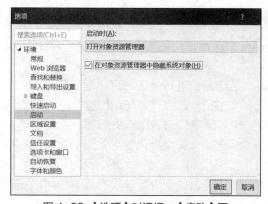

图 4-33 【选项】对话框—【启动】页

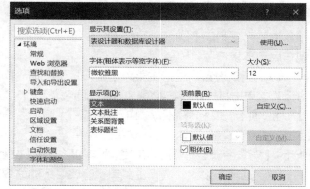

图 4-34 【选项】对话框—【字体和颜色】页

不熟悉 SSMS 的用户可能会因疏忽而关闭或隐藏了一些窗口，并且无法将 SSMS 还原为原始布局，这时可选择主菜单"窗口"→"重置窗口布局"命令进行还原。

4.5 T-SQL 查询编辑器使用基础

本节简单介绍 SQL 和 SQL Server 2022 的 T-SQL，重点介绍如何使用 SSMS 的【查询编辑器】编辑、分析和执行 T-SQL 语句。有关 T-SQL 的具体应用将在后续各章中陆续介绍。

4.5.1 SQL 简介

SQL（Structured Query Language）被称为结构化查询语言，是目前广泛遵循的关系数据库语言标准。

1. SQL 的历史

1974 年，IBM 公司的研究员唐·博伊斯（Don Boyce）和蕾·钱伯林（Ray Chamberlin）在研制的 RDBMS-System R 中总结出一套规范语言——SEQUEL（Structured English Query Language），即 SQL 的原型。

1979 年，Oracle 公司整合了比较完整的 SQL，首先提供了商用的 RDBMS-SQL。

1982 年，IBM 公司基于 System R 原型，发布了以 SQL 作为接口的商用 RDBMS-SQL/DS。

SQL 由于具有简单易学、功能丰富和使用灵活等特点，受到了广泛支持。经过不断的发展、完善和扩充，1986 年 10 月，SQL 被美国国家标准学会（ANSI）确定为关系数据库语言的美国标准，后又被国际标准化组织（International Organization for Standardization，ISO）采纳为国际标准。1986—2011 年依次公布了 SQL-86、SQL-89、SQL-92（SQL2）、SQL:1999（SQL3）、SQL:2003、SQL:2008 和 SQL:2011 标准。

如今，所有的数据库生产厂家都推出了各自支持 SQL 的 RDBMS，如 Microsoft SQL Server 中的 Transact-SQL、Oracle 的 PL/SQL 和 Sybase 的 Transact-SQL 等。

2. SQL 的功能

SQL 具有 DBMS 的所有功能。它定义了一组语句（操作命令），用户通过交互或执行程序等方式，使用命令就能够实现相应关系数据库的管理功能，其主要管理功能语言如下。

（1）数据定义语言（DDL）：定义数据库（CREATE DATABASE）、定义基本表（CREATE TABLE）和定义视图（CREATE VIEW），分别实现对数据库三级模式结构的内模式、模式和外模式的描述。

（2）数据操作语言（DML）：实现对基本表和视图的数据行插入（INSERT）、数据行删除（DELETE）以及数据更新（UPDATE），特别是它具有很强的数据查询（SELECT）功能；对于 SQL 的任意一种数据操作，它的操作对象都是元组的集合，其结果也是元组的集合。

（3）数据控制语言（DCL）：对用户的访问权限加以控制，以保证系统的安全性。

3. SQL 的特点

SQL 的特点如下。

（1）一体化。SQL 虽然被称为结构化查询语言，但除了可以实现数据库的查询以外，实际上它还可以实现数据定义、操作和控制等全部功能。它把关系数据库的 DDL、DML 和 DCL 集为一体，统一在一种语言中。

（2）高度非过程化。用 SQL 进行数据操作，只需指出"做什么"，无须指明"怎么做"，存取路径的选择和操作的执行由 DBMS 自动完成。

（3）两种使用方式和统一的语法结构。SQL 既是自含式语言，又是嵌入式语言。作为自含式语言，用户可以在各种 DBMS 提供的查询编辑器上直接编辑、编译和执行 SQL 语句实现对数据库的操作，也可以编写存储过程、触发器和用户定义函数等服务器程序实现对数据库的操作。作为嵌入式语言，它可以嵌入各种高级语言的程序中实现对数据库的访问。

4.5.2　T-SQL 简介

T-SQL（Transact-SQL）是 Microsoft 公司在关系数据库管理系统 SQL Server 中的 ANSI SQL 标准的实现，是对 SQL 的扩展。

T-SQL 是 SQL Server 的核心，不管应用程序的用户界面如何，所有应用程序与 SQL Server 实例通信都是通过将 T-SQL 语句发送到服务器来实现的。

下面简单介绍 T-SQL 的功能、特点和语法约定，其语法功能将在后续章节中逐步介绍与应用。

1. T-SQL 的功能

- 具有 SQL 的所有功能，符合 ANSI SQL-92 和 ANSI SQL-99 标准。
- 具有编程功能，加入了局部变量、全局变量、表达式和程序控制语句等语言元素。

2. T-SQL 的特点

- 具有 SQL 的所有特点。
- 可以使用 SSMS 的【查询编辑器】对其进行编辑、分析（编译）、执行和保存。

3. T-SQL 的语法约定

参照 SQL Server 2022 的 T-SQL 语法约定，本书在语法说明中使用的标记符号简化说明如表 4-3 所示。

表 4-3　T-SQL 的语法约定

约定	用于
大写	Transact-SQL 关键字，如 CREATE DATABASE
[ ]（方括号）	可选语法项，如[PRIMARY]
<>（尖括号）	语法块的名称，可在语句中的多个位置对使用的过长语法段或语法单元进行分组和标记，如<文件说明>
|（竖线）	分隔括号中的语法项，只能使用其中一项，如初始大小[KB|MB|GB|TB]
{ }（大括号）	必选语法项，也用于聚集语法元素，如 MAXSIZE = {最大大小[KB|MB|GB|TB]| UNLIMITED }
[,...n]	指示前面的项可以重复 n 次，各项之间用逗号分隔，如<数据文件>[,...n]
[...n]	指示前面的项可以重复 n 次，各项之间用空格分隔，如 FROM 表名 1 {[连接类型] JOIN 表名 2 ON 连接条件}[...n]

例如，创建数据库的 T-SQL 语句的基本语法如下（参见第 5 章）。

```
CREATE DATABASE 数据库名                          --创建数据库关键字
   [ON
      [PRIMARY] <文件说明>[,...n]                 --主要数据文件和次要数据文件
```

```
        [,FILEGROUP 文件组名[,...n]]            --次要文件组
    ]
    [LOG ON
        <文件说明>[,...n]                       --事务日志文件
    ]
```

其中，<文件说明>为以下文件属性的组合（小括号是语法要求的）。

```
(NAME = 逻辑文件名,
 FILENAME = '物理文件名'
 [,SIZE = 初始大小[KB|MB|GB|TB]]
 [,MAXSIZE = {最大大小[KB|MB|GB|TB]|UNLIMITED}]
 [,FILEGROWTH = 自动增量[KB|MB|GB|TB|%]])
```

📖 **说明**

标记符号仅用于说明 T-SQL 的语法，不要在代码中输入。代码中的 "--" 表示其后一行字符为注释说明，"/*" 和 "*/" 表示其间多行字符为注释说明，均不参与执行。

4.5.3　使用【查询编辑器】

如上所述，交互式 T-SQL 可以在 SSMS 的【查询编辑器】中实现。本书各章中的 T-SQL 语句均在 SSMS 的【查询编辑器】中实现。

1. 新建查询

单击 SSMS 标准工具栏上的 "新建查询" 按钮或 "数据库引擎查询" 按钮；或者选择主菜单 "文件" → "新建" → "数据库引擎查询" 命令；或者在【对象资源管理器】窗口中右击服务器或具体数据库节点，从快捷菜单中选择 "新建查询" 命令，均可打开【查询编辑器】。

与此同时，还将弹出【SQL 编辑器】工具栏，如图 4-35 所示。用户可以使用该工具栏上的 "当前数据库" 下拉列表或 "执行" "分析" "以文本格式显示" 等按钮完成相应的功能。

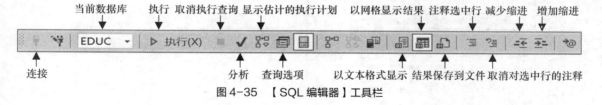

图 4-35　【SQL 编辑器】工具栏

2. 编辑 T-SQL 语句

在【查询编辑器】的编辑区中，可以对 T-SQL 语句使用插入、删除、复制和移动等编辑方法进行操作。为方便编写 T-SQL 语句，【查询编辑器】还提供以下编辑功能。

（1）智能感知功能。Microsoft SQL Server 编辑器提供一种智能感知形式的自动完成功能，当正在输入 T-SQL 语句时，它会告诉用户应该使用的正确命令、标识符和格式。

例如，参考第 7 章中的例 7-2，从教务管理数据库 "EDUC" 的课程表 "Course" 中查询出前 3 行课程号 "CID"、课程名 "Cname" 和学分 "Credit" 的数据信息。T-SQL 的 SELECT 查询语句如下。

```
SELECT TOP 3                    --返回前 3 行数据
CID,Cname,Credit                --投影列 "课程号" "课程名" "学分"
FROM Course                     --从表 "课程" 中
```

首先在【SQL 编辑器】工具栏的左侧选择当前数据库"EDUC"，然后在【查询编辑器】的编辑区中输入以上语句。当先输入"FROM Course"再输入表的列名"Cn"时，系统会自动弹出智能感知列表，可以在其中双击选择所需的列名"Cname"，如图 4-36 所示。

（2）使用缩进。在编写大段语句代码，特别是一些复杂的、带有嵌套的 T-SQL 语句时，缩进能够使语句更容易辨认、更符合用户的阅读习惯。选择需要缩进的代码行，在【SQL 编辑器】工具栏上单击"增加缩进"按钮即可完成缩进，如图 4-37 所示。

图 4-36　使用智能感知功能　　　　　　　图 4-37　使用增加缩进功能

3. 分析 T-SQL 语句

单击【SQL 编辑器】工具栏上的"分析"按钮，可以检查所选语句的语法。如果没有选择任何语句，则检查【查询编辑器】编辑区中所有语句的语法。

4. 执行 T-SQL 语句

单击【SQL 编辑器】工具栏上的"执行"按钮，可以执行编辑区中的 T-SQL 语句。例如，执行以上编辑的 T-SQL 查询语句，查询结果栏中将显示出执行结果。默认以网格显示查询结果，如图 4-38 所示。

单击【SQL 编辑器】工具栏上的"以文本格式显示结果"按钮或"以网格显示结果"按钮，可以改变查询结果的显示形式。例如，单击"以文本格式显示结果"按钮，再单击【SQL 编辑器】工具栏上的"执行"按钮，将以文本格式显示查询结果，如图 4-39 所示。

图 4-38　以网格显示查询结果　　　　　　　图 4-39　以文本格式显示查询结果

5. 保存和打开 T-SQL 脚本文件

（1）保存 T-SQL 脚本文件。选择主菜单"文件"→"保存"或"另存为"命令，可以保存【查询编辑器】编辑区中的 T-SQL 代码为脚本文件（.sql），如图 4-40 所示。

（2）打开 T-SQL 脚本文件。选择主菜单"文件"→"打开"→"文件"命令，在【打开文件】对话框中选择要打开的 T-SQL 脚本文件，如图 4-41 所示。单击"打开"按钮，即可在【查询编辑器】的编辑区中打开该文件。

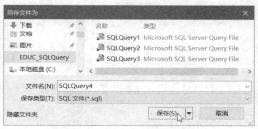

图 4-40 【另存文件为】对话框

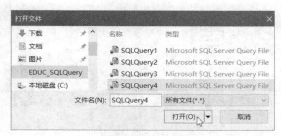

图 4-41 【打开文件】对话框

任务训练 2　使用 SSMS

1. 在【对象资源管理器】窗口中连接数据库引擎服务器。
2. 在【查询编辑器】中编辑、分析和执行 T-SQL 语句。

任务训练 2
使用 SSMS

思考与练习

一、选择题

1.（　　　）是 SQL Server 2022 提供的管理工作室，其中的管理工具由用于访问、配置、控制、管理和开发 SQL Server、Azure SQL 和 Azure Synapse Analytics 的所有组件构成。

    A. SQL Server Management Studio　　B. SQL Server 配置管理器

    C. Analysis Services　　　　　　　　D. Master Data Services

2.（　　　）不是 Microsoft 公司为用户提供的 SQL Server 2022 版本。

    A. 企业版　　　　B. 开发版　　　　C. 应用版　　　　D. 标准版

3. 不管应用程序的用户界面是什么形式，与 SQL Server 实例通信的所有应用程序都通过将（　　　）语句发送到服务器进行通信。

    A. TCP/IP　　　　B. T-SQL　　　　C. C　　　　D. ASP

二、填空题

1. SQL Server 主要用＿＿＿＿＿、＿＿＿＿＿、＿＿＿＿＿、＿＿＿＿＿和＿＿＿＿＿服务组件来实现对数据库系统的服务。

2. SSMS 是＿＿＿＿＿＿＿＿＿＿＿＿＿＿＿＿＿＿＿＿＿＿＿＿＿＿＿的缩写。

三、简答题

1. SQL 是什么语言？功能是什么？特点是什么？T-SQL 与 SQL 的关系是什么？

2. 请列举与本章有关的英文词汇原文、缩写（如无可不填写）及含义等，可自行增加行。

序号	英文词汇原文	缩写	含义	备注

第5章
数据库的创建与管理

05

素养要点与教学目标

- 通过了解云计算、云数据库与 Azure SQL，培养学习新技术的能力。
- 初步认识 SQL Server 数据库及其对象。
- 能够使用 SSMS 和 T-SQL 创建、查看、修改和删除数据库。
- 能够使用 SSMS 分离和附加数据库。

拓展阅读 5　云
计算、云数据库
与 Azure SQL

学习导航

　　本章介绍数据库物理设计的方法。读者将学习如何根据数据库应用系统的数据
存储需要，使用 DBMS 创建与管理数据库。本章内容在数据库开发与维护中的
位置如图 5-1 所示。

微课 5-1　数据
库的创建与管理

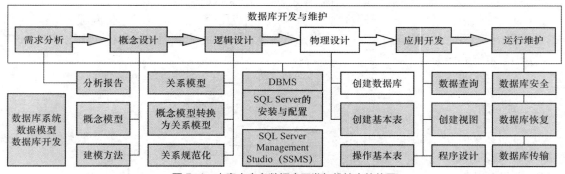

图 5-1　本章内容在数据库开发与维护中的位置

知识框架

　　本章的知识重点为使用 T-SQL 提供的 DDL 语句（CREATE DATABASE）定义数据库，描
述数据库三级模式结构中的内模式，具体内容包括 SQL Server 数据库及其对象的基本概念，使用
SSMS 或 T-SQL 创建、查看、修改和删除数据库的方法。为了学习方便，本章内容还包括分离
和附加数据库的方法。本章知识框架如图 5-2 所示。

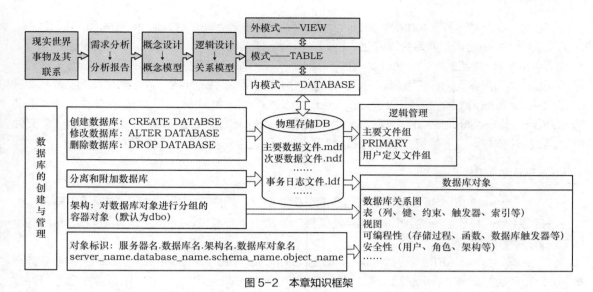

图 5-2 本章知识框架

数据库物理设计的目标主要是对逻辑设计得到的关系模型进行物理存储。本章首先介绍使用 SSMS 或 T-SQL 在数据库服务器上创建与管理数据库的方法，再在后续章节中介绍在其中创建表和视图等数据库对象的方法。

5.1 数据库概述

数据库是数据库对象的容器，数据库不但可以存储数据，而且能够使数据存储和检索以安全可靠的方式进行，并以操作系统文件的形式存储在磁盘上。数据库对象是存储、管理和使用数据的不同结构形式。

5.1.1 数据库的种类

SQL Server 数据库可分为系统数据库、示例数据库、用户数据库和数据库快照等。

1. 系统数据库

SQL Server 中有一些系统数据库，如图 5-3 所示。系统数据库中记录了一些必需的信息，用户不能直接修改，也不能在系统数据库的表上定义触发器。

（1）master 数据库。master 数据库是 SQL Server 的核心，它记录了 SQL Server 实例的所有系统级信息。用户不能直接修改 master 数据库，而应该定期对其进行备份。如果该数据库损坏，SQL Server 将无法正常工作。

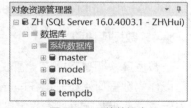

图 5-3 系统数据库

（2）model 数据库。model 数据库是用于在 SQL Server 实例上创建所有数据库的模板。对它进行的修改（如数据库大小、排序规则、恢复模式和其他数据库选项）将应用于以后创建的所有数据库。

（3）msdb 数据库。msdb 数据库是 SQL Server 中的一个 Windows 服务，用于运行任何已创建的计划警报和作业。

（4）tempdb 数据库。tempdb 数据库用于保存临时对象或中间结果集，以供稍后的处理使用，SQL Server 关闭后该数据库会被清空。例如，存储创建的临时表、存储过程、表变量等。

（5）resource 数据库。resource 数据库是一个只读和隐藏的数据库，无法使用列出数据库的一般 T-SQL 语句来看到它，它包含了 SQL Server 所有的系统对象。resource 数据库的文件名称是 mssqlsystemresource.mdf 和 mssqlsystemresource.ldf。默认情况下，这些文件位于<驱动器>:\Program Files\Microsoft SQL Server\MSSQL16.MSSQLSERVER\MSSQL\DATA 文件夹中。系统对象在物理上保留在 resource 数据库中，但在逻辑上显示在每个数据库的 sys 架构中。

2. 示例数据库

SQL Server 的每个版本都会带有相应的示例数据库，用户可以从 GitHub 存储库下载其备份文件并还原到 SQL Server 实例，在其自述文件的帮助下学习其设计规范、工具与技术，常用的示例数据库简单介绍如下。

（1）AdventureWorks 示例数据库。以虚构的 Adventure Works Cycles 公司的销售业务方案、员工和产品为基础，展示联机事务处理（OLTP）、联机分析处理（OLAP）以及数据仓库（Data Warehouse，DW）的数据库设计。

图 5-4 中所示的"AdventureWorks"为用于 OLTP 的示例数据库，"AdventureWorksDW"为用于 DW 的示例数据库。

（2）WideWorldImporters 示例数据库。以虚构的 Wide World Importers 公司的批发交易和实时分析为基础，展示 OLTP、OLAP、DW 以及混合事务与分析处理（Hybrid Transaction Analytical Processing，HTAP）的数据库设计。

图 5-4 中所示的"WideWorldImporters"为用于 OLTP 和 HTAP 的完整示例数据库。

图 5-4　示例数据库和用户数据库

有关示例数据库的具体内容，感兴趣的读者可查阅 SQL Server 文档。

3. 用户数据库

用户数据库是用户根据信息管理需求创建的数据库。考虑到 SQL Server 示例数据库的庞大和英文数据难以理解，本书根据读者学习的需要，专门设计了教务管理数据库"EDUC"和图书管理数据库"Library"两个案例数据库，用这两个较为简单但有一定代表性的数据库贯穿整个学习过程。"EDUC"和"Library"均为用户数据库，如图 5-4 所示。

4. 数据库快照

数据库快照是数据库（源数据库）的只读静态视图。多个快照可以位于一个源数据库中，并且可以作为数据库始终驻留在同一个服务器实例上。创建快照时，每个数据库快照在事务上与源数据库一致。在被数据库所有者显式删除之前，快照始终存在。

数据库快照可用于报表。客户端可以查询数据库快照，这对基于创建快照时的数据编写报表是很有用的。而且，如果以后源数据库损坏，还可以将源数据库恢复到它在创建快照时的状态。此外，数据库快照还可以用于应用程序开发人员或测试人员测试数据库，在进行重大更新（如大容量更新或架构更改）之前保护数据。

有关数据库快照的具体工作方式、典型用法、限制和要求，创建数据库快照、恢复到数据库快照等技术的具体内容已经超出本书的范畴，感兴趣的读者可查阅 SQL Server 文档。

5.1.2 数据库文件

SQL Server 数据库具有 3 类操作系统支持的文件：主要数据文件、次要数据文件和事务日志文件。数据文件包含数据和对象，如表、索引、存储过程和视图。事务日志文件包含恢复数据库中所有事务所需的信息记录。

为了实现大容量和分布式处理，除了应具有一个主要数据文件之外，还可以建立多个次要数据文件。

1．主要数据文件

主要数据文件（Primary Date File）中包含数据库的启动信息和指向数据库中其他文件的指针。用户的数据和对象可以存储在主要数据文件中，也可以存储在次要数据文件中。

每个数据库有且仅有一个主要数据文件，其扩展名为".mdf"。

2．次要数据文件

次要数据文件（Secondary Date File）也称辅助数据文件，用于存储主要数据文件未存储的其他数据和对象，还可将数据分散存储到多个磁盘上。如果数据库超过了单个 Windows 文件的最大大小（字节），可以使用次要数据文件，这样数据库就能继续增长。如果系统中有多个物理磁盘，也可以在不同的磁盘上创建次要数据文件，以便将数据合理地分配在多个物理磁盘上，提高数据的读写效率。

每个数据库可以没有次要数据文件，也可以有多个次要数据文件，其名字要尽量与主要数据文件名统一，其扩展名为".ndf"。

3．事务日志文件

事务日志文件（Transaction Log File）用来记录所有事务及每个事务对数据库所做的修改。事务日志是数据库的重要组件，如果系统出现故障，就需要使用事务日志将数据库恢复到正常状态。

在默认设置下，数据文件和事务日志文件放在同一个存储器的相同路径下，这种方式适合单存储器系统。对于多存储器系统，推荐用户把数据文件和事务日志文件分别放在不同的存储器中。

每个数据库必须至少有一个事务日志文件，也可以有多个事务日志文件，其扩展名为".ldf"。

5.1.3 数据库文件组

为了有助于数据布局和管理任务（如备份和还原操作），SQL Server 允许用户将多个文件（可位于不同的磁盘）划分为一个文件集合，并用一个名称表示这一文件集合，即文件组。

文件组分为主要文件组和次要文件组。

1．主要文件组

主要文件组（Primary File Group）中包含系统表、主要数据文件和未放入其他文件组的所有次要数据文件。一个数据库只有一个主要文件组，名为 PRIMARY，是默认的文件组。

2. 次要文件组

次要文件组（Secondary File Group）也可称为用户定义文件组，是用户首次创建数据库或修改数据库时自定义的文件组，用于将数据文件集合起来，以便管理、数据分配和放置。例如，用户可以将位于不同磁盘的文件划分为一个组，并在这个文件组上创建表，这样可以提高表的读写效率。

📖 **说明**

如果在数据库中创建对象时没有指定对象所属的文件组，那么对象将被分配给默认文件组。任何时候都只能将一个文件组指定为默认文件组。默认文件组中的保留空间必须足够大，能够容纳未分配给其他文件组的所有新对象。创建数据库后，如果没有使用 ALTER DATABASE 语句对其进行更改，主要文件组就是默认文件组。不过，即使改变了默认文件组，系统对象和表仍然被分配给主文件组，而不是新的默认文件组。

5.1.4 数据库对象

1. 数据库对象的形式

数据库对象是存储、管理和使用数据的不同结构形式，主要包括数据库关系图、表、列、键、约束、触发器、索引、视图、存储过程、函数、数据库触发器、用户、角色和架构等。

在【对象资源管理器】窗口中，SQL Server 把服务器上的各个数据库在"数据库"节点下组织成树形逻辑结构，如图 5-5 所示。每个具体数据库（如 EDUC）节点下又包含了多层次的子节点，它们代表该数据库不同类型的对象（如表"Course""SC""Student"等）。

2. 数据库对象的标识符

数据库对象的标识符是指数据库中由用户定义的、可唯一标识数据库对象的、有意义的字符序列。在 SQL Server 中，标识符共有两种类型，一种是常规标识符（Regular Identifier），另一种是分隔标识符（Delimited Identifier）。

（1）常规标识符。常规标识符严格遵守标识符的有关格式规定，所以在 T-SQL 中，凡是常规标识符都不必界定。其基本规则如下。

图5-5 数据库对象的树形结构

- 由字母、数字或"_""@""#""$"组成，其中字母可以是英文字母 a~z 或 A~Z，也可以是来自其他语言的文字。
- 首字符不能为数字或"$"。为避免与某些标识符发生混淆，首字符也不应使用"@"或"#"。
- 标识符不允许是 T-SQL 的保留字。
- 标识符内不允许有空格和特殊字符。
- 长度小于 128 位。

（2）分隔标识符。对于不符合标识符规则的标识符，例如，标识符中包含了 T-SQL 的保留字或者包含了内嵌的空格和其他不是规则规定的字符，要使用分隔符"[ ]"或""" ""界定。例如，分隔标识符[SELECT]和"book num"内分别使用了 T-SQL 的保留字"SELECT"和空格。

3. 数据库对象的引用结构

一个数据库对象通过由 4 个命名部分组成的结构来引用，完整的描述如下。

```
server_name.database_name.schema_name.object_name
```

即服务器名.数据库名.架构名.数据库对象名。

在图 5-5 中，引用服务器 "ZH" 上的数据库 "EDUC" 中架构 "dbo" 中的学生表 "Student" 时，完整的引用为 "ZH.EDUC.dbo.Student"。

如果应用程序引用了一个没有限定命名的数据库对象，那么 SQL Server 将尝试在所连接的服务器、当前数据库和默认架构中找出这个对象。其中架构是一种允许用户对数据库对象进行分组的容器对象，如无特别指明，默认架构一般为 "dbo"。

例如，在所连接的服务器为 "ZH"、当前数据库为 "EDUC" 并且默认架构为 "dbo" 时，引用其中的学生表可以简化为 "Student"。

5.1.5 设计数据库

在物理设计阶段，设计数据库的主要工作包括开发数据库计划、联机事务处理与决策支持、规范化、数据完整性控制、对数据库对象使用扩展属性、估计数据库的大小、设计文件和文件组。

因为实现数据库后再做大的更改将耗费大量时间，所以必须确保用来进行业务建模的数据库设计准确，这部分内容比较繁杂，读者可以参考相关书籍或手册，本书不细述。

5.2 使用 SSMS 创建与管理数据库

从物理结构上讲，每个数据库都应该包含数据文件和事务日志文件。在开始使用数据库之前，必须先创建数据库，以便生成这些文件。

案例 1-5 教务管理数据库的创建与管理

根据教务管理系统的需求分析进行数据库的物理设计，创建与管理教务管理数据库。

5.2.1 使用 SSMS 创建数据库

【例 5-1】 创建教务管理数据库 "EDUC"，具体要求如下。

① 数据库名称为 "EDUC"。

② 主要数据文件和事务日志文件的逻辑名称保持默认。

③ 主要数据文件的保存路径为 "C:\教务管理数据"，文件的初始大小为 8MB，自动增量为 64MB，最大大小为 1024MB。

④事务日志文件的保存路径为 "C:\教务管理日志"，文件的初始大小为 8MB，自动增量为 10%，最大大小为 300MB。

微课 5-2 使用 SSMS 创建数据库

📖 注意

在实际应用中，数据文件应该尽量不保存在系统盘上，并且应与事务日志文件分别保存在不同的存储器中，以最大限度地保护数据。

具体步骤如下。

首先在操作系统的支持下，在 C 盘新建"教务管理数据"和"教务管理日志"两个文件夹。

（1）在【对象资源管理器】窗口中右击"数据库"节点，从快捷菜单中选择"新建数据库"命令，如图 5-6 所示；打开【新建数据库】窗口，如图 5-7 所示。

（2）在【新建数据库】窗口—【常规】页的上方输入数据库名称、所有者，选择是否使用全文索引，如图 5-7 上方所示。

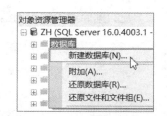

图 5-6　选择"新建数据库"命令

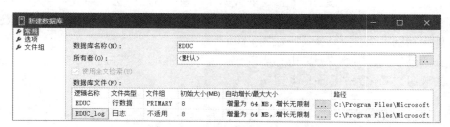

图 5-7　【新建数据库】窗口

各参数的含义及要求如下。

- "数据库名称"文本框。数据库的名称必须遵循 SQL Server 标识符规则。本例输入"EDUC"。
- "所有者"文本框。数据库的所有者可以是任何具有创建数据库权限的登录名。在"所有者"文本框中可以直接输入数据库的所有者，也可以单击其右侧的"…"按钮，在打开的【选择数据库所有者】对话框中选择数据库的所有者。本例选择"默认值"，表示所有者是当前登录到 SQL Server 上的登录名。
- "使用全文检索"复选框。如果勾选此复选框，则允许为此数据库中表的字符类型或者二进制类型（如图像、视频、音频等）的列建立全文索引。全文索引可在给定的列中存储有关重要的词及位置信息，使用这些信息可以快速搜索特定的词或短语对应的数据行。在本例中，由于安装时的配置，此复选框默认被勾选。

（3）在【新建数据库】窗口—【常规】页的下方输入数据库文件信息，如图 5-8 所示。

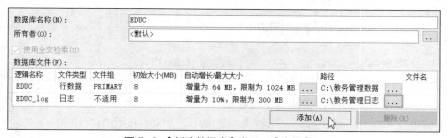

图 5-8　【新建数据库】窗口—【常规】页

在"数据库文件"下的表格中，各列参数的含义及要求如下。

- 逻辑名称。引用文件时使用，默认与数据库同名，事务日志文件的默认逻辑名称后带"_log"，也可以自定义其他符合标识符规则的逻辑名称。在本例中，主要数据文件的逻辑名称默认为"EDUC"，事务日志文件的逻辑名称默认为"EDUC_log"。
- 文件类型。"行数据"为数据文件，"日志"为事务日志文件。

- 文件组。为数据文件指定"PRIMARY"（主要文件组）或"SECONDARY"（用户定义文件组），事务日志文件不适用于文件组。本例中的主要数据文件默认在"PRIMARY"中。
- 初始大小(MB)。数据文件和事务日志文件的初始大小至少是模板数据库"MODEL"的初始大小（默认为 8MB）。在本例中，主要数据文件和事务日志文件的初始大小均设置为 8MB。
- 自动增长/最大大小。设置 SQL Server 是否能在文件自动增长到一定极限时自动应对。单击该文本框右侧的"..."按钮可打开【更改数据库文件的自动增长设置】对话框，在该对话框中可以设置是否启用自动增长、文件增长方式以及最大文件大小。在本例中，主要数据文件按 64MB（默认增量为 64MB）自动增长，最大文件大小限制为 1024MB（默认为增长无限制），如图 5-9 所示；事务日志文件按 10%（默认增量为 64MB）自动增长，最大文件大小限制为 300MB（默认为 2TB），如图 5-10 所示。

图 5-9 【更改 EDUC 的自动增长设置】对话框

图 5-10 【更改 EDUC_log 的自动增长设置】对话框

📖 **注意**

保持最大文件大小为默认选项"无限制"的好处是可以不必过分担心数据库的维护，但如果一段"危险"的代码导致了数据的无限循环，那么磁盘就可能会被填满。因此，当一个数据库系统要应用到生产环境中时，应选中"限制为(MB)"单选项。应根据服务器磁盘空间的大小和数据量来设置数据文件的最大文件大小，以防止出现上述的情况。也可以创建次要数据文件来分担主要数据文件的增长。

- 路径。数据库文件存放的物理位置，默认的路径是"C:\Program Files\Microsoft SQL Server\MSSQL16.MSSQLSERVER\MSSQL\DATA\"。单击该文本框右侧的"..."按钮，打开【定位文件夹】窗口，在该窗口中选择数据库文件存放的物理位置。在本例中，主要数据文件的保存路径为"C:\教务管理数据"，如图 5-11 所示；事务日志文件的保存路径为"C:\教务管理日志"，如图 5-12 所示。

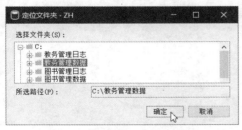

图 5-11 设置数据文件的保存路径

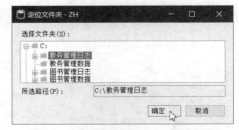

图 5-12 设置事务日志文件的保存路径

- 文件名。数据库文件的名称，默认与数据库文件的逻辑名称相同。主要数据文件名加扩展名".mdf"，事务日志文件名加"_log"和扩展名".ldf"，也可以自定义其他符合标识符规则的文件名。在本例中，数据库"EDUC"的主要数据文件名默认为"EDUC.mdf"，事务日志文件名默认为"EDUC_log.ldf"。

（4）在【新建数据库】窗口—【选项】页中，可设置数据库的排序规则、恢复模式、兼容性级别和其他选项。本例保持默认，如图 5-13 所示。

（5）在【新建数据库】窗口—【文件组】页中，可设置或添加文件组的属性，如是否只读、是否为默认值等。本例保持默认。

（6）单击"确定"按钮，系统开始创建数据库。创建成功后，刷新【对象资源管理器】窗口中的"数据库"节点。展开"数据库"节点可以看见创建的数据库"EDUC"，如图 5-14 所示。

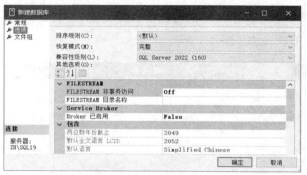

图 5-13 【新建数据库】窗口—【选项】页

图 5-14 新创建的数据库"EDUC"

5.2.2 使用 SSMS 修改数据库

数据库管理员只有了解数据库的状态，才能有效地进行数据库的管理。创建数据库后，可以使用 SSMS 或 T-SQL 查看或修改数据库的设置。使用 SSMS 修改数据库的方法如下。

在【对象资源管理器】窗口中展开"数据库"节点，右击目标数据库，如数据库"EDUC"，从快捷菜单中选择"属性"命令，如图 5-15 所示。打开【数据库属性-EDUC】窗口，如图 5-16 所示。用户可以根据需求选择相应的页查看或修改数据库的相应设置。

图 5-15 选择"属性"命令

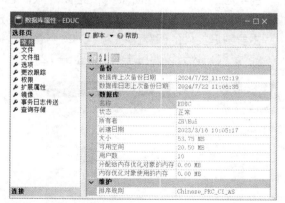

图 5-16 【数据库属性-EDUC】窗口—【常规】页

在【常规】页中，用户可以查看数据库的名称、所有者、创建日期、大小和可用空间等基本信息，如图 5-16 所示。

在【文件】页和【文件组】页中，用户可以修改数据库的所有者，更改数据库文件的大小和自动增长值，设置全文索引选项，添加数据文件、事务日志文件和新的文件组。设置方法与【新建数据库】窗口中的参数设置方法相同。

在【选项】页中，用户可以设置数据库的故障恢复模式和排序规则。【选项】页中的其他属性和【更改跟踪】页、【权限】页、【扩展属性】页、【事务日志传送】页和【查询存储】页中的属性是数据库的高级属性，通常情况下保持默认值就可以满足要求。如果读者对这些属性的定义和设置方法感兴趣，可以查阅 SQL Server 文档。

【例 5-2】　修改教务管理数据库"EDUC"，具体要求如下。

① 添加文件组"EDUC_Group"。

② 添加次要数据文件"EDUC_data2"到"EDUC_Group"文件组。

具体操作步骤如下。

（1）在【对象资源管理器】窗口中展开"数据库"节点，右击数据库"EDUC"，从快捷菜单中选择"属性"命令，打开【数据库属性-EDUC】窗口。

（2）选择【文件组】页，单击"添加文件组"按钮，输入文件组的名称"EDUC_Group"，如图 5-17 所示。

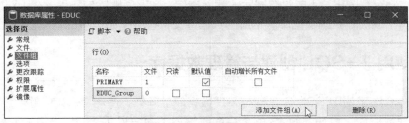

图 5-17　在【文件组】页中添加文件组

（3）选择【文件】页，单击"添加"按钮，输入次要数据文件的名称"EDUC_data2"，选择文件组"EDUC_Group"，其他设置如图 5-18 所示。

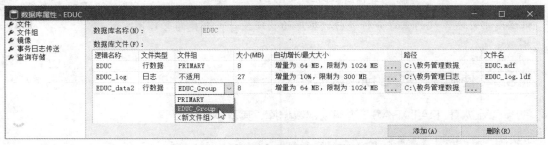

图 5-18　在【文件】页中添加次要数据文件

（4）单击"确定"按钮，完成对数据库"EDUC"的修改。

5.2.3　使用 SSMS 删除数据库

当不再需要用户定义的数据库，或者已将其移到其他数据库或服务器上时，可删除该数据库。被删除的数据库将被永久删除，其中的文件及其数据都将从服务器的磁盘中删除。如果不使用以前的备份，则将无法检索到被删除的数据库。值得注意的是，不能删除系统数据库。

（1）在【对象资源管理器】窗口中展开"数据库"节点，右击要删除的数据库，从快捷菜单中选择"删除"命令，如图 5-19 所示。

（2）在打开的【删除对象】窗口中，确认显示的数据库是否为目标数据库，并通过勾选相应复选框决定是否要删除备份及关闭已存在的数据库连接，如图 5-20 所示。

图 5-19　选择"删除"命令

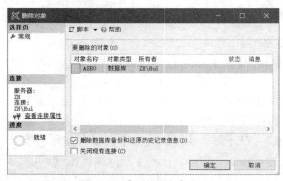

图 5-20　【删除对象】窗口

（3）单击"确定"按钮，完成对数据库的删除操作。数据库删除成功后，在【对象资源管理器】窗口中将不会再出现被删除的数据库，相应的数据库文件也会从磁盘中的物理位置上消失。

5.3　使用 T-SQL 创建与管理数据库

在 5.2 节中介绍了使用 SSMS 创建与管理数据库。同样，使用 T-SQL 也可以创建与管理数据库。可在 SSMS 的【查询编辑器】中编辑 T-SQL 语句，编辑完成之后单击【SQL 编辑器】工具栏上的"执行"按钮。具体操作方法在4.5.3 节中进行了详细介绍。

微课 5-3　使用 T-SQL 创建 数据库

案例 2-5　图书管理数据库的创建与管理

根据图书管理系统的需求分析进行数据库的物理设计，创建与管理图书管理数据库。

5.3.1　使用 T-SQL 创建数据库

使用 CREATE DATABASE 语句创建数据库，其基本语法如下。

```
CREATE DATABASE 数据库名
    [ON
        [PRIMARY] <文件说明>[,...n]          --主要文件组中的主要数据文件和次要数据文件
        [,FILEGROUP 文件组名<文件说明>[,...n]]  --次要文件组和其中的次要数据文件
    ]
    [LOG ON
        <文件说明>[,...n]                     --事务日志文件
    ]
```

功能：创建一个新数据库及存储该数据库的文件和文件组。

📖 **说明**

① 数据库名：在 SQL Server 中创建的数据库的名称。

② ON：其后依次指明主要数据文件、次要数据文件和文件组等明确定义。

③ PRIMARY：该参数用于指定将其后的主要数据文件（默认为第一个文件）和次要数据文件（可有多个）创建在主要文件组中。

④ FILEGROUP：其后指明要创建的用户定义文件组（次要文件组），以及要在此文件组中创建的次要数据文件（可有多个）的明确定义。

⑤ LOG ON：其后指明事务日志文件（可有多个）的明确定义；如果没有相应的定义，系统会自动创建一个初始大小、最大大小和自动增量为默认值的事务日志文件。

⑥ <文件说明>：以下文件属性的组合。

```
(
    NAME = 逻辑文件名,
    FILENAME = '物理文件名'
    [,SIZE = 初始大小[KB|MB|GB|TB]]
    [,MAXSIZE = {最大大小[KB|MB|GB|TB]|UNLIMITED}]
    [,FILEGROWTH = 自动增量[KB|MB|GB|TB|%]]
)
```

其中各参数的含义说明如下。

- NAME：指定文件的逻辑名称，这是文件在 SQL Server 系统中使用的标识符。
- FILENAME：指定数据文件和事务日志文件的物理文件名，包括完整的存储路径、文件名及其扩展名（.mdf、.ndf 或.ldf）并用单引号引起来，该物理文件名和 NAME 指定的逻辑名称一一对应（可不同名）。
- SIZE：指定文件的初始大小，应该至少为模板数据库"Model"的大小；如果省略该参数，将默认使用模板数据库"Model"中定义的初始大小，为 8MB。
- MAXSIZE：指定操作系统文件可以增长到的最大大小；如果省略该参数，数据文件的最大大小为"无限制"，事务日志文件的最大大小限制为"2TB"。
- FILEGROWTH：指定文件每次自动增加容量的大小，可以以 KB、MB、GB、TB 或百分比"%"为单位指定数据文件增长的数值；数据文件和事务日志文件的默认自动增量均为 64MB。

以上所述的大小即存储容量的大小，默认以 MB 为单位。

【例 5-3】 创建图书管理数据库"Library"，具体要求如下。

① 创建主要数据文件：逻辑名称为"Library"，物理文件名为'C:\图书管理数据\Library.mdf'，初始大小为 8MB，最大大小为 20GB，自动增量为 10%。

② 创建事务日志文件：逻辑名称为"Library_log"，物理文件名为'C:\图书管理日志\Library_log.ldf'，初始大小为 8MB，最大大小为 600MB，自动增量为 10%。

具体步骤如下。

（1）在操作系统下建立"C:\图书管理数据"和"C:\图书管理日志"两个文件夹。

（2）在 SSMS 中单击工具栏上的"新建查询"按钮，打开【查询编辑器】，输入如下语句。

```
CREATE DATABASE Library                           --数据库名称
ON PRIMARY                                        --在主要文件组中创建主要数据文件
    (NAME = Library,                              --逻辑名称
     FILENAME = 'C:\图书管理数据\Library.mdf',     --物理文件的路径与名称
     SIZE = 8,                                    --初始大小为 8MB，默认以 MB 为单位
     MAXSIZE = 20GB,                              --最大大小为 20GB
     FILEGROWTH = 10%)                            --自动增量为 10%
LOG ON                                            --创建事务日志文件
```

```
(NAME = Library_log,                            --逻辑名称
 FILENAME = 'C:\图书管理日志\Library_log.ldf', --物理文件的路径和名称
 SIZE = 8,                                       --初始大小为 8MB
 MAXSIZE = 600,                                  --最大大小为 600MB
 FILEGROWTH = 10%)                               --自动增量为 10%
```

（3）单击【SQL 编辑器】工具栏上的"执行"按钮，运行结果如下。

命令已成功完成。

（4）在【对象资源管理器】窗口中展开"数据库"节点，刷新其中的内容，可以看到新建的数据库"Library"，如图 5-21 所示。

（5）查看数据库"Library"的属性，在【数据库属性-Library】窗口一【文件】页中可以看到所创建的数据文件"Library.mdf"和事务日志文件"Library_log.ldf"及其相应属性，如图 5-22 所示。

图 5-21　创建的数据库"Library"

图 5-22　【数据库属性-Library】窗口一【文件】页

5.3.2　使用 T-SQL 修改数据库

前面介绍了使用 SSMS 修改数据库的方法，下面简单介绍如何使用 ALTER DATABASE 语句修改数据库，详细语法与功能可参阅 SQL Server 文档。其基本语法如下。

```
ALTER DATABASE 数据库名
   {MODIFY NAME = 新数据文件名
   |ADD FILE <文件说明>[,...n] [TO FILEGROUP 文件组名]
   |ADD LOG FILE <文件说明> [,...n]
   |REMOVE FILE 逻辑名称
   |MODIFY FILE <文件说明>
   |ADD FILEGROUP 文件组名
   |REMOVE FILEGROUP 文件组名
   |MODIFY FILEGROUP 文件组名...
   }
```

功能：修改数据库属性或与数据库关联的文件和文件组，例如，在数据库中添加或删除文件和文件组、更改数据文件的属性等。

📖 **说明**

① 修改数据库名称。

- **MODIFY NAME** = 新数据文件名：修改数据库文件名。本书将不举例说明。

② 添加、删除或修改数据文件和事务日志文件。

- **ADD FILE** <文件说明>[,...*n*] [TO FILEGROUP 文件组名]：添加数据文件到文件组。

- **ADD LOG FILE** <文件说明>[,...*n*]：添加事务日志文件。

- **REMOVE FILE** 逻辑名称：删除相应的次要数据文件或事务日志文件。
- **MODIFY FILE** <文件说明>：修改数据文件或事务日志文件的属性。

③ 添加、删除或修改文件组。

- **ADD FILEGROUP** 文件组名：添加文件组。
- **REMOVE FILEGROUP** 文件组名：删除次要文件组。
- **MODIFY FILEGROUP** 文件组名：修改文件组的属性。本书不详细介绍。

④ <文件说明>为以下文件属性的组合。

```
(
    NAME = 逻辑名称
    [,NEWNAME = 新逻辑名称]                        --修改数据库逻辑名称
    [,FILENAME = '物理文件名'                       --修改数据库物理名
    [,SIZE = 初始大小[KB|MB|GB|TB]]                 --必须大于当前文件大小
    [,MAXSIZE = {最大大小[KB|MB|GB|TB]|UNLIMITED}]
    [,FILEGROWTH = 自动增量[KB|MB|GB|TB|%]]
)
```

【例 5-4】 修改图书管理数据库 "Library"，具体要求与相应的 T-SQL 代码如下。

（1）添加文件组 "Library_Group"。

```
ALTER DATABASE Library
  ADD FILEGROUP Library_Group            --添加文件组
```

（2）添加次要数据文件 "Library_data2" 到 "Library_Group" 文件组。

```
ALTER DATABASE Library
  ADD FILE                               --添加次要数据文件
    (NAME = Library_data2,               --次要数据文件说明
    FILENAME = 'C:\图书管理数据\Library_data2.ndf')
    TO FILEGROUP Library_GROUP           --添加到次要文件组 Library_Group 中
```

查看 "Library" 数据库的文件属性，可以看到添加了一个次要数据文件 "Library_data2"，其所在文件组为新建的 "Library_Group"，如图 5-23 所示。

数据库文件(F)：							
逻辑名称	文件类型	文件组	大小(MB)	自动增长/最大大小		路径	文件名
Library	行数据	PRIMARY	8	增量为 10%，限制为 20480 MB	...	C:\图书管理数据	Library.mdf
Library_data2	行数据	Library_Group	8	增量为 64 MB，增长无限制	...	C:\图书管理数据	Library_data2.ndf
Library_log	日志	不适用	8	增量为 10%，限制为 600 MB	...	C:\图书管理日志	Library_log.ldf

图 5-23 【数据库属性-Library】窗口—【文件】页

（3）添加事务日志文件 "Library_log2"。

```
ALTER DATABASE Library
  ADD LOG FILE                           --添加事务日志文件
    (NAME = Library_log2,                --事务日志文件说明
    FILENAME = 'C:\图书管理日志\Library_log2.ldf',
    SIZE = 8MB,
    MAXSIZE = 300MB,
    FILEGROWTH = 5MB)
```

（4）修改次要数据文件 "Library_data2" 的最大大小为 10GB，自动增量为 10%。

```
ALTER DATABASE Library
MODIFY FILE                              --修改数据文件
```

```
    (NAME = Library_data2,
    MAXSIZE = 10GB,                          --修改数据文件的最大大小
    FILEGROWTH = 10%)                        --修改数据文件的自动增量
```

查看数据库"Library"的文件属性，可以看到添加了事务日志文件"Library_log2"，以及次要数据文件"Library_data2"的最大大小和自动增量进行了相应的修改，如图5-24所示。

数据库文件(F)：

逻辑名称	文件类型	文件组	大小	自动增长/最大大小	路径	文件名
Library	行数据	PRIMARY	8	增量为 10%，限制为 20480 MB	...	C:\图书管理数据	Library.mdf
Library_data2	行数据	Library_Group	8	增量为 10%，限制为 10240 MB	...	C:\图书管理数据	Library_data2.ndf
Library_log	日志	不适用	8	增量为 10%，限制为 600 MB	...	C:\图书管理日志	Library_log.ldf
Library_log2	日志	不适用	8	增量为 5 MB，限制为 300 MB	...	C:\图书管理日志	Library_log2.ldf

图 5-24 【数据库属性-Library】窗口—【文件】页

（5）删除次要数据文件"Library_data2"和事务日志文件"Library_log2"。

```
ALTER DATABASE Library
    REMOVE FILE Library_data2               --删除次要数据文件
GO
ALTER DATABASE Library
    REMOVE FILE Library_log2                --删除事务日志文件
```

（6）删除次要文件组"Library_Group"。

```
ALTER DATABASE Library
    REMOVE FILEGROUP Library_Group          --删除次要文件组
```

5.3.3　使用 T-SQL 删除数据库

使用 DROP DATABASE 语句删除数据库，其基本语法如下。

```
DROP DATABASE 数据库名[,...n]
```

功能：从 SQL Server 中一次删除一个或多个用户数据库。

【例 5-5】　先创建一个数据库"Db1"，然后将其删除。

（1）在【查询编辑器】中输入并执行如下语句。

```
CREATE DATABASE Db1
```

（2）命令成功完成后，查看数据库"Db1"的文件属性，在【数据库属性-Db1】窗口—【文件】页中可以看到所创建的数据文件"Db1.mdf"和事务日志文件"Db1_log.ldf"及它们相应的属性，如图5-25所示。读者可以通过此例观察使用默认参数创建的数据库的属性。

数据库文件(F)：

逻辑名称	文件类型	文件组	大小(MB)	自动增长/最大大小	路径	文件名
Db1	行数据	PRIMARY	8	增量为 64 MB，增长无限制	...	C:\Program Files\Microsoft SQL Server...	Db1.mdf
Db1_log	日志	不适用	8	增量为 64 MB，限制为 2097152 MB	...	C:\Program Files\Microsoft SQL Server...	Db1_log.ldf

图 5-25 【数据库属性-Db1】窗口—【文件】页

（3）在【查询编辑器】中输入如下语句。

```
DROP DATABASE Db1
```

（4）单击【SQL 编辑器】工具栏上的"执行"按钮，运行结果如下。

命令已成功完成。

（5）在【对象资源管理器】窗口中展开"数据库"节点，刷新其中的内容，可以观察到已经删除了所创建的数据库"Db1"。

📖 说明

与使用 SSMS 删除数据库相同，执行删除数据库的操作后会从 SQL Server 实例中删除数据库，并删除数据库使用的物理磁盘文件。

5.4 分离和附加数据库

5.4.1 分离数据库

在 SQL Server 中，可以分离数据库的数据文件和事务日志文件，也可以将它们重新附加到同一个或其他 SQL Server 实例上。只有分离了的数据库文件，才能够利用操作系统的命令对其进行物理移动、复制和删除操作。分离数据库的具体步骤如下。

（1）确保没有任何用户登录到数据库上。

（2）启动 SSMS 并连接到 SQL Server 实例。

（3）在【对象资源管理器】窗口中展开"数据库"节点，右击需要分离的数据库，从快捷菜单中选择"任务"→"分离"命令，如图 5-26 所示。

（4）打开的【分离数据库】窗口中显示了要分离的数据库名称，如图 5-27 所示。

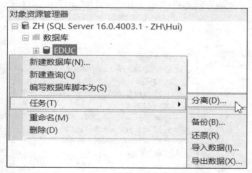

图 5-26　选择"任务"→"分离"命令

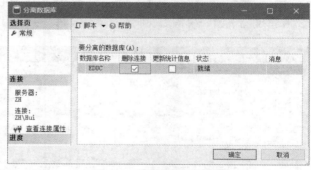

图 5-27　【分离数据库】窗口

【分离数据库】窗口中的相关项说明如下。

- 删除连接：如果还没有删除所有的用户连接，就必须勾选这个复选框来删除用户连接。
- 更新统计信息：默认情况下，分离操作将在分离数据库时保留过期的优化统计信息；如果需要更新现有的优化统计信息，则勾选这个复选框。
- 状态：显示当前数据库的状态（"就绪"或"未就绪"）。
- 消息：数据库有活动连接时，消息列将显示活动连接的个数。

（5）设置完成后，单击"确定"按钮。数据库引擎将执行分离数据库任务。

如果分离成功，该数据库就不再属于此 SQL Server 实例，将不出现在数据库列表中。用户可以在该数据库文件的物理路径下对其数据文件和事务日志文件进行移动、复制和删除。

5.4.2 附加数据库

在 SQL Server 中，用户可以对 SQL Server 实例附加被分离的数据库。附加时，数据库引擎会启动数据库，并将数据库重置为分离或复制时的状态。附加数据库的具体步骤如下。

（1）以 SQL Server 管理员的身份启动计算机，启动 SSMS 并连接到数据库实例。

（2）在【对象资源管理器】窗口中右击"数据库"节点，从快捷菜单中选择"附加"命令，如图 5-28 所示。

（3）在打开的【附加数据库】窗口中单击"添加"按钮，弹出【定位数据库文件】窗口，选择数据库所在的磁盘驱动器并展开目录树定位到数据库的.mdf 文件。例如，选择"C:\教务管理数据\EDUC.mdf"，如图 5-29 所示。

图 5-28　选择"附加"命令

图 5-29　【定位数据库文件】窗口

（4）单击【定位数据库文件】窗口中的"确定"按钮，回到【附加数据库】窗口，继续为附加的数据库指定事务日志文件和其他次要数据文件等，如图 5-30 所示。

（5）设置完毕，单击"确定"按钮，数据库引擎将执行附加数据库任务。如果附加成功，在【对象资源管理器】窗口中将出现被附加的数据库，如图 5-31 所示。

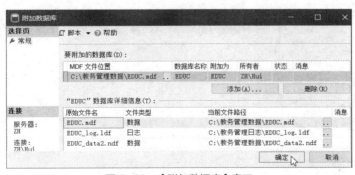

图 5-30　【附加数据库】窗口

图 5-31　附加的数据库"EDUC"

📖 **说明**

如果附加不成功，可以在操作系统下查看.mdf 和.ldf 文件的权限，在文件的【属性】对话框→【安全】选项卡中单击"编辑"按钮，将 Authenticated Users 组的权限设置为"完全控制"。

本章介绍了 SQL Server 数据库的基本定义、分类、数据库文件和数据库文件组；也介绍了使用 SSMS 创建、查看、修改和删除数据库的方法和步骤，使用 T-SQL 创建、修改和删除数据库的方法及它们的实际应用；还介绍了数据库的分离和附加，为后续学习打下了基础。

项目训练 3　人事管理数据库的创建与管理

1. 分别使用 SSMS 和 T-SQL 为人事管理系统创建名为"HrSys"的数据库。
2. 分别使用 SSMS 和 T-SQL 查看、修改和删除数据库。
3. 对所创建的数据库"HrSys"进行分离和附加。

项目训练 3　人事
管理数据库的
创建与管理

思考与练习

一、选择题

1. 在创建数据库时，系统自动将（　　　）系统数据库中所有用户定义的对象都复制到数据库中。

　　A. master　　　　　　B. msdb　　　　　　　C. model　　　　　　D. tempdb

2. SQL Server 2022 的系统数据库有 5 个，分别是（　　　）。

　　A. master、tempdb、AdventureWorks、msdb、resource

　　B. master、tempdb、model、Library、resource

　　C. master、ReportServer、model、msdb、resource

　　D. master、model、msdb、tempdb、resource

二、填空题

1. _____数据库是系统提供的最重要的数据库，其中存放了系统级的信息。

2. 创建数据库使用 T-SQL 的_____语句，修改数据库使用 T-SQL 的_____语句，删除数据库使用 T-SQL 的_____语句。

3. 在 SQL Server 的数据库中有 3 类操作系统支持的文件，主要数据文件的扩展名为_____，次要数据文件的扩展名为_____，事务日志文件的扩展名为_____。

4. 在 SQL Server 中，数据库文件组分为两类，分别是_____和_____。

5. 在 SQL Server 中，一个数据库至少有一个_____文件和一个_____文件。

三、简答题

1. SQL Server 对数据库对象的标识符是如何规定的？请举例说明。

2. 请列举与本章有关的英文词汇原文、缩写（如无可不填写）及含义等，可自行增加行。

序号	英文词汇原文	缩写	含义	备注

第6章
表的创建与操作

06

素养要点与教学目标

- 通过了解图书馆集成管理系统的录入界面，促进学思结合、知行统一。
- 能够根据数据库逻辑设计使用 SSMS 和 T-SQL 创建表。
- 能够根据数据库应用系统的功能需求使用 SSMS 和 T-SQL 对表进行插入、删除数据行，以及更新数据的操作。
- 能够根据数据库应用系统的功能需求创建合适的索引。
- 能够根据数据库逻辑设计创建并管理关系图。

拓展阅读6 图书馆
集成管理系统——
应用界面1

学习导航

本章介绍对数据库逻辑设计得到的关系模型进行物理存储的方法。读者将学习如何在数据库中创建与管理（修改、删除）表，根据数据库应用系统的功能需求操作（插入、删除数据行以及更新数据）表。本章内容在数据库开发与维护中的位置如图 6-1 所示。

微课 6-1　表的
创建与操作

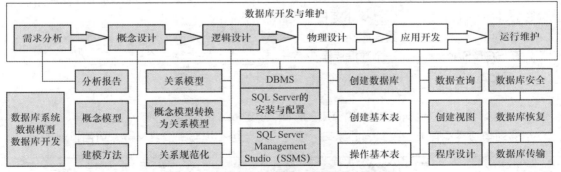

图 6-1　本章内容在数据库开发与维护中的位置

知识框架

本章的知识重点为使用 T-SQL 提供的 DDL 语句（CREATE TABLE）定义表，描述数据库三级模式结构中的模式；使用 T-SQL 提供的 DML 语句操作表。具体内容包括 SQL Server 表的概念，使用 SSMS 和 T-SQL 创建、修改和删除表的方法，对表插入、删除数据行以及更新数据的方法，创建、修改和删除索引的方法，创建、修改与删除关系图的方法。本章知识框架如图 6-2 所示。

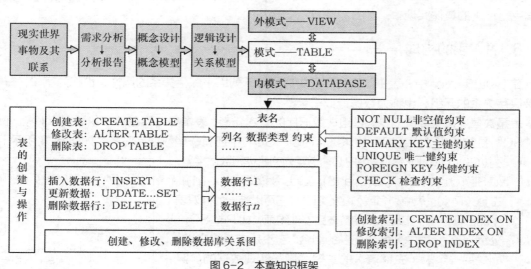

图 6-2　本章知识框架

第 5 章介绍了如何在数据库服务器上创建数据库，本章介绍如何使用 SSMS 或 T-SQL 在数据库中定义表的数据结构和完整性约束，同时介绍如何对创建的表进行基本操作。

6.1　表概述

在数据库设计过程中，对于概念设计阶段得到的概念模型、逻辑设计阶段得到的关系模型和物理设计阶段在具体 DBMS 实例中创建的表，它们的术语有着概念的相近和名称的异同，为此列出有关术语之间的对照关系，如表 6-1 所示。

表 6-1　概念模型、关系模型和表之间的术语对照

概念模型	关系模型	SQL Server	某些 DBMS
实体集/联系集 （Entity Set/Relationship Set）	关系（Relation） 二维表（Bivariate Table）	表（Table） 基表（Base Table）	表（Table）
实体实例/联系实例 （Entity/Relationship）	元组（Tuple）	行（Row）	记录（Record）
属性（Attribute）	属性（Attribute）	列（Column）	字段（Field）
主键/码（Primary Key）	主键（Primary Key）	主键（Primary Key）	主键（Primary Key）
外键/外码（Foreign Key）	外键（Foreign Key）	外键（Foreign Key）	外键（Foreign Key）
父实体与子实体	被参照关系与参照关系 父关系与子关系 主关系与从关系	主键表与外键表	父表与子表 主表与从表

📖 说明

若关系 R1 中外键的取值要参照关系 R2 中主键的取值，则 R1 称为参照关系、引用关系或子关系，而 R2 称为被参照关系、被引用关系或父关系。

表是一个非常重要的数据库对象，用于存储数据库逻辑设计得到的关系模型，是其他数据库对象的基础。关系模型中的每一个关系（二维表）对应数据库中的一个基本表（简称基表或表）。使用 SSMS 或 T-SQL（DDL、DML）在数据库中定义和操作表是对关系模型（数据结构、数据操作、数据完整性）的具体实现。

6.1.1　表的构成

在 SQL Server 中，表主要由列和行构成。每一列用来保存关系的属性，也称为字段；每一行用来保存关系的元组，也称为数据行或记录。

表是数据库最主要的对象，是组成数据库的基本元素，表本身还存在着一些数据库对象。例如，表"SC"是数据库"EDUC"的对象，而表"SC"中还有一些数据库对象，如图 6-3 所示。

- 列（COLUMN）：属性，用户必须指定列的名称和数据类型，如 SID(char(10))、CID(char(8))、Scores(decimal(4,1))。
- 主键（PK）：表中列名或列名的组合，它可以唯一地标识表中的一行，用于实现数据的实体完整性约束，如 PK_SC。
- 外键（FK）：表中列名或列名的组合，它不是本表的主键，而是另一个表（主键表）的主键，用于实现数据的参照完整性约束，如 FK_SC_Course、FK_SC_Student。
- 约束（CHECK）：用一个逻辑表达式限制用户输入的列值在指定的范围内，用于实现数据的用户定义完整性约束。
- 触发器（TRIGGER）：一个用户定义的事务命令的集合，当对某表进行插入、删除数据行以及更新数据操作时，这组命令会自动执行，用于实现数据的用户定义完整性约束。

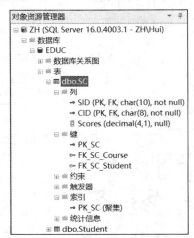

图 6-3　有关表的数据库对象

- 索引（INDEX）：根据指定表的某些列建立起来的顺序，提供了快速访问数据的途径，还可以监控表中的数据，使其索引所指向的列中的数据不重复；主键默认为聚集索引。

6.1.2　表的类型

SQL Server 除了提供用户定义的标准表外，还提供了一些特殊用途和形式的表，简单介绍如下。

（1）标准表。用户可定义最多 1024 列的表，表的行数仅受服务器的存储容量的限制。

（2）已分区表。当表很大时，可以水平地把数据划分为多个单元，放在同一个数据库的多个文件组中，用于实现对各单元中数据的并行访问。用户可以通过分区快速访问和管理数据的某部分子集而不是整个数据表，从而便于管理大表和索引。SQL Server 2022 可支持多达 15000 个分区，从而能够支持规模不断扩大的数据仓库。

（3）临时表。临时表被存储在系统数据库 tempdb 中。临时表有两种类型：局部临时表和全局临时表。局部临时表的名称以"#"开头，仅对连接 SQL Server 实例的当前用户是可见的，当用户从 SQL Server 实例断开连接时被删除。全局临时表的名称以"##"开头，被创建后对任何用户都是可见的，当所有引用该表的用户从 SQL Server 实例断开连接时被删除。

（4）系统表。系统表用来保存定义服务器配置以及定义表的数据，用户不能直接查询和更新。

（5）宽表。宽表是定义了列集的表。宽表使用稀疏列，将表可以包含的总列数增大为 30000

列。索引数和统计信息数也分别增大为 1000 个和 30000 个。宽表行的最大大小为 8019 字节。

此外，SQL Server 2022 还提供 File Tables（文件表）、外部表、图形表（请参考拓展阅读 9-2 SQL Server 中的图形处理）和账本表，读者可以查阅 SQL Server 文档进一步了解。

6.1.3 T-SQL 的数据类型

SQL Server 2022 的数据类型很丰富，如表 6-2 所示。不同的数据类型可以为表的每个列限定数据的不同取值范围，从而实现数据的域完整性约束。

表 6-2　SQL Server 2022 的数据类型

数据类型分类		数据类型	取值范围及应用说明
精确数字	整数	bit	1（真）或 0（假），字符串'True'转换为 1，字符串'False'转换为 0，任何非 0 值转换为 1，用于逻辑数据
		tinyint	很小的整数，0～255
		smallint	短整数，−32768（−2^{15}）～32767（2^{15}−1）
		int	整数，−2147483648（−2^{31}）～2147483647（2^{31}−1）
		bigint	长整数，−9223372036854775808（−2^{63}）～9223372036854775807（2^{63}−1）
	小数	decimal[(p[,s])]	定点，有效值范围为−10^{38} +1～10^{38}−1；精度 p（1～38）定义数字总位数，默认为 18，包括小数点左边和右边的位数；s（0≤s≤p）定义小数位数，默认为 0
		numeric[(p[,s])]	等价于 decimal
	货币	money	−922337203685477.5808～922337203685477.5807（精确到 4 位小数）
		smallmoney	−214748.3648～214748.3647（精确到 4 位小数）
近似数字	小数	real	浮点，−3.40E+38～−1.18E−38、0、1.18E−38～3.40E+38，7 位有效数字
		float[(n)]	浮点，−1.79E+308～−2.23E−308、0、2.23E−308～1.79E+308 若 n（1～24），n 视为 24，等价于 real 类型；若 n（25～53），n 视为 53，15 位有效数字
日期时间		datetime2	0001-01-01 00:00:00～9999-12-31 23:59:59.9999999，精确到 100ns
		datetimeoffset	与可识别时区（基于协调世界时 UTC）的一日内时间相组合的日期。YYYY-MM-DD hh:mm:ss[.nnnnnnn] [{+|-}hh:mm]，其中{+|-}hh:mm 为时区偏移量，如北京时间 2023-10-01 13:30:00+08:00，+8 表示比 UTC 早 8 小时
		date	0001-01-01～9999-12-31（仅存日期）
		time	00:00:00.0000000～23:59:59.9999999（仅存时间），精确到 100ns
字符串（单字节）		char[(n)]	定长，n（1～8000）定义字符串长度，默认为 1，实际字符串短时用空格补足
		varchar[(n|max)]	变长，n（1～8000）定义字符串长度，默认为 1；使用 varchar(max)表示其长度可足够大（达 2^{31}−1 字节，2GB），替代原来的 text
Unicode 字符串（双字节）		nchar[(n)]	定长，n（1～4000）定义字符串长度，默认为 1，实际字符串短时用空格补足，用于非英语语言，如中文
		nvarchar[(n|max)]	变长，n（1～4000）定义字符串长度，默认为 1；使用 nvarchar(max)表示其长度可足够大（达 2^{31}−1 字节，2GB），替代原来的 ntext
二进制字符串		binary[(n)]	定长，n（1～8000）字节，用于图像、视频、音频等数据
		varbinary[(n|max)]	变长，n（1～8000）字节，varbinary(max)表示其作为 LOB（大对象），最大存储大小为 2^{31}−1 字节，替代原来的 image，用途同上
树形结构		hierarchyid	用于表示节点在树形层次结构中的位置，该类型的列不会自动表示树，而是由应用程序生成和分配其值，使行与行之间的所需关系反映在这些值中

续表

数据类型分类	数据类型	取值范围及应用说明
唯一 标识	rowversion	自动生成的唯一的二进制数，当对包含 rowversion 列的表执行插入数据行或更新数据操作时，该列值递增；每个表只能有一个 rowversion 列
	uniqueidentifier	全球唯一标识（GUID），十六进制数字，由网卡、处理器 ID 以及日期和时间等字符串常量产生，或者由 NEWID()函数产生，用法同上
空间 数据	geometry	欧几里得（平面地球）坐标系中点、直线、曲线、多边形数据，用于确定地理位置
	geography	为空间数据提供了一个由经度和纬度联合定义的存储结构，诸如 GPS 纬度和经度坐标之类的椭球体（圆形地球）数据，用于确定地理位置
扩展标记语言	xml	XML 数据（文档或片段），可以在 xml 类型的列或者变量中存储 xml 实例，实例大小不能超过 2GB
程序中的 数据类型	cursor	变量或存储过程 OUTPUT 参数的一种数据类型，这些参数包含对游标的引用
	table	用于存储表操作的结果集以便进行后续处理，通常作为用户定义函数返回值的数据类型
	sql_variant	各种数据类型的值，其列可能包含不同数据类型的行
用户自定义	用户自行命名	用户可创建自定义的数据类型

📖 **说明**

SQL Server 的数据类型很丰富，本书将仅使用基本的几种数字、字符、日期时间等数据类型（灰色区域），其他数据类型将不进一步介绍。

6.1.4　SQL Server 表的完整性约束

回顾 3.1 节，关系完整性约束主要有实体完整性约束、域完整性约束、参照完整性约束和用户定义完整性约束，大多数 DBMS 可以通过对数据定义相应的约束来保证数据的完整性。在 SQL Server 的表定义中，除以上所述数据类型可以实现数据的域完整性约束以外，还支持以下几种完整性约束。

1. 非空值（NOT NULL）约束

对表的某列定义非空值约束，指定该列是否允许接受空值。用于数据的域完整性控制。

2. 默认值（DEFAULT）约束

对表的某列定义默认值约束，在未对该列提供数据值时，系统自动将默认值赋予该列，可用于实现数据的域完整性控制。SQL Server 为了与其早期版本兼容，可以为 DEFAULT 指定约束名称。

3. 主键（PRIMARY KEY）约束

若对表的一列或多列组合定义主键约束，则主键的值不允许重复，且不能为空。每个表只能定义一个主键约束，用于强制实现数据的实体完整性控制。

4. 唯一键（UNIQUE）约束

若对表的一列或多列组合定义唯一键约束，则相应的唯一键的值不允许重复。每个表可以定义多个唯一键约束。如果定义唯一键约束对应的列不允许空值，则也可用于实现数据的实体完整性控制。

5. 外键（FOREIGN KEY）约束

对表的一列或多列组合定义外键约束，要求相应外键的每个值在所引用表中对应的被引用列或多列组合中都存在。外键约束只能引用在所引用的表中是主键或唯一键约束的列，从而实现数据的参照完整性控制。

6. 检查（CHECK）约束

对表的某些列定义检查约束，该约束通过逻辑表达式的运算结果（真或假）限制一列或多列中可接受的值，用于强制实现数据的域完整性控制。

此外，SQL Server 也支持用户定义完整性约束。创建触发器（Trigger）、存储过程（Stored Procedure）和用户定义函数（Function）也可以实现数据的完整性约束，有关内容将在第 10 章中进行介绍。

6.2 使用 SSMS 创建与管理表

可使用 SSMS 或 T–SQL 创建与管理表。本节重点介绍使用 SSMS 创建与管理表。

案例 1-6-1　教务管理表的创建与管理

根据 3.2 节中的案例 1-3 教务管理数据库逻辑设计得到的关系模型，在所创建的数据库"EDUC"中创建相应的表。为了便于学习，此处仅在其中选择具有代表性的关系"Student""Course""SC"创建相应的表，并对其属性进行适当简化。为关系"Student"增加一个入学录取分数属性"AScores"，为关系"Course"增加一个序号属性"No"，3 个关系模式如下。

学　　生：Student(SID,Sname,Sex,Birthdate,Specialty,AScores)	PK：SID	
课　　程：Course(No,CID,Cname,Credit)	PK：CID	
学生选课：SC(SID,CID,Scores)	PK：SID+CID	FK：SID，CID

下面介绍如何使用 SSMS 创建与管理这 3 个关系模式对应的表。

6.2.1　使用 SSMS 创建表

SSMS 提供的【表设计器】可以用来创建新表、对表进行定义。

【例 6-1】 根据教务管理数据库的关系模型，创建表"Student""Course""SC"，初步定义各表的列名、数据类型和非空值约束。

微课 6-2　使用 SSMS 创建表

（1）新建表。在【对象资源管理器】窗口中展开"数据库"→"EDUC"节点，右击"表"节点，从快捷菜单中选择"新建"→"表"命令，如图 6-4 所示。

（2）定义表。在【文档】窗口中会打开【表设计器】（选项卡或窗口），在【表设计器】的上方通过常用的编辑方法可定义表的列名、数据类型和非空值约束等。例如，对表"Student"的定义如图 6-5 所示。

- 列名。在第 1 列中输入 SID、Sname 等列名，列名应符合标识符的命名规则。
- 数据类型。在第 2 列中可通过下拉列表选择合适的数据类型。例如，SID 选择 char(10)，Sname 选择 char(8)，Sex 选择 nchar(1)，Birthdate 选择 date，Specialty 选择 varchar(26)，AScores 选择 decimal(4,1)。
- 允许 Null 值。在第 3 列中选择是否"允许 Null 值"。例如，如果要求 SID 和 Sname 必须输入值，则不勾选"允许 Null 值"复选框。

图 6-4　选择"新建"→"表"命令

图 6-5　【表设计器】-定义表"Student"

（3）保存表的定义。右击【表设计器】的标签，从快捷菜单中选择"保存"命令，如图 6-6 所示。

（4）在【选择名称】对话框中输入表名称"Student"，如图 6-7 所示，单击"确定"按钮。

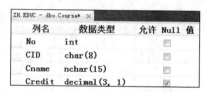

图 6-6　保存创建的表

图 6-7　输入表名称

用同样的方法创建并定义其他两个表，如图 6-8 和图 6-9 所示。

图 6-8　创建表"Course"

图 6-9　创建表"SC"

6.2.2　使用 SSMS 修改表

对于已经创建的表，用户可以使用 SSMS 对列名、数据类型与完整性约束等的定义进行修改。

【例 6-2】　对以上所创建的表"Student""Course""SC"定义标识列和完整性约束。

在【对象资源管理器】窗口中展开"数据库"→"EDUC"→"表"节点，分别右击要修改的表"Student""Course""SC"节点，从快捷菜单中选择"设计"命令，即可打开相应的【表设计器】，再分别对表进行修改。

微课 6-3　使用
SSMS 修改表（1）

1. 定义标识列（IDENTITY）

每个表只能有一个标识列。如果定义某列是标识列，则在对表添加新行时，系统将为该列提供一个唯一的增量值。

（1）标识列具有以下 3 个特点。

* 列的数据类型为不带小数的数值类型。

- 在插入数据行时，该列的值由系统按标识增量的设置自动生成，不允许空值。
- 列值不重复，具有唯一标识表中一行的作用，从而也可以实现表的实体完整性控制。

（2）创建一个标识列，应指定以下 4 部分内容。

- 指定数据类型为整数类型并且不允许为空。
- 设置"（是标识）"为"是"。
- 设置标识种子，即表中第一行的值，默认值为 1。
- 设置标识增量，即相邻两个标识值之间的增量，默认值为 1。

对表"Course"，将其序号列"No"定义为标识列，使其按照自然数从 1 开始逐步增加 1 的规律自动编号。

在【表设计器】中修改表"Course"，单击【表设计器】上方的列"No"，在【表设计器】下方的【列属性】选项卡中设置该列的各标识列属性，如图 6-10 所示。

2. 定义默认值（DEFAULT）约束

对表"Student"，为其专业列"Specialty"定义默认值"计算机信息管理"，即当未对列"Specialty"输入数据时，该列的值自动被赋予"计算机信息管理"。

在【表设计器】中修改表"Student"，单击【表设计器】上方的列"Specialty"，在【表设计器】下方的【列属性】选项卡的"默认值或绑定"文本框中输入字符串'计算机信息管理'，如图 6-11 所示。

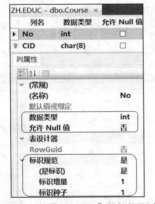

图 6-10 表"Course"的标识列定义

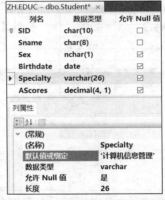

图 6-11 表"Student"的默认值定义

3. 定义主键（PRIMARY KEY）约束

为表"Student"定义主键"SID"，为表"Course"定义主键"CID"，为表"SC"定义主键"SID+CID"。

微课 6-4 使用 SSMS 修改表（2）

在【表设计器】中选择一个或若干个列名（选择某一个列名后按住 Shift 键再单击另一个列名，可选择连续的列名；选择某一个列名后按住 Ctrl 键再单击其他列名，可选择不相邻的列名），然后右击所选择的列，从快捷菜单中选择"设置主键"命令（也可以单击工具栏上的"设置主键"按钮或选择主菜单"表设计器"→"设置主键"命令），即可定义主键，如图 6-12 所示。

为其他表定义主键的方法同上，主键设置的结果如图 6-13～图 6-15 所示。

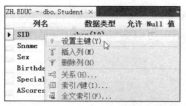

图 6-12　为表"Student"设置主键　　　　图 6-13　表"Student"的主键

图 6-14　表"Course"的主键　　　　图 6-15　表"SC"的主键

4. 定义唯一键（UNIQUE）约束

假设在表"Course"中不允许有相同的课程名，若有同名课程，则必须加数字编号予以区别，可为列"Cname"定义唯一键约束。

（1）右击【表设计器】上方，从快捷菜单中选择"索引/键"命令（也可以单击工具栏上的"管理索引和键"按钮或选择主菜单"表设计器"→"索引/键"命令）。

（2）在打开的【索引/键】对话框中单击"添加"按钮添加"主/唯一键或索引"，默认名称为"IX_表名"，此处为"IX_Course"；在"常规"栏的"类型"右侧选择"唯一键"，如图 6-16 所示。单击"列"右侧的"..."按钮，在打开的【索引列】对话框中选择列名为"Cname"，选择排序顺序为"升序（ASC）"（本例）或"降序（DESC）"，如图 6-17 所示。

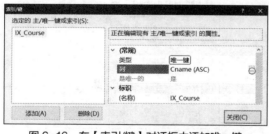

图 6-16　在【索引/键】对话框中添加唯一键

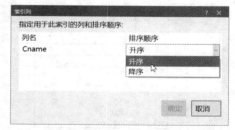

图 6-17　在【索引列】对话框中选择列名和排序顺序

（3）单击"确定"按钮，回到"索引/键"对话框，再单击"关闭"按钮完成定义。

5. 定义外键（FOREIGN KEY）约束

微课 6-5　使用
SSMS 修改表（3）

将外键表"SC"中的"SID"和"CID"列定义为外键。其中，"SID"参照主键表"Student"中的主键"SID"，以确保在表"SC"的"SID"列中输入的值在表"Student"中的主键"SID"列中存在；"CID"参照主键表"Course"中的主键"CID"，以确保在表"SC"的"CID"列中输入的值在表"Course"中的主键"CID"列中存在。

（1）右击【表设计器】上方，从快捷菜单中选择"关系"命令（也可以单击工具栏上的"关系"按钮或选择主菜单"表设计器"→"关系"命令）。在打开的【外键关系】对话框中单击"添加"按钮添加新的约束关系，默认名称为"FK_表名_表名*"；设置"在创建或重新启用时检查现有数据"
为"是"，即可对在创建或重新启用约束之前就存在于表中的所有数据指定根据约束进行验证，如
图 6-18 所示。

（2）单击【外键关系】对话框中的"表和列规范"，再单击"表和列规范"文本框右侧的"..."
按钮（鼠标指针指示处），如图 6-18 所示。在打开的【表和列】对话框中选择定义外键约束的表和列。
本例中，选择外键表"SC"中的外键列"SID"，选择主键表"Student"中的主键列"SID"，关系名
自动定义为"FK_SC_Student"（FK_外键表名_主键表名），如图 6-19 所示。

图 6-18　在【外键关系】对话框中设置外键

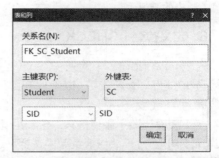

图 6-19　在【表和列】对话框中选择外键和主键

（3）单击"确定"按钮，回到【外键关系】对话框。展开"表设计器"，将"强制外键约束"
选项设置为"是"，如图 6-20 所示。

（4）展开"INSERT"和"UPDATE 规范"，在"更新规则"和"删除规则"相应文本框的下拉列
表中设置"更新规则"和"删除规则"的值。本例中，将"删除规则"设置为"级联"，即当主键表"Student"
中某学生的数据行被删除时，选课表"SC"中相应学生的数据行也随之被删除，如图 6-21 所示。

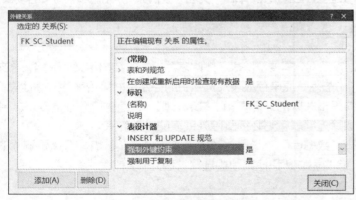

图 6-20　设置"强制外键约束"

图 6-21　设置"更新规则"和"删除规则"

（5）使用同样的方法为表"SC"添加外键"CID"。

（6）单击"关闭"按钮完成为表"SC"添加外键。

📖 说明

在定义外键关系时，若将"强制外键约束"或"强制用于复制"设置为"是"，则可以确保对外
键表进行任何数据插入、更新和删除操作都不会违背参照关系。

对于"更新规则"和"删除规则"，如果对主键表进行更新（UPDATE）数据或删除（DELETE）
数据行的操作，则检查主键表的主键是否被外键表的外键引用，分为以下两种情况。

① 若没有被引用，则执行更新或删除操作。

② 若被引用，可以设置下列 4 种选项之一。

- 不执行任何操作：拒绝更新主键表的数据或删除主键表的数据行，SQL Server 将显示一条错误提示信息，告知用户不允许执行该操作。
- 级联：级联更新外键表中相关联的外键值或级联删除外键表中相关联的数据行。
- 设置 Null：将外键表中相关联的外键值改为空值 NULL（如果可接受空值）。
- 设置默认值：如果外键表的所有外键列均已定义了默认值，则将相关联的外键值改为列定义的默认值。

6. 定义检查（CHECK）约束

为表 "Student" 中的列 "Sex（性别）" 定义检查（CHECK）约束，以确保在此列上输入的数据为'男'或'女'。

在【表设计器】中修改表 "Student"，右击【表设计器】上方，从快捷菜单中选择 "CHECK 约束"命令（也可以单击工具栏上的"管理 CHECK 约束"按钮或者选择主菜单 "表设计器" → "CHECK 约束"命令），在打开的【CHECK 约束】对话框中单击 "添加"按钮，默认名称为 "CK_表名"，此处为 "CK_Student"；在 "表达式" 文本框中输入逻辑表达式 "Sex='男' OR

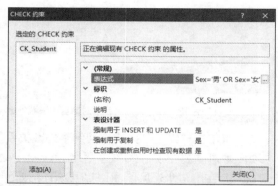

图 6-22　表 "Student" 的 CHECK 约束设置

Sex='女'"，然后进行其他选项的设置，如图 6-22 所示。单击 "关闭" 按钮完成 CHECK 约束的设置。

6.2.3　使用 SSMS 删除表

有时为了实现新的设计或释放数据库空间，需要删除表。删除表后，表的结构定义、数据、全文索引、约束和索引都会永久地从数据库中删除，原来存放表及其索引的存储空间可用来存放其他表。

如果要删除通过外键约束和主键约束相关联的外键表和主键表，则必须首先删除外键表。如果要删除外键约束中引用的主键表而不删除外键表，则必须删除外键表的外键约束。

在【对象资源管理器】窗口中展开 "数据库" → "具体数据库" → "表" 节点，选择要删除的表，按 Delete 键删除。或者右击要删除的表，从快捷菜单中选择 "删除" 命令。

6.3　使用 SSMS 操作表

SSMS 的【文档】窗口提供以编辑的方式向定义好的表中插入、删除数据行以及更新数据的功能。

案例 1-6-2　教务管理表的操作

根据教务管理系统的功能需求，对数据库 "EDUC" 中创建的表进行数据操作。

微课 6-6　使用 SSMS 操作表

6.3.1　使用 SSMS 插入数据行

【例 6-3】　为数据库"EDUC"的各表插入（SSMS 只能在表的最后添加）数据行。

（1）在【对象资源管理器】窗口中展开"数据库"→"EDUC"→"表"节点，分别右击表"Student""Course""SC"节点，从快捷菜单中选择"编辑前 200 行"命令，如图 6-23 所示。在打开的【表编辑器】中添加数据行。3 个表的数据行分别如图 6-24～图 6-26 所示。

图 6-23　选择"编辑前 200 行"命令

SID	Sname	Sex	Birthdate	Specialty	AScores
2022216001	赵成刚	男	2003-05-05	计算机应用技术	405.0
2022216002	李敬	女	2003-01-06	计算机应用技术	395.5
2022216003	郭洪亮	男	2003-04-12	计算机应用技术	353.0
2022216004	吕珊珊	女	2004-10-11	计算机信息管理	353.0
2022216005	高全英	女	2004-07-05	计算机信息管理	387.5
2022216006	郝莎	女	2002-08-03	计算机信息管理	372.0
2022216007	张峰	男	2003-09-03	软件技术	389.0
2022216111	吴秋娟	女	2003-08-05	软件技术	408.0
2022216112	穆金华	男	2003-10-06	软件技术	365.0
2022216115	张欣欣	女	2003-04-12	计算机网络技术	315.5
2022216117	孟霞	女	2004-01-11	计算机网络技术	334.0
2023216008	杨树华	女	2004-07-05	计算机应用技术	329.0
2023216009	程鹏	男	2004-08-03	计算机应用技术	342.6
2023216030	李岩	男	2005-09-03	计算机信息管理	316.0
2023216031	周梅	女	2005-06-03	计算机信息管理	312.0
2023216032	管西芬	女	2005-10-11	计算机信息管理	326.0
2023216056	刘明明	男	2005-10-09	软件技术	357.0
2023216057	孙政先	男	2004-05-16	软件技术	362.5
2023216058	王婷	女	2005-04-13	软件技术	356.0
2023216088	吕文昆	男	2004-09-03	计算机网络技术	335.0
2023216089	姜丽丽	女	2005-10-18	计算机网络技术	368.0

图 6-24　【表编辑器】—表"Student"的数据行

No	CID	Cname	Credit
1	16020010	微机组装与维护	2.0
2	16020011	操作系统安装与使用	2.0
3	16020012	软件文档编辑与制作	3.5
4	16020013	面向过程程序设计	10.0
5	16020014	数据库开发与维护	6.5
6	16020015	面向对象程序设计	7.5
7	16020016	数字媒体采集与处理	4.0
8	16020017	静态网页设计与制作	3.0
9	16020018	Web标准设计	4.0
10	16020019	Web应用程序设计	7.0
11	16020020	计算机组网与管理	3.5
12	16020021	软件测试与实施	2.5

图 6-25　【表编辑器】—表"Course"的数据行

SID	CID	Scores
2022216001	16020010	96.0
2022216001	16020011	80.0
2022216002	16020010	67.0
2022216003	16020012	78.0
2022216003	16020013	87.0
2022216003	16020014	85.0
2022216111	16020014	89.0
2022216111	16020015	90.0
2023216089	16020010	58.0

图 6-26　【表编辑器】—表"SC"的数据行

（2）单击【表编辑器】标签上的"关闭"按钮，或者右击【表编辑器】的标签，从快捷菜单中选择"关闭"命令，完成数据行的插入。

📖 说明

虽然在【表编辑器】中插入的数据行都是在表的最后添加的，但下次打开表的时候，表的数据行会根据对表建立的聚集索引的顺序重新排序。默认主键就是聚集索引，这时数据行就是按照主键的顺序（升序或降序）排序的。有关索引的内容将在 6.6 节中介绍。

6.3.2　使用 SSMS 更新数据

与插入数据行相同，在【对象资源管理器】窗口中展开"数据库"节点，再展开所需的具体数据库节点，然后展开其中的"表"节点。右击要更新数据的表，从快捷菜单中选择"编辑前 200 行"命令，即可在打开的【表编辑器】中更新数据。

如何显示和编辑更多行的数据呢？在 SSMS 中选择主菜单"工具"→"选项"命令，在【选项】对话框—【SQL Server 对象资源管理器—命令】页中，将""编辑前<n>行"命令的值"右侧文本框里的值修改为"0"，如图 6-27 所示。

单击"确定"按钮后，再右击要更新数据的表，在弹出的快捷菜单中会出现"编辑所有行"命令，如图 6-28 所示。

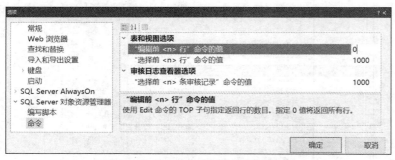

图 6-27　设置【表编辑器】的编辑行数　　　　图 6-28　"编辑所有行"命令

6.3.3　使用 SSMS 删除数据行

在【对象资源管理器】窗口中展开"数据库"节点，再展开所需的具体数据库节点，然后展开其中的"表"节点。右击要删除数据行的表，选择"编辑前 200 行"或"编辑所有行"命令进行删除。在【表编辑器】中选择要删除的数据行，然后右击所选择的数据行，从快捷菜单中选择"删除"命令（也可以选择主菜单"编辑"→"删除"命令），即可删除数据行。

6.4　使用 T–SQL 创建与管理表

在 6.2 节中介绍了使用 SSMS 创建与管理表。同样，使用 T–SQL 也可以创建与管理表。

案例 2-6-1　图书管理表的创建与管理

根据 3.3 节中的案例 2-3 图书管理数据库逻辑设计得到的关系模型，在创建的数据库"Library"中创建相应的表。为了便于学习，此处仅在其中选择具有代表性的关系"ReaderType""Reader""Book""Borrow"创建相应的表，并对其属性进行适当的删减和合并，4 个关系模式如下。

读者类型：ReaderType(TypeID,Typename,LimitNum,LimitDays)　　　PK：TypeID

读　　者：Reader(RID,Rname,TypeID,Lendnum)　　　PK：RID　　　FK：TypeID

图　　书：Book(BID,Bname,Author,Publisher,Price,LentOut)　　　PK：BID

借　　阅：Borrow(RID,BID,LendDate,ReturnDate,SReturnDate)

PK：RID+BID+LendDate　　　　　　FK：RID，BID

6.4.1 使用 T-SQL 创建表

使用 CREATE TABLE 语句创建表，其基本语法如下。

微课 6-7 使用
T-SQL 创建表

```
CREATE TABLE 表名
    (
    {<列定义>                              --此语法块将进一步说明
    |[<表级完整性约束>]}[,...n]            --此语法块将进一步说明
    )
```

功能：在数据库中创建新表，为表定义各列的名称、数据类型和完整性约束等。

📖 **说明**

以上 CREATE TABLE 语句中的列定义与完整性约束的语法进一步说明如下。

① <列定义>的语法。

```
列名 数据类型                              --列名及其数据类型
[NULL|NOT NULL]                           --非空值约束，默认为 NULL
[[CONSTRAINT 约束名] DEFAULT 常量表达式]  --默认值约束，可以为其指定一个约束名称
|[IDENTITY(标识种子,标识增量)]            --标识列定义
[<列级完整性约束>[...n]]                   --见以下进一步的语法说明
```

② <列级完整性约束>的语法。

```
[CONSTRAINT 约束名]                       --表示以下为列约束定义的开始，并可给约束指定一个名称
PRIMARY KEY                               --主键约束
|UNIQUE                                   --唯一键约束
|[FOREIGN KEY] REFERENCES 主键表(主键)    --外键约束
|CHECK(逻辑表达式)                        --检查约束
```

③ <表级完整性约束>的语法。

```
[CONSTRAINT 约束名]                       --表示以下为表约束定义的开始，并可给约束指定一个名称
PRIMARY KEY(列名[,...n])                  --主键约束(一个列或多个列组合)
|UNIQUE(列名[,...n])                      --唯一键约束(一个列或多个列组合)
|FOREIGN KEY(列名[,...n])REFERENCES 主键表(列名[,...n])   --外键约束(一个列或多个列组合)
|CHECK(逻辑表达式)                        --检查约束(逻辑表达式含有一个或多个列)
```

在定义约束时，如果未使用 [CONSTRAINT 约束名] 为定义的约束命名，则系统将指定默认的约束名。

创建表的语法中参数繁多，读者可以通过案例和查阅 SQL Server 文档逐步了解。

【例 6-4】 根据图书管理数据库的关系模型，创建相应的表及其约束。

（1）创建读者类型表"ReaderType"。

```
USE Library
GO
CREATE TABLE ReaderType
    (TypeID int NOT NULL PRIMARY KEY,     --读者类型编号，主键
     Typename char(8) NULL,               --读者类型名称
     LimitNum int NULL,                   --限借数量
     LimitDays int NULL)                  --限借天数
```

（2）创建读者表"Reader"。

```
CREATE TABLE Reader
    (/********************列定义********************/
```

```
    RID char(10) NOT NULL PRIMARY KEY,          --读者编号，主键
    Rname char(8) NULL,                         --读者姓名
    TypeID int NULL,                            --读者类型
    Lendnum int NULL,                           --已借数量
    /***************表级完整性约束***************/
    FOREIGN KEY(TypeID) REFERENCES ReaderType(TypeID)
    ON DELETE NO ACTION)                        --外键，不执行任何操作
```

（3）创建图书表"Book"。

```
CREATE TABLE Book
    (BID char(13) PRIMARY KEY,                  --图书编号，主键
    Bname varchar(42) NULL,                     --书名
    Author varchar(20) NULL,                    --作者
    Publisher varchar(28) NULL,                 --出版社
    Price decimal(7,2) NULL CHECK(Price>0),     --定价，检查约束
    LentOut bit NULL)                           --是否借出
```

（4）创建图书借阅表"Borrow"。

```
CREATE TABLE Borrow
(
/***************列定义***************/
--更新读者主键表 Reader 的 RID 列值时，级联更新外键表（本表）的 RID 值
--删除读者主键表 Reader 的数据行时，级联删除外键表（本表）关联（RID 值相等）的数据行
RID char(10) NOT NULL                           --读者编号，外键约束
FOREIGN KEY REFERENCES Reader(RID) ON UPDATE CASCADE ON DELETE CASCADE,
--更新图书主键表 Book 的 BID 列值时，级联更新外键表（本表）的 BID 值
BID char(13) NOT NULL                           --图书编号，外键约束
FOREIGN KEY REFERENCES Book(BID) ON UPDATE CASCADE,
--定义借期的默认值为当前日期
LendDate date NOT NULL DEFAULT(GETDATE()),      --借书日期，默认值约束
ReturnDate date NULL,                           --还书日期
SReturnDate date NULL,                          --应还日期
/***************表级完整性约束***************/
PRIMARY KEY(RID,BID,LendDate))                  --定义 RID+BID+LendDate 为主键约束
```

上述语句执行成功后，在【对象资源管理器】窗口中展开"数据库"→"Library"节点，刷新其中的内容，再展开"表"节点，可以看到新建的表，如图 6-29 所示。

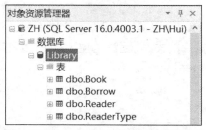

图 6-29　在"Library"数据库中创建的表

📖 **说明**

外键"RID"的更新和删除规则参数 ON UPDATE CASCADE 和 ON DELETE CASCADE 说明当更新或删除主表"Reader"中的读者信息时，相关联的从表"Borrow"中该读者的借书数据行也将级联更新或删除。在实际删除读者信息时，可以通过触发器编程判断该读者是否还有借书未还，若还有借书未还，则回滚（取消）删除命令，有关触发器的内容将在第 10 章介绍。

6.4.2 使用 T-SQL 修改表

使用 ALTER TABLE 语句修改表定义，其基本语法如下。

微课 6-8 使用
T-SQL 修改表

```
ALTER TABLE 表名
    (ALTER COLUMN 列名                        --指定一个要修改的列
    数据类型 [NULL|NOT NULL]                   --指定修改的数据类型和非空值约束
    |ADD
        {<列定义>                             --指定添加一个或多个列定义
        |<表级完整性约束>}[,...n]              --指定添加一个或多个表级约束
    |DROP
        [CONSTRAINT] 约束名[,...n]            --指定删除一个或多个约束
        |COLUMN 列名[,...n]                   --指定删除一个或多个列
    )
```

功能：修改表的定义，包括更改某列的定义，添加、删除列和约束等。

📖 说明

ALTER TABLE 语句中的 ALTER COLUMN、ADD 和 DROP 参数必须分别单独使用。在修改已经拥有数据的表时应该谨慎并且分步进行，尽量避免一次性进行大量修改而导致数据丢失。

1. 修改列的数据类型

【例 6-5】将表 "Book" 中列 "Publisher" 的数据类型由原来的 "varchar(28)" 改为 "varchar(30)"。

```
USE Library
GO
ALTER TABLE Book ALTER COLUMN Publisher varchar(30) NOT NULL   --修改列定义
```

📖 说明

ALTER COLUMN 参数只能用于修改指定列的数据类型和非空值约束，不能同时修改列名与其他约束。如果需要修改列名或其他约束，则可以选用 ADD 和 DROP 参数间接完成。

2. 添加列或约束

【例 6-6】为表 "Reader" 添加电子邮箱地址列和检查约束。

```
ALTER TABLE Reader
ADD Email varchar(20) NULL                                    --添加列
    CONSTRAINT Reader_Email CHECK(Email LIKE '%@%')          --添加检查约束
```

📖 说明

ADD 参数为表添加了一个新列 "Email"，其数据类型为 "varchar(20)"，允许为空；同时为该列定义了名为 "Reader_Email" 的检查约束 CHECK(Email LIKE '%@%')，该逻辑表达式中的 "LIKE" 是模式匹配运算符，字符串中的通配符 "%" 匹配包含零个或多个字符的任意字符串，约束列 "Email" 的值中必须包含 "@" 符号。

【例 6-7】为表 "Book" 的主键图书编号列 "BID" 添加检查约束（BID LIKE '%/%'）。

```
ALTER TABLE Book ADD CONSTRAINT CK_Book_BID CHECK(BID LIKE'%/%')--添加检查约束
```

此处，CHECK(BID LIKE '%/%')检查约束定义了列 "BID" 的值中必须包含字符 "/"。

📖 说明

① 定义 CHECK 约束后，可以用 NOCHECK CONSTRAINT 或 CHECK CONSTRAINT 子句使得 CHECK 约束失效或重新生效。例如下面的语句。

```
ALTER TABLE Book NOCHECK CONSTRAINT CK_Book_BID          --CHECK 约束失效
ALTER TABLE Book CHECK CONSTRAINT CK_Book_BID            --CHECK 约束生效
```

② 用包含 WITH NOCHECK 子句的 ALTER TABLE 语句添加的约束只对在此之后改变或插入的行起作用，而不检查已存在的行。例如下面的语句。

```
ALTER TABLE Book WITH NOCHECK ADD CONSTRAINT CK_Book_BID CHECK(BID like '%/%')
```

3. 删除列或约束

【例 6-8】 删除表"Reader"中的列"Email"及其约束。

```
ALTER TABLE Reader DROP CONSTRAINT Reader_Email,COLUMN Email    --删除约束和列
```

📖 说明

如果要删除的列上有约束，则只有先删除其上的约束，才能删除该列。

以上语句中先删除检查约束"Reader_Email"，由此也可以看出为约束命名的必要性。

6.4.3　使用 T-SQL 删除表

使用 DROP TABLE 语句删除表，其基本语法如下。

```
DROP TABLE  表名
```

【例 6-9】 先在数据库"Library"中创建一个表"Table1"，然后将其删除。

```
DROP TABLE Table1
```

📖 说明

不能直接删除被 FOREIGN KEY 约束引用的表。

6.5　使用 T-SQL 操作表

本节介绍使用 T-SQL 向已经定义好的表中插入、删除数据行以及更新数据的方法。

案例 2-6-2　图书管理表的操作

根据图书管理系统的功能需求，对数据库"Library"中创建的表进行数据操作。

6.5.1　使用 T-SQL 插入数据行

1. 使用 INSERT...VALUES 语句

使用 INSERT...VALUES 语句插入单行数据，其基本语法如下。

```
INSERT [INTO] 表名[(列名表)]
VALUES(表达式表)
```

微课 6-9　使用
T-SQL 插入数据行

功能：使用包含 VALUES 子句的 INSERT 语句，可以把数据行插入基表

或视图（虚表）中。有关视图的内容将在第 8 章中介绍。

📖 说明

① 列名表用于指定要在基表中插入数据的一列或多列名称（用逗号分隔），列顺序可以与基表的列顺序不同。在基表中，未被指定的列必须支持为空值或者具有默认值。

② 表达式表提供向基表中插入的数据（表达式的值），如果提供的数据有多个，也必须用逗号分隔。

③ 表达式表中提供的数据与列名表指定的列名个数、数据类型和顺序必须一致。

④ 当表达式表中提供的数据与表定义的列在个数和顺序上完全一致时，列名表可以省略。

（1）插入一行全部列的数据。

【例 6-10】 为表"ReaderType"插入数据行，表中的数据如图 6-30 所示，T-SQL 语句如下。

```
USE Library
GO
INSERT INTO ReaderType VALUES(1,'教师',6,90)
INSERT INTO ReaderType VALUES(2,'职员',4,60)
INSERT INTO ReaderType VALUES(3,'学生',3,30)
```

（2）插入一行部分列的数据。

【例 6-11】 为表"Reader"插入读者"张子建"的部分信息，表中的数据如图 6-31 所示。T-SQL 语句如下。

```
INSERT Reader(RID,Rname,TypeID) VALUES('2000186010','张子建',1)
```

ZH.Library - dbo.Reader

RID	Rname	TypeID	Lendnum
2000186010	张子建	1	NULL
2000186011	赵良宇	1	NULL
2003216008	张英	2	NULL
2004060003	李亚茜	1	NULL
2004216010	任灿灿	1	NULL
2022216117	孟霞	3	NULL
2023216008	杨淑华	3	NULL
2023216009	程鹏	3	NULL

ZH.Library -...o.ReaderType

TypeID	Typename	LimitNum	LimitDays
1	教师	6	90
2	职员	4	60
3	学生	3	30

图 6-30 表"ReaderType"的数据行　　　图 6-31 表"Reader"的数据行

用同样的语句为表"Book"和"Borrow"插入数据行，如图 6-32 和图 6-33 所示。

ZH.Library - dbo.Book

BID	Bname	Author	Publisher	Price	LentOut
F270.7/34	ERP从内部集成开始	陈启申	电子工业出版社	45.00	False
F270.7/455	SAP基础教程	黄佳	人民邮电出版社	55.00	True
F270.7/56	ERP系统的集成应用	金蝶软件	清华大学出版社	35.00	False
F275.3/65	SAP财务管理大全	王纹	清华大学出版社	46.00	True
TP311.138/125	数据库应用技术	周慧	人民邮电出版社	29.00	True
TP311.138/136	SQL Server 2008基础教程	Robin Dewson	人民邮电出版社	55.00	True
TP311.138/230	SQL Server 2005基础教程	Robin Dewson	人民邮电出版社	89.00	False
TP311.138/235	SQL Server 2008从入门到精通	Mike Hotek	清华大学出版社	59.00	True
TP311.138/78	数据库系统概论	萨师煊	高等教育出版社	25.00	False
TP312/429	C#入门经典	Karli Watson	清华大学出版社	98.00	False

图 6-32 表"Book"的数据行

121

图 6-33 表"Borrow"的数据行

2. 使用 INSERT...SELECT 语句

使用 INSERT...SELECT 语句插入多行数据，其基本语法如下。

```
INSERT  表名
        子查询              --SELECT 查询语句
```

功能：通过 SELECT 查询语句指定源表及其数据，将子查询生成的结果集插入 INSERT 子句指定的表中。

📖 **说明**

使用此语句可以将其他数据源的多行数据插入指定的表中，必须保证接收新数据行的表中各列的数据类型与源表中相应列的数据类型一致。有关 SELECT 查询语句的内容将在第 7 章中重点介绍。

【例 6-12】将图书表"Book"中人民邮电出版社出版的图书插入新建的表"BookPostTel"中。

（1）在数据库"Library"中新建一个表"BookPostTel"。

```
CREATE TABLE BookPostTel
  (BID char(13) PRIMARY KEY,                    --图书编号，主键约束
  Bname varchar(42) NULL,                       --书名
  Author varchar(20) NULL,                      --作者
  Publisher varchar(30) NULL,                   --出版社
  Price decimal(7,2) NULL CHECK(Price>0))       --定价，检查约束
```

（2）将图书表"Book"中人民邮电出版社出版的图书插入新建的表"BookPostTel"中。

```
INSERT BookPostTel
SELECT BID,Bname,Author,Publisher,Price
FROM Book WHERE Publisher = '人民邮电出版社'
```

执行以上语句，新表"BookPostTel"中将得到人民邮电出版社出版的图书信息。打开表"BookPostTel"，可以看到图 6-34 所示的数据行。

图 6-34 表"BookPostTel"的数据行

6.5.2　使用 T-SQL 更新数据

当插入数据行的某些列的值发生错误或者事物本身发生变化时，需要对其进行更新。

使用 UPDATE...SET 语句更新表中的数据，其基本语法如下。

微课 6-10　使用
T-SQL 更新数据

```
UPDATE 表名
SET <列名 = 表达式>[,...n]
[WHERE 逻辑表达式]
```

功能：对于 UPDATE 子句所指定的表，当其满足 WHERE 子句后的条件（逻辑表达式为真）时，SET 子句将为指定的各列赋予"="后表达式的值。

📖 说明

① 用 WHERE 子句指定需要更新的行，如果未使用 WHERE 子句，则更新表中的所有行。

② 如果行的更新违反了约束或者更新值是不兼容的数据类型，则取消执行该语句，同时返回错误提示信息。

③ 表达式可以是 SELECT 查询语句，它将把子查询得到的结果赋给相应的列名。

有关 WHERE 条件限定的内容将在第 7 章详细介绍。

1. 更新指定行的列数据

【例 6-13】 将读者类型表"ReaderType"中学生借书的限借数量在原 3 册的基础上增加 2 册，限借天数在原 30 天的基础上增加 5 天。

```
USE Library
GO
UPDATE ReaderType
SET LimitNum = LimitNum+2,LimitDays = LimitDays+5
WHERE Typename = '学生'
```

执行以上语句，打开表"ReaderType"，可以看到表中满足读者类型为学生的数据行中，列"LimitNum"的值由 3 更新为 5，列"LimitDays"的值由 30 更新为 35，如图 6-35 所示。

2. 更新所有行的列数据

【例 6-14】 将读者类型表"ReaderType"中所有数据行的限借天数都增加 10 天。

```
UPDATE ReaderType
SET LimitDays = LimitDays+10
```

执行以上语句，打开表"ReaderType"，可以看到表中所有行的列"LimitDays"的值都增加了 10，如图 6-36 所示。

ZH.Library -...o.ReaderType			
TypeID	Typename	LimitNum	LimitDays
1	教师	6	90
2	职员	4	60
3	学生	5	35

ZH.Library -...o.ReaderType			
TypeID	Typename	LimitNum	LimitDays
1	教师	6	100
2	职员	4	70
3	学生	5	45

图 6-35　表"ReaderType"更新后的学生数据行　　图 6-36　表"ReaderType"更新后的所有数据行

试使用 UPDATE...SET 语句将表中的限借天数和限借数量还原为图 6-30 所示的原数据。

3. 更新来自另一个表的查询

【例 6-15】 计算读者表“Reader”中已借数量列“Lendnum”的值。

```
UPDATE Reader
SET Lendnum =
(SELECT COUNT(*)                                          --统计出每个读者借书的册数
FROM Borrow                                               --从表 Borrow 中
WHERE ReturnDate IS NULL AND Reader.RID = Borrow.RID)     --读者借书尚未归还
```

执行以上语句，打开表“Reader”，可以看到表中读者的已借数量列“Lendnum”已从表“Borrow”中统计得出了数据，如图 6-37 所示。

在 UPDATE...SET 语句中，对于读者表“Reader”中每位读者的已借数量列“Lendnum”，其已被赋予从借阅表“Borrow”中统计出该读者（Reader. RID = Borrow. RID）借书且尚未归还（ReturnDate IS NULL）的册数（COUNT(*)）。

ZH.Library - dbo.Reader

RID	Rname	TypeID	Lendnum
2000186010	张子建	1	0
2000186011	赵良宇	1	1
2003216008	张英	2	0
2004060003	李亚茜	1	0
2004216010	任灿灿	1	1
2022216117	孟霞	3	0
2023216008	杨淑华	3	1
2023216009	程鹏	3	2

图 6-37 表“Reader”已借数量更新

细心的读者会发现图 6-31 所示的表“Reader”中的列“Lendnum”和图 6-33 所示的表“Borrow”中的列“SReturnDate”的值都是 NULL，也就是说，在插入数据行的时候是没有输入数据的。执行以上的更新数据语句，对表“Borrow”进行统计得到了表“Reader”中列“Lendnum”的值。关于如何得到表“Borrow”中的列“SReturnDate”的值将在第 7 章的例 7-46 中进行介绍。

6.5.3 使用 T-SQL 删除数据行

使用 DELETE 语句删除数据行，其基本语法如下。

```
DELETE 表名
[WHERE 逻辑表达式]
```

功能：删除表中符合 WHERE 子句指定条件的数据行。

说明

如果没有 WHERE 子句，将删除表中所有的行，但是并不删除表定义本身。

【例 6-16】 删除表“BookPostTel”中作者为周慧的图书信息。

```
USE Library
DELETE BookPostTel WHERE Author = '周慧'
```

执行以上语句，表“BookPostTel”中作者为周慧的图书信息被删除，如图 6-38 所示。

【例 6-17】 删除表“BookPostTel”中的所有数据行。

```
USE Library
DELETE BookPostTel
```

执行以上语句，表“BookPostTel”中的所有数据行被删除，如图 6-39 所示。

ZH.Library -...o.BookPostTel

BID	Bname	Author	Publisher	Price
F270.7/455	SAP基础教程	黄佳	人民邮电出版社	55.00
TP311.138/136	SQL Server 2008基础教程	Robin Dewson	人民邮电出版社	55.00
TP311.138/230	SQL Server 2005基础教程	Robin Dewson	人民邮电出版社	89.00

图 6-38 删除了表“BookPostTel”中的部分图书信息

ZH.Library -...o.BookPostTel

BID	Bname	Author	Publisher	Price
NU...	NULL	NULL	NULL	NULL

图 6-39 删除了表“BookPostTel”中的所有数据行

6.6 索引的创建与管理

6.6.1 索引概述

1. 索引的基本知识

索引是基于表或视图的一个或者多个列的值，按照一定的排列顺序有效组织表数据的一种方式。有关视图的内容将在第 8 章中介绍。

与书的目录类似，数据库中的索引可以使用户快速找到表中的信息。一方面，用户可以通过合理地创建索引提高数据库的查询（选择、统计、排序和连接等）速度；另一方面，索引也可以保证列值的唯一性，从而确保表的实体完整性。

索引的建立有利也有弊，建立索引可以提高数据查询的速度，但过多的索引会占据很多的磁盘空间。所以在建立索引时必须权衡利弊。

一般在下列情况下适合建立索引。

- 经常被查询、搜索的列，如在 WHERE 子句（详见第 7 章）的逻辑表达式中出现的列。
- 经常被作为排序依据的列，如在 ORDER BY 子句（详见第 7 章）中使用的列。
- 外键或主键列。
- 唯一键列。

而在下列情况下不适合建立索引。

- 在查询中很少被引用的列。
- 包含太多重复值或空值的列，如表的 bit 数据类型列、"性别"列等。
- 表中的数据行较少。

2. 索引的类型

（1）聚集索引（CLUSTERED INDEX）。根据指定的索引键（一列或多列）值对表或视图中的数据行进行逻辑排序，其逻辑顺序决定表中对应数据行的物理顺序。一个表或视图只允许同时有一个聚集索引。在创建主键（PRIMARY KEY）约束时，如果该表不存在聚集索引且未指定唯一非聚集索引，默认情况下将创建聚集索引，这时表的数据行将按照主键值大小升序或者降序排序。

（2）非聚集索引（NONCLUSTERED INDEX）。根据指定的索引键值对表或视图中的数据行进行逻辑排序，其逻辑顺序不改变表中对应数据行的物理顺序。一个表或视图允许有多个非聚集索引。由于非聚集索引对应的表并没有按物理顺序进行排序，因此查找速度明显低于聚集索引对应的表。

（3）唯一索引（UNIQUE INDEX）。指定唯一索引的表或视图中不允许包含重复的索引键值。聚集索引和非聚集索引都可以指定唯一索引。在创建唯一键（UNIQUE）约束时，默认情况下将创建唯一非聚集索引。

（4）全文索引（FULLTEXT INDEX）。可以在指定的 varchar(max)、nvarchar(max)、xml 和 varbinary(max)数据类型的列上创建全文索引，用于检索大段文字中是否包含指定的关键字。

（5）XML 索引（XML INDEX）。可以在指定的 xml 数据类型的列上创建 XML 索引，用于检索所存储的 XML 文档和片段。表中的每个 xml 列可具有一个主 XML 索引和多个辅助 XML 索引。

（6）空间索引（SPATIAL INDEX）。可以在指定的 geometry 或 geography 空间数据类型的列上创建多个索引。

（7）列存储索引（COLUMNSTORE INDEX）。SQL Server 2022 通过采用列式存储的索引，大大提高了数据仓库的查询效率。这种全新的索引与其他新功能相结合，在一些特定应用场景下可以将数据仓库的查询性能提高数百倍甚至数千倍；对于一些决策支持类的查询，通常也可以实现 10 倍左右的性能提升。

有关全文索引、XML 索引、空间索引和列存储索引的创建方法超出了本书的范畴，不专门介绍。

6.6.2 使用 SSMS 创建索引

SSMS 提供了【新建索引】窗口，用于创建索引。下面举例说明创建索引的方法。

【例 6-18】为了提高依据学生姓名查询相关学生信息的速度，在数据库"EDUC"中为学生表"Student"创建一个唯一非聚集索引"Studentindex"，索引键为列"Sname"，升序排序。

📖 **说明**

在默认情况下，主键自动被创建为聚集索引。由于聚集索引只能有一个，如果想再创建聚集索引，应该先将原聚集索引删除。

（1）在【对象资源管理器】窗口中展开"数据库"→"EDUC"→"表"→"dbo.Student"节点，右击"索引"节点，从快捷菜单中选择"新建索引"→"非聚集索引"命令，如图 6-40 所示。

（2）在打开的【新建索引】窗口中输入索引名称，如"Studentindex"（默认为"NonClusteredIndex-yyyymmdd-hhmmss"），再设置其是否唯一，如图 6-41 所示。

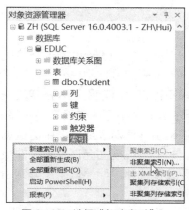

图 6-40 选择"新建索引"→
"非聚集索引"命令

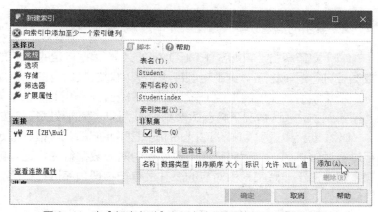

图 6-41 在【新建索引】窗口中输入索引名称并设置索引类型

（3）单击"添加"按钮，在打开的【从"dbo.Student"中选择列】窗口中选择要创建索引的列"Sname"，如图 6-42 所示。完成后单击"确定"按钮，返回【新建索引】窗口。

（4）在【新建索引】窗口中设置索引的排序顺序等，如"升序"，如图 6-43 所示。

（5）单击"确定"按钮，完成索引的创建。

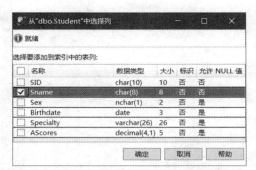

图 6-42 【从"dbo.Student"中选择列】窗口

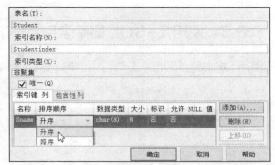

图 6-43 在【新建索引】窗口中设置索引的排序顺序

6.6.3 使用 SSMS 删除索引

在【对象资源管理器】窗口中展开"数据库"节点，再展开所需的具体数据库节点，然后展开其中的"表"→"索引"节点，右击要删除的索引，从快捷菜单中选择"删除"命令或按 Delete 键即可删除索引。

6.6.4 使用 T-SQL 创建索引

使用 CREATE INDEX ON 语句创建索引，其基本语法如下。

```
CREATE [UNIQUE][CLUSTERED|NONCLUSTERED] INDEX 索引名
ON 表名(列名[ASC|DESC][,...n])
...
```

功能：为指定的基表或视图（虚表）按照指定索引键（一个列或多个列组合）的值升序（ASC）或降序（DESC）创建唯一、聚集或非聚集索引。

📖 **说明**

① UNIQUE：指定唯一索引。

② CLUSTERED|NONCLUSTERED：指定聚集索引或非聚集索引。

③ ASC|DESC：指定索引列升序或降序，默认为升序。

【例 6-19】为了提高依据图书名查询图书信息的速度，在数据库"Library"中为图书表"Book"创建一个不唯一的非聚集索引"Bookindex"，索引键为图书名列"Bname"，升序排序。

在 SSMS 窗口中单击工具栏上的"新建查询"按钮，在【查询编辑器】中输入以下语句。

```
USE Library
GO
CREATE NONCLUSTERED INDEX Bookindex
ON Book(Bname ASC)
```

单击工具栏上的"执行"按钮，语句执行成功后，在【对象资源管理器】窗口中展开"数据库"→"Library"→"表"节点，刷新其中的内容，再展开表"Book"→"索引"节点，即可看到新建的索引"Bookindex（不唯一，非聚集）"，如图 6-44 所示。

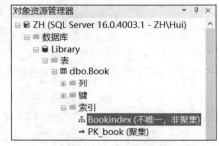

图 6-44 查看创建的索引

6.6.5 使用 T-SQL 删除索引

使用 DROP INDEX 语句可以删除索引，其基本语法如下。

```
DROP INDEX 表名.索引名
```

【例 6-20】 删除表"Book"的索引"Bookindex"。

```
USE Library
GO
DROP INDEX Book.Bookindex
```

6.7 数据库关系图的创建与管理

通过前面的学习和实践，我们已经完成了数据库和表的创建，并通过外键创建了表与表之间的关系，同时创建了索引。然而，在数据库开发过程中还需要对数据库进行文档化操作，其中最复杂的就是对表进行文档化，并在文档的图中显示表与表之间的相关性。

SQL Server 提供了数据库关系图管理工具，用于帮助用户快速和简便地完成这项工作。该工具不仅可以实现对数据库进行文档化这一反向设计，还提供了对数据库进行开发和维护的解决方案。有关这方面的技术本书不详细介绍，感兴趣的读者可以查阅 SQL Server 文档。

6.7.1 创建数据库关系图

数据库关系图中的关系是表之间的关联，用一个表（外键表）中的外键参照另一个表（主键表）中的主键。如果强制实现表之间的参照完整性，则关系线在关系图中以一根实线表示，如果 INSERT 和 UPDATE 事务不强制实现参照完整性，则以虚线表示。关系线的终结点处显示一个钥匙符号（主键符号），以表示主键到外键的关系，或者显示一个无穷大符号（外键符号），以表示一对多的关系。

【例 6-21】 创建教务管理数据库"EDUC"的"选课关系图"。

（1）在【对象资源管理器】窗口中右击数据库"EDUC"中的"数据库关系图"节点或该节点下的任意关系图，从快捷菜单中选择"新建数据库关系图"命令，如图 6-45 所示。

（2）在打开的【添加表】对话框中选择所需的表，如图 6-46 所示，再单击"添加"按钮。

图 6-45 选择"新建数据库关系图"命令

图 6-46 【添加表】对话框

（3）所添加的表将以图形方式显示在新建的数据库关系图中，如图 6-47 所示。

（4）右击【文档】窗口中【数据库关系图设计器】的标签，从快捷菜单中选择"保存"命令，输入关系图名称，即可在数据库"EDUC"的"数据库关系图"节点下看到新建的关系图对象，如图 6-48 所示。

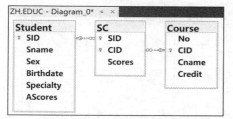

图 6-47 【数据库关系图设计器】—"选课关系图"

图 6-48 创建的"选课关系图"

6.7.2 修改数据库关系图

（1）在【对象资源管理器】窗口中展开"数据库"→"具体数据库"→"数据库关系图"节点。

（2）右击要修改的数据库关系图的名称，从快捷菜单中选择"修改"命令。

（3）在【数据库关系图设计器】中打开该数据库关系图，即可在其中调整数据表的大小、位置，排列数据表或自定义数据表的显示比例，还可以删除关系。

6.7.3 删除数据库关系图

（1）在【对象资源管理器】窗口中展开"数据库"→"具体数据库"→"数据库关系图"节点。

（2）右击要删除的数据库关系图的名称，从快捷菜单中选择"删除"命令。

（3）此时将显示一条消息，提示用户是否确认删除，单击"是"按钮，则该数据库关系图随即从数据库中删除。在删除数据库关系图时，不会删除数据库关系图中的表。

6.7.4 显示数据库关系图属性

（1）打开【数据库关系图设计器】。

（2）单击【数据库关系图设计器】中对象以外的任意位置，确保没有在【数据库关系图设计器】中选择任何对象。

（3）选择主菜单"视图"→"属性窗口"命令，即可显示相关属性。

本章主要介绍了 SQL Server 表的基本概念；重点介绍了创建、修改和删除表的方法，详细介绍了对表插入、删除数据行以及更新数据的方法；还介绍了 SQL Server 索引的基本概念，简单介绍了创建和删除索引的方法。此外，还简要介绍了数据库关系图的创建与管理。

项目训练 4　人事管理表的创建与操作

1. 使用 SSMS 或 T-SQL 在人事管理数据库"HrSys"中创建表。

2. 为各个表定义主键和外键。

3. 为员工信息表"Employees"的列"Sex"定义 CHECK 约束。

4. 为员工信息表"Employees"创建非聚集的、唯一的复合索引"Empindex"（包含列"Emp_ID""Emp_Name"）。

5. 为各个表插入一些数据行。

6. 创建人事管理数据库的关系图。

项目训练 4
人事管理表的
创建与操作

思考与练习

一、选择题

1. 使用 T-SQL 创建表的语句是（　　　）。
   A. DELETE TABLE
   B. CREATE TABLE
   C. ADD TABLE
   D. DROP TABLE

2. 在 T-SQL 中，关于 NULL 值叙述正确的选项是（　　　）。
   A. NULL 表示空格
   B. NULL 表示 0
   C. NULL 表示空值
   D. NULL 既可以表示 0，也可以表示空格

3. SQL Server 的字符型数据类型主要包括（　　　）。
   A. int、money、char
   B. char、varchar、nchar
   C. date、binary、int
   D. char、varchar、int

4. 应尽量创建索引的情况为（　　　）。
   A. 在 WHERE 子句中出现频率较高的列
   B. 具有很多 NULL 的列
   C. 数据行较少的表
   D. 需要频繁更新的表

5. 假设列中的数据变化规律如下，请问（　　　）不可以使用 IDENTITY 列定义。
   A. 1,2,3,4,5…
   B. 10,20,30,40,50…
   C. 1,1,2,3,5,8,13,21…
   D. 2,4,6,8,10…

6. 表的键可由（　　　）列属性组成。
   A. 一个
   B. 两个
   C. 多个
   D. 一个或多个

二、填空题

1. SQL Server 的表定义主要提供_____、_____、_____、_____、_____和_____完整性约束。

2. 在使用 T-SQL 定义表的语句中，创建表的语句是_____，修改表的语句是_____，删除表的语句是_____。

3. 在使用 T-SQL 操作表的语句中，插入数据行的语句是_____，更新数据的语句是_____，删除数据行的语句是_____。

4. 当指定表中某一列或若干列为主键时，系统将在这些列上自动建立一个_____、_____的索引。

5. 在创建索引的 T-SQL 语句中，使用关键字 CLUSTERED 或 NONCLUSTERED 分别表示将建立的是_____或_____索引。

三、简答题

请列举与本章有关的英文词汇原文、缩写（如无可不填写）及含义等，可自行增加行。

序号	英文词汇原文	缩写	含义	备注

第7章
SELECT数据查询

07

素养要点与教学目标

- 培养与用户沟通的能力，以便很好地满足用户的应用需求。
- 通过了解图书馆集成管理系统的查询界面，培养解决复杂问题的能力。
- 能够根据数据库应用系统的功能需求对表进行数据查询（检索）。
- 能够根据数据库应用系统的功能需求对表进行 ANSI 连接查询。
- 能够根据数据库应用系统的功能需求对表进行子查询。
- 能够根据数据库应用系统的功能需求对表进行联合查询。

拓展阅读7 图书馆
集成管理系统——
应用界面 2

学习导航

　　本章介绍数据库应用系统开发中的数据查询（检索）技术。读者将学习如何根据数据库应用系统的功能需求，使用 SELECT 查询语句对数据库中的表进行数据查询，为数据库应用系统的开发奠定重要的基础。本章内容在数据库开发与维护中的位置如图 7-1 所示。

微课 7-1 SELECT
数据查询

数据库开发与维护

需求分析 →	概念设计 →	逻辑设计 →	物理设计 →	应用开发 →	运行维护
分析报告	关系模型	DBMS SQL Server的安装与配置	创建数据库	数据查询	数据库安全
概念模型	概念模型转换为关系模型		创建基本表	创建视图	数据库恢复
建模方法	关系规范化	SQL Server Management Studio（SSMS）	操作基本表	程序设计	数据库传输

数据库系统
数据模型
数据库开发

图 7-1　本章内容在数据库开发与维护中的位置

知识框架

　　本章的知识重点为使用 T-SQL 提供的 DML 语句（SELECT）对表投影查询、连接查询、选择查询、分组统计查询、限定查询、排序查询和保存查询子句的应用方法。此外还将简单介绍 ANSI 连接查询、子查询和联合查询的应用方法。本章知识框架如图 7-2 所示。

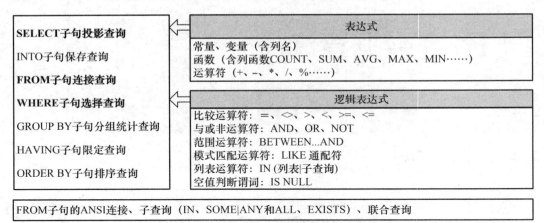

SELECT子句投影查询	表达式	
INTO子句保存查询	常量、变量（含列名）	
	函数（含列函数COUNT、SUM、AVG、MAX、MIN……）	
FROM子句连接查询	运算符（+、-、*、/、%……）	
WHERE子句选择查询	逻辑表达式	
GROUP BY子句分组统计查询	比较运算符：=、<>、>、<、>=、<=	
	与或非运算符：AND、OR、NOT	
HAVING子句限定查询	范围运算符：BETWEEN...AND	
	模式匹配运算符：LIKE 通配符	
ORDER BY子句排序查询	列表运算符：IN（列表|子查询）	
	空值判断谓词：IS NULL	

FROM子句的ANSI连接、子查询（IN、SOME\|ANY和ALL、EXISTS）、联合查询

图 7-2　本章知识框架

在数据库应用系统的开发实施阶段，SQL 标准中的 SELECT 语句是应用最广泛和最重要的语句，用户可以使用 SELECT 语句从数据库中按照系统的功能需求查询出数据信息。

7.1　SELECT 查询语句

T-SQL 完全支持 SQL-92 标准的 SELECT 语句。除此之外，T-SQL 的 SELECT 语句还可以设置或显示系统信息、对局部变量赋值等。为了便于区分，实现查询功能的 SELECT 语句在本书中被称为 SELECT 查询语句。SELECT 查询语句可以实现对关系的投影、选择和连接 3 种专门运算；此外，还可以得到经过分类统计、计算和排序等处理后的查询结果。

案例 1-7　教务管理 SELECT 数据查询

根据教务管理系统的功能需求，应用 T-SQL 的 SELECT 查询语句对数据库"EDUC"中所创建的表进行数据查询（检索）。

7.1.1　SELECT 查询语句结构

SELECT 查询语句的语法非常复杂，这里先简单列出构成 SELECT 查询语句的各个子句，其用法及进一步的语法将在后面的应用实例中逐步说明。

SELECT 查询语句的简单语法结构如下。

```
SELECT 表达式[,...n]                          --投影(计算统计)
[INTO 新表名]                                 --保存
FROM 表名[,...n]                              --连接
[WHERE 逻辑表达式]                             --选择
[GROUP BY 表达式[,...n]]                       --分组统计
[HAVING 逻辑表达式]                            --限定分组统计
[ORDER BY 表达式[,...n]]                       --排序
```

功能：对一个或多个表（基表或视图）按一定的条件和需求进行查询，产生一个新表（即查询

结果），新表可被显示出来，也可以作为表（子查询）再被应用或者被命名保存起来。

📖 说明

① SELECT 查询语句中的子句顺序非常重要，可以省略可选子句（方括号中的子句），但这些子句在使用时必须按规定的顺序出现。

② SELECT 查询语句中的表达式由*|列名、常量、变量、函数和运算符构成。很多情况下表达式仅为表的列名。

③ T-SQL 作为嵌入式语言，可以将 SELECT 查询语句嵌入高级语言的程序中实现对数据库的访问。

④ T-SQL 作为自含式语言，可以使用 SSMS 的【查询编辑器】对 SELECT 查询语句进行编辑、编译、执行和保存。本章所有实例均在 SSMS 的【查询编辑器】中实现。

本节将以"EDUC"中的表为例，详细介绍 SELECT 查询语句及其主要子句的应用方法。

7.1.2 SELECT 子句投影查询

语法：SELECT [ALL|DISTINCT] [TOP *n*] 表达式[,...*n*]。

📖 说明

用于描述查询结果集中各列（表达式）的值。必选项参数是用逗号分隔的表达式列表。此外，还有几个可选项参数可以根据需要进行选择，下面通过实例分别讲解它们的应用。

微课 7-2 SELECT
子句—投影列的值

1. 投影某些列的值

语法：*|列名[,...*n*]。

📖 说明

① 当表达式为通配符 "*" 的时候，按表中所有列名的原有顺序进行投影查询。

② 当表达式为一个或多个列名时，按列名的顺序对表进行投影查询。

【例 7-1】 从课程表"Course"中查询出所有数据信息。

```
SELECT * FROM Course          --通配符 "*" 代表投影所有列
```

查询结果如图 7-3 所示，可见查询结果与基本表完全相同，这是最基本的查询语句。

【例 7-2】 从课程表"Course"中查询出课程号"CID"、学分"Credit"和课程名"Cname"的数据信息。

```
SELECT CID,Credit,Cname       --投影列 CID、Credit、Cname
FROM Course                   --查询表 Course
```

查询结果如图 7-4 所示。

2. 限制返回行数

语法：TOP *n*[PERCENT]。

📖 说明

如果未指定关键字 PERCENT，则返回查询结果集的前 *n* 行数据。如果指定了关键字 PERCENT，*n* 就是查询返回结果集行的百分比。

	No	CID	Cname	Credit
1	1	16020010	微机组装与维护	2.0
2	2	16020011	操作系统安装与使用	2.0
3	3	16020012	软件文档编辑与制作	3.5
4	4	16020013	面向过程程序设计	10.0
5	5	16020014	数据库开发与维护	6.5
6	6	16020015	面向对象程序设计	7.5
7	7	16020016	数字媒体采集与处理	4.0
8	8	16020017	静态网页设计与制作	3.0
9	9	16020018	Web标准设计	4.0
10	10	16020019	Web应用程序设计	7.0
11	11	16020020	计算机组网与管理	3.5
12	12	16020021	软件测试与实施	2.5

图 7-3　对表"Course"投影所有列的查询

	CID	Credit	Cname
1	16020010	2.0	微机组装与维护
2	16020011	2.0	操作系统安装与使用
3	16020012	3.5	软件文档编辑与制作
4	16020013	10.0	面向过程程序设计
5	16020014	6.5	数据库开发与维护
6	16020015	7.5	面向对象程序设计
7	16020016	4.0	数字媒体采集与处理
8	16020017	3.0	静态网页设计与制作
9	16020018	4.0	Web标准设计
10	16020019	7.0	Web应用程序设计
11	16020020	3.5	计算机组网与管理
12	16020021	2.5	软件测试与实施

图 7-4　对表"Course"投影 3 列的查询

【例 7-3】 从学生表"Student"中查询出前 3 行数据。

```
SELECT TOP 3 SID,Sname,Sex,Birthdate          --返回前 3 行数据
FROM Student
```

查询结果如图 7-5 所示。

【例 7-4】 从学生表"Student"中查询出前 20%行数据。

```
SELECT TOP 20 PERCENT SID,Sname,Sex,Birthdate  --返回前 20%行数据
FROM Student
```

执行此查询可以得到学生表（本例中有 21 行数据）中前 20%（21×20%=4.2，取整数 5）行的学生信息，这在不清楚数据总行数的情况下特别有用。查询结果如图 7-6 所示。

	SID	Sname	Sex	Birthdate
1	2022216001	赵成刚	男	2003-05-05
2	2022216002	李敬	女	2003-01-06
3	2022216003	郭洪亮	男	2003-04-12

图 7-5　返回对表"Student"查询的前 3 行数据

	SID	Sname	Sex	Birthdate
1	2022216001	赵成刚	男	2003-05-05
2	2022216002	李敬	女	2003-01-06
3	2022216003	郭洪亮	男	2003-04-12
4	2022216004	吕珊珊	女	2004-10-11
5	2022216005	高全英	女	2004-07-05

图 7-6　返回对表"Student"查询的前 20%行数据

3. 消除重复行

语法：ALL|DISTINCT。

📖 **说明**

指定 ALL（默认）关键字将保留查询结果集中的全部数据行。当对表进行投影操作之后，查询结果集中可能会出现重复的数据行，使用 DISTINCT 关键字可消除查询结果集中的重复数据行。

【例 7-5】 从学生表"Student"中查询出学校各专业的名称。对学生表"Student"的专业列"Specialty"进行投影查询后会出现很多重复行，这是不希望得到的，这时可以用 DISTINCT 关键字消除重复的专业名称。

```
SELECT DISTINCT Specialty          --使用 DISTINCT 关键字消除重复数据行
FROM Student
```

查询结果如图 7-7 所示。

图 7-7　对表 "Student" 消除重复行的投影查询

4. 投影表达式的值

语法：表达式[,…*n*]。

📖 **说明**

① 表达式可以由常量、变量（包括列名）、函数和运算符等构成，常用运算符包括加（+）、减（-）、乘（*）、除（/）、取模（%）、字符连接（+）等，执行 SELECT 查询语句时，将依次对表中满足条件的所有数据行进行表达式的计算并输出其值。

② 列名也是变量，随数据行的不同其值也会有不同，故也称之为多值变量。

③ 对表中列的计算只会影响查询结果，并不会改变表中的数据。

微课 7-3　SELECT
子句—投影
表达式的值

【例 7-6】　从课程表 "Course" 中查询出学分对应的课程学时（假设每 18 学时计 1 学分），并显示前 5 行。

```
SELECT TOP 5 CID,Cname,Credit,Credit*18          --含运算符的表达式
FROM Course
```

查询结果如图 7-8 所示，可以从最右侧一列看出 Credit*18 的学时数。

如果要对计算后的数据取整，并在其后添加单位（学时），可以使用 STR(浮点表达式[,长度[,小数]])函数，返回由数字数据转换来的保留指定小数位数的字符数据，再用字符连接运算符（+）连接字符常量'学时'。SELECT 查询语句改写如下。

```
SELECT TOP 5 CID,Cname,Credit,STR(Credit*18,3,0)+'学时'        --带有函数的表达式
FROM Course
```

查询结果如图 7-9 所示。

	CID	Cname	Credit	(无列名)
1	16020010	微机组装与维护	2.0	36.0
2	16020011	操作系统安装与使用	2.0	36.0
3	16020012	软件文档编辑与制作	3.5	63.0
4	16020013	面向过程程序设计	10.0	180.0
5	16020014	数据库开发与维护	6.5	117.0

图 7-8　对表 "Course" 使用表达式（含运算符）
计算列值的查询

	CID	Cname	Credit	(无列名)
1	16020010	微机组装与维护	2.0	36学时
2	16020011	操作系统安装与使用	2.0	36学时
3	16020012	软件文档编辑与制作	3.5	63学时
4	16020013	面向过程程序设计	10.0	180学时
5	16020014	数据库开发与维护	6.5	117学时

图 7-9　对表 "Course" 使用表达式（含函数）
计算列值的查询

当然，单独的常量也可以作为 SELECT 查询语句的投影表达式，例如以下的例子。

【例 7-7】　从课程表 "Course" 中查询出学分和对应的课程学时，并显示前 5 行。

```
SELECT TOP 5 CID,Cname,Credit,'学分',STR(Credit*18,3,0),'学时'  --表达式为常量
FROM Course
```

查询结果如图 7-10 所示。

	CID	Cname	Credit	（无列名）	（无列名）	（无列名）
1	16020010	微机组装与维护	2.0	学分	36	学时
2	16020011	操作系统安装与使用	2.0	学分	36	学时
3	16020012	软件文档编辑与制作	3.5	学分	63	学时
4	16020013	面向过程程序设计	10.0	学分	180	学时
5	16020014	数据库开发与维护	6.5	学分	117	学时

图 7-10　对表"Course"使用表达式（含常量）计算列值的查询

5. 自定义列标题

语法 1：指定的列标题 = 表达式。

语法 2：表达式 [AS] 指定的列标题。

📖 **说明**

① 自定义列标题后，在查询结果的标题位置将显示指定的列标题，而不再显示表中定义的列名。如果指定的列标题不是常规标识符（如含有空格等），则要使用分隔符界定。语法中 AS 关键字可以不选。在默认情况下，数据查询结果显示的列标题就是在创建表时用的列名，用户可能不易识别。

② 对于通过表达式计算出来的列（如以上几个例子），系统不指定列标题，而以"无列名"标识，这样的情况就可以为查询结果重新指定列标题。

【例 7-8】对例 7-6 中得到的查询结果用中文显示列标题。

```
SELECT TOP 5 CID AS [课 程 号],Cname AS [课　　程　　名],
         Credit 学分,学时 = STR(Credit*18,3,0)
FROM Course
```

查询结果如图 7-11 所示。

	课　程　号	课　　程　　名	学分	学时
1	16020010	微机组装与维护	2.0	36
2	16020011	操作系统安装与使用	2.0	36
3	16020012	软件文档编辑与制作	3.5	63
4	16020013	面向过程程序设计	10.0	180
5	16020014	数据库开发与维护	6.5	117

图 7-11　对表"Course"进行自定义列标题的查询

6. 投影聚合函数的值

语法：函数名([ALL|DISTINCT] 表达式|*)。

📖 **说明**

① 与其他函数不同，聚合函数的参数一般为列名或者包含列名的表达式，主要功能是对表在指定列名表达式的值上进行纵向统计和计算，所以也称为列函数。聚合函数的参数中，ALL 关键字表示函数对指定列满足 WHERE 条件的所有值进行统计和计算，DISTINCT 关键字表示函数仅对指定列满足 WHERE 条件的唯一值（不计重复值）进行统计和计算。ALL 关键字为默认设置。

② T-SQL 提供了 15 个聚合函数，在 SELECT 查询语句中，常用的聚合函数如下。

微课7-4　SELECT
子句—投影聚合
函数的值

- COUNT：统计列中选取的项目个数或查询输出的行数。
- SUM：计算指定的数值型列名表达式的总和。
- AVG：计算指定的数值型列名表达式的平均值。
- MAX：求出指定的数值、字符或日期型列名表达式的最大值。
- MIN：求出指定的数值、字符或日期型列名表达式的最小值。

【例 7-9】 从学生表"Student"中统计出男生的人数。

```
SELECT COUNT(*) AS 人数            --统计表中满足条件的行数
FROM Student
WHERE Sex = '男'                  --选择性别为男的行
```

查询结果如下（以文本格式输出）。

```
人数
-----------
8
(1 行受影响)
```

【例 7-10】 从学生表"Student"中统计出专业个数。

📖 **注意**

DISTINCT 关键字的作用是消除重复行，即每个专业只计一次。

```
--统计表 Student 中名称不重复的专业个数
SELECT COUNT(DISTINCT Specialty) AS 专业个数
FROM Student
```

查询结果如下（以文本格式输出）。

```
专业个数
-----------
4
(1 行受影响)
```

【例 7-11】 从学生表"Student"中统计出学生的总人数，以及录取分数"AScores"的最高分、最低分、总分（无实际意义，仅为举例）和平均分。

```
SELECT
    COUNT(*) AS 总人数,                            --统计总数
    MAX(AScores) AS 最高分,MIN(AScores) AS 最低分,  --求最大值和最小值
    SUM(AScores) AS 总分,                          --求和
    STR(AVG(AScores),5,1) AS 平均分                 --求平均值
FROM Student
```

查询结果如图 7-12 所示。

	总人数	最高分	最低分	总分	平均分
1	21	408.0	312.0	7481.6	356.3

图 7-12 对表"Student"进行综合统计查询

7.1.3 FROM 子句连接查询

语法：FROM {表名|虚表名}[,...n]。

📖 **说明**

指定要查询的基表或视图（虚表）。如果指定了一个以上的基表或视图，则计算它们的笛卡儿积，再与 WHERE 子句等值条件配合实现连接查询。有关连接查询的 ANSI 语法及应用将在 7.2 节专门介绍。有关视图的概念和应用将在第 8 章全面介绍。

微课 7-5　FROM
子句—连接表（1）

1. 指定基表

【例 7-12】 从教务管理数据库"EDUC"中查询出学生的学号、姓名、所选课程的课程名和成绩信息。其中，学号"SID"来自学生表"Student"或选课表"SC"，学生姓名"Sname"来自学生表"Student"，课程名"Cname"来自课程表"Course"，成绩"Scores"来自选课表"SC"。

```
SELECT Student.SID,Sname,Cname,Scores         --投影各表的列
FROM Student,SC,Course                        --对 3 个表进行笛卡儿积连接
WHERE Student.SID = SC.SID AND SC.CID = Course.CID   --等值连接条件
```

查询结果如图 7-13 所示。

FROM 子句中基表的前后顺序不影响查询结果。

在 WHERE 子句描述等值条件的逻辑表达式中，列名要用表名来标识，如 Student.SID=SC.SID 表示选择条件是学生表"Student"的学号列"SID"的值等于选课表"SC"的学号列"SID"的值。

对于 SELECT 子句投影的列，在列名不会引起混淆的情况下可以不加所属表来标识，如列"Sname"只属于学生表"Student"，列"Cname"只属于课程表"Course"。如果在所连接的表中存

	SID	Sname	Cname	Scores
1	2022216001	赵成刚	微机组装与维护	96.0
2	2022216001	赵成刚	操作系统安装与使用	80.0
3	2022216002	李敬	微机组装与维护	67.0
4	2022216003	郭洪亮	软件文档编辑与制作	78.0
5	2022216003	郭洪亮	面向过程程序设计	87.0
6	2022216003	郭洪亮	数据库开发与维护	85.0
7	2022216111	吴秋娟	数据库开发与维护	89.0
8	2022216111	吴秋娟	面向对象程序设计	90.0
9	2023216089	姜丽丽	微机组装与维护	58.0

图 7-13　对表"Student""SC"
"Course"进行连接查询

在同名列，则要用表名来标识，如 Student.SID 或 SC.SID。如果不用表名来标识，系统不知道"SID"是表"Student"的还是表"SC"的，执行查询时将会出现错误，并在消息页中显示"列名'SID'不明确"。

微课 7-6　FROM
子句—连接表（2）

2. 为基表指定临时别名

语法：表名 [AS] 别名。

📖 **说明**

别名可以简化表名，此外还可以实现自连接。其中，AS 关键字可以不选。

【例 7-13】 同例 7-12，为基表"Student""SC""Course"指定别名 x、y 和 z 以简化表名。

```
SELECT x.SID,Sname,Cname,Scores     --投影各表的列
FROM Student AS x,SC AS y,Course AS z   --为 3 个表指定别名
WHERE x.SID = y.SID AND y.CID = z.CID   --等值连接条件
```

【例 7-14】 从选课表"SC"中查询出选了至少两门课程的学生的学号。

```
SELECT x.SID,x.CID,y.CID
FROM SC x,SC y                          --为表指定别名，实现自连接
WHERE x.SID = y.SID AND x.CID <> y.CID
```

查询结果如图 7-14 所示。

仔细观察，可以发现连接查询结果的各行中，对于某学生的学号列"SID"，第二列课程号"x.CID"和第三列课程号"y.CID"不同，即说明该学生选了至少两门课程。

如果在 SELECT 子句中对学号投影，并加上 DISTINCT 参数，则会消除查询结果中重复的行。

```
SELECT DISTINCT x.SID AS 学号
FROM SC x,SC y
WHERE x.SID = y.SID AND x.CID <> y.CID
```

查询结果如图 7-15 所示。

	SID	CID	CID
1	2022216001	16020011	16020010
2	2022216001	16020010	16020011
3	2022216003	16020013	16020012
4	2022216003	16020014	16020012
5	2022216003	16020012	16020013
6	2022216003	16020014	16020013
7	2022216003	16020012	16020014
8	2022216003	16020013	16020014
9	2022216111	16020015	16020014
10	2022216111	16020014	16020015

图 7-14 对表"SC"的自连接查询

	学号
1	2022216001
2	2022216003
3	2022216111

图 7-15 消除重复行的投影查询

读者如果对自连接不能理解的话，可以先执行以下查询，仔细观察结果，然后加上注释后面的内容。

```
SELECT x.*,y.*                    --DISTINCT x.SID AS 学号
FROM SC x,SC y
WHERE x.SID = y.SID               --AND x.CID <> y.CID
```

7.1.4　WHERE 子句选择查询

语法：WHERE 逻辑表达式。

📖 **说明**

① WHERE 子句用于选择操作，其逻辑表达式用于描述查询条件。当数据行中的数据满足查询条件（逻辑表达式为真）时，向 SELECT 查询结果集提供数据，否则其中的数据将不被采用。此外，WHERE 子句还用在 DELETE 和 UPDATE 语句中，用于选择表中要被删除或修改的行。

② 逻辑表达式由列名、常量、变量、函数、子查询、比较运算符、逻辑运算符和谓词等组成，其值为真（1，'True'）或假（0，'False'）。

在 T-SQL 逻辑表达式中，大部分运算符与其他高级语言的运算符类似，在此不做详细说明。以下仅通过案例重点介绍比较运算符、逻辑运算符和谓词在 WHERE 子句中的应用。其中涉及子查询的逻辑运算符将在 7.3 节中进一步介绍。

微课 7-7　WHERE
子句—比较选择

1. 比较运算符

T-SQL 主要的比较运算符有 =（等于）、<>（不等于）、>（大于）、<（小于）、>=（大于等于）和<=（小于等于），可用于在逻辑表达式中描述简单条件。

【例 7-15】 从学生表"Student"中查询出学生赵成刚的信息。

```
SELECT * FROM Student
WHERE Sname = '赵成刚'              --比较运算
```

查询结果如图 7-16 所示。

	SID	Sname	Sex	Birthdate	Specialty	AScores
1	2022216001	赵成刚	男	2003-05-05	计算机应用技术	405.0

图 7-16 对表"Student"进行比较选择查询一

【例 7-16】 从学生表"Student"中查询出软件技术专业学生的信息。

```
SELECT * FROM Student
WHERE Specialty = '软件技术'          --比较运算
```

查询结果如图 7-17 所示。

【例 7-17】 从学生表"Student"中查询出到 2025 年年龄满或大于 22 岁的学生信息。

```
SELECT *,2025-DATEPART(year,Birthdate) 年龄
FROM Student
WHERE 2025-DATEPART(year,Birthdate) > = 22            --比较运算
```

查询结果如图 7-18 所示。

	SID	Sname	Sex	Birthdate	Specialty	AScores
1	2022216007	张峰	男	2003-09-03	软件技术	389.0
2	2022216111	吴秋娟	女	2003-08-05	软件技术	408.0
3	2022216112	穆金华	男	2003-10-06	软件技术	365.0
4	2023216056	刘明明	男	2005-10-09	软件技术	357.0
5	2023216057	孙政先	男	2004-05-16	软件技术	362.5
6	2023216058	王婷	女	2005-04-13	软件技术	356.0

图 7-17 对表"Student"进行比较选择查询二

	SID	Sname	Sex	Birthdate	Specialty	AScores	年龄
1	2022216001	赵成刚	男	2003-05-05	计算机应用技术	405.0	22
2	2022216002	李敬	女	2003-01-06	计算机应用技术	395.5	22
3	2022216003	郭洪亮	男	2003-04-12	计算机应用技术	353.0	22
4	2022216006	郝莎	女	2002-08-03	计算机信息管理	372.0	23
5	2022216007	张峰	男	2003-09-03	软件技术	389.0	22
6	2022216111	吴秋娟	女	2003-08-05	软件技术	408.0	22
7	2022216112	穆金华	男	2003-10-06	软件技术	365.0	22
8	2022216115	张欣欣	女	2003-04-12	计算机网络技术	315.5	22

图 7-18 对表"Student"进行比较选择查询三

WHERE 子句中的逻辑表达式"2025-DATEPART(year,Birthdate)>=22"描述了到 2025 年学生的年龄满或大于 22 岁的查询条件。

如果需要查询出当前年龄满或大于 22 岁的学生信息，则可将逻辑表达式中的 2025 修改为 DATEPART(year,GETDATE())。其中，GETDATE()函数返回以 SQL Server 内部格式表示的当前日期和时间。DATEPART(指定部分,日期时间类型)函数以整数或 ASCII 字符串形式返回日期时间类型值的指定部分（如年、月、日、星期或时、分、秒等）。

2. 逻辑运算符

T-SQL 主要的逻辑运算符有 AND、NOT、OR、BETWEEN...AND、LIKE、IN 等，可用于在逻辑表达式中描述较为复杂的条件。

（1）AND（与）运算符

【例 7-18】 从学生表"Student"中查询出到 2025 年年龄满或大于 22 岁的女生信息。

微课 7-8 WHERE 子句—逻辑选择（1）

```
SELECT *,2025-DATEPART(year,Birthdate) 年龄   FROM Student
WHERE 2025-DATEPART(year,Birthdate) >= 22 AND Sex = '女'      --逻辑运算
```

查询结果如图 7-19 所示。

逻辑表达式 "2025-DATEPART(year,Birthdate)>=22 AND Sex='女'" 描述了学生表中到 2025 年年龄满或大于 22 岁并且为女生的查询条件。

（2）NOT（非）运算符

【例 7-19】 从学生表 "Student" 中查询出到 2025 年年龄不满 22 岁的男生信息。

```
SELECT *,2025-DATEPART(year,Birthdate) 年龄 FROM Student
WHERE NOT(2025-DATEPART(year,Birthdate) >= 22) AND NOT(Sex = '女')        --逻辑运算
```

查询结果如图 7-20 所示。

	SID	Sname	Sex	Birthdate	Specialty	AScores	年龄
1	2022216002	李敬	女	2003-01-06	计算机应用技术	395.5	22
2	2022216006	郝莎	女	2002-08-03	计算机信息管理	372.0	23
3	2022216111	吴秋娟	女	2003-08-05	软件技术	408.0	22
4	2022216115	张欣欣	女	2003-04-12	计算机网络技术	315.5	22

图 7-19 对表 "Student" 进行 "与" 选择查询

	SID	Sname	Sex	Birthdate	Specialty	AScores	年龄
1	2023216009	程鹏	男	2004-08-03	计算机应用技术	342.6	21
2	2023216030	李岩	男	2005-09-03	计算机信息管理	316.0	20
3	2023216057	孙政先	男	2004-05-16	软件技术	362.5	21
4	2023216088	吕文昆	男	2004-09-03	计算机网络技术	335.0	21

图 7-20 对表 "Student" 进行 "非" 选择查询

逻辑表达式 "NOT(2025-DATEPART(year,Birthdate)>=22)AND NOT(Sex='女')" 描述了学生表中到 2025 年年龄不满 22 岁并且为男生的查询条件。当然，此条件也可以用逻辑表达式 "2025-DATEPART(year,Birthdate)<22 AND Sex='男'" 来描述。

（3）OR（或）运算符

【例 7-20】 从学生表 "Student" 中查询学号为 2022216007 和 2023216089 的学生信息。

```
SELECT * FROM Student
WHERE SID = '2022216007' OR SID = '2023216089'        --逻辑运算
```

查询结果如图 7-21 所示。

	SID	Sname	Sex	Birthdate	Specialty	AScores
1	2022216007	张峰	男	2003-09-03	软件技术	389.0
2	2023216089	姜丽丽	女	2005-10-18	计算机网络技术	368.0

图 7-21 对表 "Student" 进行 "或" 选择查询

（4）BETWEEN...AND（范围）运算符

语法：表达式 [NOT] BETWEEN 开始值 AND 结束值。

📖 说明

当表达式的值在开始值和结束值之间时，逻辑表达式的值为真。其中，表达式可以为表中的列名。

"表达式 BETWEEN 开始值 AND 结束值" 等价于 "表达式>=开始值 AND 表达式<=结束值"。

"表达式 NOT BETWEEN 开始值 AND 结束值" 等价于 "表达式<开始值 OR 表达式>结束值"。

微课 7-9 WHERE 子句—逻辑选择（2）

【例 7-21】 从学生表 "Student" 中查询出入学录取分数在 350 分到 360 分之间的学生信息。

```
SELECT * FROM Student
WHERE AScores BETWEEN 350 AND 360        --范围运算
```

查询结果如图 7-22 所示。

	SID	Sname	Sex	Birthdate	Specialty	AScores
1	2022216003	郭洪亮	男	2003-04-12	计算机应用技术	353.0
2	2022216004	吕珊珊	女	2004-10-11	计算机信息管理	353.0
3	2023216056	刘明明	女	2005-10-09	软件技术	357.0
4	2023216058	王婷	女	2005-04-13	软件技术	356.0

图 7-22　对表"Student"进行"范围"选择查询

此例中，逻辑表达式"AScores BETWEEN 350 AND 360"等价于"AScores>=350 AND AScores<=360"。

（5）LIKE（模式匹配）运算符

语法：表达式 [NOT] LIKE 字符串　　　　　--字符串含通配符。

📖 说明

当表达式的值（NOT，不）与给定字符串（含通配符）相似时，逻辑表达式的值为真。其中，通配符"_"匹配一个任意字符，通配符"%"匹配包含零个或多个字符的任意字符串。LIKE 运算符可以实现对表的模糊查询。其中表达式可以为表中的列名。

【例 7-22】　从学生表"Student"中查询出姓"李"的学生信息。

```
SELECT * FROM Student
WHERE Sname LIKE '李%'                    --模式匹配模糊查询
```

查询结果如图 7-23 所示。

【例 7-23】　从课程表"Course"中查询出有关程序设计方面的课程。

```
SELECT * FROM Course
WHERE Cname LIKE '%程序设计%'              --模式匹配模糊查询
```

查询结果如图 7-24 所示。

	SID	Sname	Sex	Birthdate	Specialty	AScores
1	2022216002	李敬	女	2003-01-06	计算机应用技术	395.5
2	2023216030	李岩	男	2005-09-03	计算机信息管理	316.0

图 7-23　对表"Student"进行"模式匹配"模糊查询

	No	CID	Cname	Credit
1	4	16020013	面向过程程序设计	10.0
2	6	16020015	面向对象程序设计	7.5
3	10	16020019	Web应用程序设计	7.0

图 7-24　对表"Course"进行"模式匹配"模糊查询

（6）IN（列表）运算符

语法：表达式 [NOT] IN(列表|子查询)。

其中列表为：表达式[,...n]。

📖 说明

如果表达式的值（NOT，不）与列表中任何一个表达式的值相等，则逻辑表达式的值为真。有关 IN 子查询的内容将在 7.3.1 节介绍。

【例 7-24】　从学生表"Student"中查询学号为 2022216007 和 2023216089 的学生信息。

```
SELECT * FROM Student
WHERE SID IN('2022216007','2023216089')         --列表判断运算
```

查询结果如图 7-25 所示。

此例中，逻辑表达式"SID IN('2022216007','2023216089')"等价于"SID='2022216007' OR

SID='2023216089'", 参见例 7-20。

图 7-25 对表"Student"进行"列表"选择查询

3. 谓词 IS NULL

语法: 表达式 IS [NOT] NULL。

📖 说明

当表达式的值(NOT,不)为空值(NULL)时,逻辑表达式的值为真。其中表达式可以为表中的列名,用于确定指定的列名值是否为 NULL。

【例 7-25】 从教务管理数据库"EDUC"中查询没有登记考试成绩的学生信息。可先把表"SC"的某行(如第一行)的列"Scores"的值改为空值 *NULL*(自动倾斜),注意要大写且不要改为 0,0 也是分数。此例完成之后请改回原数据。

```
SELECT Student.SID,Sname,Cname,Scores
FROM Student,SC,Course
WHERE Student.SID = SC.SID AND SC.CID = Course.CID      --等值连接条件
  AND Scores IS NULL                                     --空值判断运算
```

查询结果如图 7-26 所示。

在此例的逻辑表达式中,"Scores IS NULL"用于实现对没有登记考试成绩的判断。当成绩为空值(成绩未登记)时,逻辑表达式为真,向查询结果集提供相应学生的数据。

图 7-26 对表"SC"的"Scores"列进行"空值判断"选择查询

7.1.5 GROUP BY 子句分组统计查询

语法: GROUP BY 列表达式[,...*n*]。

📖 说明

与列表达式(含列名或仅为列名)和聚合函数配合实现分组统计。前面 SELECT 子句中表达式的聚合函数是对整个表中的数据进行统计计算,但在实际应用中往往需要根据某列的值进行分组统计与汇总。例如,需要从学生表中统计出各专业的学生总数或从选课表中计算出每位学生的总成绩等,这就需要分别用"GROUP BY 专业名称"或"GROUP BY 学号"来进行分组,然后分别计算聚合函数的值。

微课7-10 GROUP BY 子句——分组统计

📖 注意

在 SELECT 子句中,投影的列表达式必须包含在聚合函数中或者出现在相应的 GROUP BY 列表达式的列表中。

【例 7-26】 从学生表"Student"中查询出各专业学生入学录取平均分。

```
SELECT Specialty AS 专业,平均分 = str(AVG(AScores),5,1)    --求各专业学生入学录取平均分
FROM Student
GROUP BY Specialty                                        --根据专业名称分组
```

查询结果如图 7-27 所示。

【例 7-27】 从学生表"Student"中查询出各专业的学生总数，要求查询结果中显示专业名称和人数两列。

```
SELECT 专业 = Specialty,人数 = COUNT(*)        --统计各专业学生人数
FROM Student
GROUP BY Specialty                            --根据专业名称分组
```

查询结果如图 7-28 所示。

【例 7-28】 从教务管理数据库"EDUC"的选课表"SC"中统计出每位学生的总成绩，要求查询结果中显示出学生的学号、姓名和总成绩。

```
SELECT 学号 = SC.SID,姓名 = Student.Sname,总成绩 = SUM(Scores)   --求每位学生成绩的总和
FROM SC,Student
WHERE SC.SID = Student.SID
GROUP BY SC.SID,Student.Sname                                   --按照学号 SID 分组
```

查询结果如图 7-29 所示。

GROUP BY 子句中根据 SC.SID 进行分组，由于 Student.Sname 是投影列名，所以必须写在 GROUP BY 子句列名表中。

	专业	平均分
1	计算机网络技术	338.1
2	计算机信息管理	344.4
3	计算机应用技术	365.0
4	软件技术	372.9

图 7-27 统计各专业学生录取平均分

	专业	人数
1	计算机网络技术	4
2	计算机信息管理	6
3	计算机应用技术	5
4	软件技术	6

图 7-28 统计各专业学生总数

	学号	姓名	总成绩
1	2022216001	赵成刚	176.0
2	2022216002	李敬	67.0
3	2022216003	郭洪亮	250.0
4	2022216111	吴秋娟	179.0
5	2023216089	姜丽丽	58.0

图 7-29 统计各位学生的总成绩

7.1.6 HAVING 子句限定查询

语法：HAVING 逻辑表达式。

📖 说明

① 与 GROUP BY 子句配合筛选（选择）统计结果。以上是使用 GROUP BY 子句分组统计的结果，还可以根据 HAVING 子句中逻辑表达式指定的条件进行筛选。

② HAVING 子句的逻辑表达式通常包含聚合函数，值得注意的是，聚合函数不能放在 WHERE 子句的逻辑表达式中。

【例 7-29】 从选课表"SC"和学生表"Student"中查询总成绩超过 150 分的学生的学号、姓名和总成绩。

```
SELECT 学号=SC.SID,姓名=Student.Sname,总成绩=SUM(Scores)   --求每位学生成绩的总和
FROM SC,Student
WHERE SC.SID = Student.SID
GROUP BY SC.SID,Student.Sname                              --按照学号 SID 分组
HAVING SUM(Scores) > 150                                   --对学生的总成绩进行筛选
```

查询结果如图 7-30 所示。

此例中，"HAVING SUM(Scores)>150"子句对统计出的每位学生的总成绩按照大于 150 分的条件（SUM(Scores)>150）进行筛选。如果想使用 WHERE SUM(Scores)>150 来进行选择，将会出现错误，因为聚合函数 SUM(Scores)不能放在 WHERE 子

	学号	姓名	总成绩
1	2022216001	赵成刚	176.0
2	2022216003	郭洪亮	250.0
3	2022216111	吴秋娟	179.0

图 7-30 对表"SC"和表"Student"统计的总成绩进行"限定"筛选

句的逻辑表达式中。

7.1.7　ORDER BY 子句排序查询

语法：ORDER BY {列表达式[ASC| DESC]}[,...*n*]。

📖 说明

① 按列表达式的值（最多 8060 个字节）对查询结果进行升序（ASC，默认顺序）或降序（DESC）排序。如果 ORDER BY 子句中有多个列表达式，系统将根据各列表达式的次序决定排序的优先级，然后排序。ORDER BY 子句无法对数据类型为 varchar(max)、nvarchar(max)、varbinary(max)或 xml 的列排序，并且只能在外查询中使用。

微课 7-11　ORDER
BY 子句—排序

② 如果在 SELECT 子句中指定了 DISTINCT 关键字，那么 ORDER BY 子句中的列名就必须出现在 SELECT 子句的列表中。

【例 7-30】 从选课表"SC"和学生表"Student"中统计出每位学生的总成绩，并将结果按照总成绩降序排序。

```
SELECT SC.SID AS 学号,Student.Sname AS 姓名,总成绩 = SUM(Scores)
FROM SC,Student
WHERE SC.SID = Student.SID
GROUP BY SC.SID,Student.Sname
ORDER BY SUM(SCORES) DESC                 --按照总成绩降序排序
```

查询结果如图 7-31 所示。

【例 7-31】 从教务管理数据库"EDUC"中查询出每个学生的选课门数并按选课门数的多少进行升序排序。

```
SELECT Student.SID AS 学号,Student.Sname AS 姓名,COUNT(*) AS 选课门数
FROM Student,SC
WHERE Student.SID = SC.SID
GROUP BY Student.SID,Student.Sname
ORDER BY COUNT(*)                         --按选课门数升序排序
```

查询结果如图 7-32 所示。

	学号	姓名	总成绩
1	2022216003	郭洪亮	250.0
2	2022216111	吴秋娟	179.0
3	2022216001	赵成刚	176.0
4	2022216002	李敬	67.0
5	2023216089	姜丽丽	58.0

图 7-31　对表"SC"和表"Student"
按学号分组汇总成绩并排序

	学号	姓名	选课门数
1	2022216002	李敬	1
2	2023216111	姜丽丽	1
3	2022216001	赵成刚	2
4	2022216111	吴秋娟	2
5	2022216003	郭洪亮	3

图 7-32　对表"SC"和表"Student"
按照学号分组统计选课门数并排序

【例 7-32】 从学生表"Student"中查询出软件技术专业学生的信息，先按照性别升序排序，再按照入学录取成绩降序排序。

```
SELECT *
FROM Student
WHERE Specialty = '软件技术'
ORDER BY Sex ASC,AScores DESC            --先按照性别升序排序,再按入学录取成绩降序排序
```

查询结果如图 7-33 所示。

	SID	Sname	Sex	Birthdate	Specialty	AScores
1	2022216007	张峰	男	2003-09-03	软件技术	389.0
2	2022216112	穆金华	男	2003-10-06	软件技术	365.0
3	2023216057	孙政先	男	2004-05-16	软件技术	362.5
4	2022216111	吴秋娟	女	2003-08-05	软件技术	408.0
5	2023216056	刘明明	女	2005-10-09	软件技术	357.0
6	2023216058	王婷	女	2005-04-13	软件技术	356.0

图 7-33　对表"Student"先按照性别升序排序并再按照入学录取成绩降序排序

此查询语句首先按照男生在前、女生在后升序排序；其次在性别相同的情况下，按照录取分数降序排序。

7.1.8　INTO 子句保存查询

语法：INTO 新表名。

📖 **说明**

INTO 子句用于指定使用结果集来创建新表。查询结果往往需要保存下来以便使用。使用 INTO 子句可以将查询结果存储在一个新建的基表中，这种方式常用于创建表的副本。

【例 7-33】从选课表"SC"中将学号和课程号的内容保存为新表"student_course"。

```
SELECT SID,CID
INTO student_course                    --创建新表
FROM SC
```

执行以上语句之后，在【对象资源管理器】的"EDUC"的"表"节点下可以看到新表"student_course"，如图 7-34 所示。

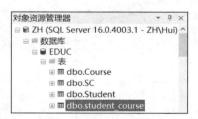

图 7-34　将表"SC"的查询结果保存为新表"student_course"

7.2　ANSI 连接查询

在 SQL Server 中，可以使用两种语法形式进行连接查询：一种是前面介绍的 FROM 子句，连接条件写在 WHERE 子句的逻辑表达式中，从而实现表的连接，这是早期 SQL Server 语法形式；另一种是ANSI 语法形式，在 FROM 子句中使用 JOIN…ON 关键字，连接条件写在 ON 之后，从而实现表的连接。

案例 2-7-1　图书管理 ANSI 连接查询

根据图书管理系统的功能需求，应用 T-SQL 的 SELECT 查询语句对数据库"Library"中所创建的表进行 ANSI 连接查询。

7.2.1 FROM 子句的 ANSI 连接查询

语法：FROM 表名 1 {[连接类型] JOIN 表名 2 ON 连接条件}[...*n*]。

📖 **说明**

① FROM...JOIN...ON 实现表 1 与表 2 的两两连接，连接之后还可以通过 JOIN...ON 继续与表 3 至表 *n* 连接，语句中最多可使用 256 个表。连接条件放在关键字 ON 后。

② 特别注意的是，此语句也可以连接视图。有关视图的内容将在第 8 章介绍。

③ JOIN 的连接类型。

- INNER JOIN：内连接。
- LEFT [OUTER] JOIN：左外连接。
- RIGHT [OUTER] JOIN：右外连接。
- CROSS JOIN：交叉连接。

下面分别介绍各连接类型的语法（连接两个表），根据相应语法还可以进一步连接更多的表。

7.2.2 内连接查询

语法：FROM 表名 1 INNER JOIN 表名 2 ON 连接表达式。

📖 **说明**

从两个表的笛卡儿积中选出符合连接条件的数据行。如果数据行无法满足连接条件，则将其丢弃。内连接消除了与另一个表中任何不匹配的行。

微课 7-12 ANSI
查询—内连接

1. 等值连接查询

【例 7-34】从图书管理数据库 "Library" 中查询每位读者的详细信息（读者及读者类型），允许有重复列。

```
USE Library
GO
SELECT Reader.*,ReaderType.*
FROM Reader INNER JOIN ReaderType ON Reader.TypeID = ReaderType.TypeID --内连接
```

查询结果中表 "Reader" 的 "TypeID" 列和表 "ReaderType" 的 "TypeID" 列是重复列，如图 7-35 所示，可以通过投影操作予以消除。

	RID	Rname	TypeID	Lendnum	TypeID	Typename	LimitNum	LimitDays
1	2000186010	张子建	1	0	1	教师	6	90
2	2000186011	赵良宇	1	1	1	教师	6	90
3	2003216008	张英	2	0	2	职员	4	60
4	2004060003	李亚茜	1	0	1	教师	6	90
5	2004216010	任灿灿	1	1	1	教师	6	90
6	2022216117	孟霞	3	0	3	学生	3	30
7	2023216008	杨淑华	3	1	3	学生	3	30
8	2023216009	程鹏	3	2	3	学生	3	30

图 7-35 表 "Reader" 和表 "ReaderType" 的等值连接查询

在列 "Typename" "LimitNum" "LimitDays" 中存在大量冗余数据，但这只是查询输出，并不占用数据库的存储空间。这说明了分解的表"Reader"和"ReaderType"使规范化程度达到 3NF 之后，仍然可以通过查询语句将其连接起来，以满足用户的习惯。

2. 自然连接查询

【例 7-35】 查询每个读者借阅图书的详细信息，不允许有重复列。

```
SELECT Reader.*,Borrow.LendDate,Borrow.ReturnDate,          --投影消除重复列
        Book.BID,Book.Bname,Book.Author,Book.Price
FROM Reader INNER JOIN Borrow ON Reader.RID = Borrow.RID    --表1内连接表2
            INNER JOIN Book ON Borrow.BID = Book.BID         --再内连接表3
```

查询结果如图 7-36 所示。

	RID	Rname	TypeID	Lendnum	LendDate	ReturnDate	BID	Bname	Author	Price
1	2000186010	张子建	1	0	2023-05-30	2023-07-14	F270.7/455	SAP基础教程	黄佳	55.00
2	2000186011	赵良宇	1	1	2023-11-26	NULL	TP311.138/125	数据库应用技术	周慧	29.00
3	2004216010	任灿灿	1	1	2023-11-15	NULL	TP311.138/235	SQL Server 2008从入门到精通	Mike Hotek	59.00
4	2022216117	孟霞	3	0	2023-04-09	2023-05-02	TP312/429	C#入门经典	Karli Watson	98.00
5	2023216008	杨淑华	3	1	2023-10-28	NULL	F275.3/65	SAP财务管理大全	王纹	46.00
6	2023216009	程鹏	3	2	2023-11-17	NULL	F270.7/455	SAP基础教程	黄佳	55.00
7	2023216009	程鹏	3	2	2023-10-30	NULL	TP311.138/136	SQL Server 2008基础教程	Robin Dewson	55.00

图 7-36 表"Reader""Borrow""Book"的自然连接查询

7.2.3 外连接查询

外连接返回 FROM 子句中指定的至少一个表或视图中的所有行,只要这些行符合 WHERE 选择条件（不包含 ON 之后的连接条件）和 HAVING 限定条件（如果有的话）。

外连接又分为左外连接、右外连接和全外连接。

左外连接对连接中左边的表不加限制；右外连接对连接中右边的表不加限制；全外连接对两个表都不加限制，两个表中的所有行都会包括在结果集中。各种外连接的语法和实例如下。

微课 7-13 ANSI
查询—外连接

1. 左外连接查询

语法：FROM 表名 1 LEFT [OUTER] JOIN 表名 2 ON 连接表达式

📖 说明

连接结果中将保留表 1 没形成连接的行，表 2 相应的各列为 NULL 值。

【例 7-36】 从表"Reader"和表"Borrow"中查询出读者的借阅情况，包括没有借过书的读者的情况。

```
SELECT Reader.*,Borrow.RID,BID
FROM Reader LEFT OUTER JOIN Borrow        --左外连接
ON Reader.RID = Borrow.RID
```

查询结果如图 7-37 所示。

从此例可以看出，连接结果保留了表"Reader"中不满足等值条件的第 3 行和第 4 行，表"Borrow"中相应的各列为 NULL 值（矩形框），说明读者张英和李亚茜没有借过书。读者张子健和孟霞则属于借过书但已经归还的情况，所以相应借书数量"Lendnum"为 0。

图 7-37　表"Reader"与表"Borrow"的左外连接查询

2. 右外连接查询

语法: FROM 表名 1 RIGHT [OUTER] JOIN 表名 2 ON 连接表达式。

📖 **说明**

连接结果中将保留表 2 没形成连接的行, 表 1 相应的列为 NULL 值。

【例 7-37】从表"Borrow"和表"Book"中查询出图书被借阅的情况, 包括没有被借阅的图书的情况。

```
SELECT Borrow.RID,Borrow.BID,Book.BID,Bname,Author
FROM Borrow RIGHT OUTER JOIN Book          --右外连接
ON Borrow.BID = Book.BID
```

查询结果如图 7-38 所示。

图 7-38　表"Borrow"与表"Book"的右外连接查询

从此例可以看出, 连接结果中加入了表"Book"中不满足等值条件的第 1、4、8、10 行, 表"Borrow"中相应的列为 NULL 值 (矩形框), 说明图书《ERP 从内部集成开始》《ERP 系统的集成应用》《SQL Server 2005 基础教程》《数据库系统概论》这 4 本书没有被借出过。此外, 可以看出图书《SAP 基础教程》被借出过 2 次。

3. 全外连接查询

语法: FROM 表名 1 FULL [OUTER] JOIN 表名 2 ON 连接表达式。

📖 **说明**

连接结果中将保留表 1 没形成连接的行, 表 2 相应的列为 NULL 值; 连接结果中也将保留表 2 没形成连接的行, 表 1 相应的列为 NULL 值。

【例 7-38】 将借阅表和读者表全外连接。

```
SELECT Reader.*,Borrow.RID,Borrow.BID
FROM Reader FULL OUTER JOIN Borrow          --全外连接
ON Borrow.RID = Reader.RID
```

查询结果与例 7-36 的图 7-37 所示相同，因为借阅表中读者的编号均在读者表中存在，所以都能形成连接。

7.2.4 自连接查询

语法：FROM 表名 1 别名 1 JOIN 表名 1 别名 2 ON 连接表达式。

📖 说明

表可以通过自连接实现自身的连接运算。自连接可以看作一张表的两个副本之间进行的连接。在自连接中，必须为表指定两个不同的别名，使之在逻辑上成为两张表。

【例 7-39】 从图书管理数据库"Library"中查询出借了两本及以上图书的读者的借书信息。

（1）先将表"Borrow"与表"Borrow"自连接

```
SELECT x.RID,x.BID,x.ReturnDate,y.RID,y.BID
FROM Borrow x JOIN Borrow y  ON x.RID = y.RID       --读者编号等值条件自连接
WHERE x.ReturnDate IS NULL AND y.ReturnDate IS NULL --还期为空，即尚未归还
```

查询结果如图 7-39 所示。

仔细观察，可以发现连接查询结果的第 5 行和第 6 行数据中，第 1 列和第 4 列读者编号"RID"相同，但第 2 列和第 5 列书号"BID"不同，说明该读者至少借阅了两本图书。在以上查询的 WHERE 子句中加上"x.BID<>y.BID"查询条件，就可以查询出借阅了两本及以上图书的读者编号了。"ReturnDate IS NULL"描述了读者借阅图书尚未归还的条件。

	RID	BID	ReturnDate	RID	BID
1	2000186011	TP311.138/125	NULL	2000186011	TP311.138/125
2	2004216010	TP311.138/235	NULL	2004216010	TP311.138/235
3	2023216008	F275.3/65	NULL	2023216008	F275.3/65
4	2023216009	F270.7/455	NULL	2023216009	F270.7/455
5	2023216009	TP311.138/136	NULL	2023216009	F270.7/455
6	2023216009	F270.7/455	NULL	2023216009	TP311.138/136
7	2023216009	TP311.138/136	NULL	2023216009	TP311.138/136

图 7-39 表"Borrow"读者编号的等值自连接查询

（2）对表"Borrow"与表"Borrow"自连接加选择条件和投影操作

```
SELECT x.RID,x.BID,x.ReturnDate                     --投影消除重复列
FROM Borrow x JOIN Borrow y  ON x.RID = y.RID       --读者编号等值条件自连接
WHERE x.ReturnDate IS NULL                          --还期为空，即尚未归还
    AND x.BID <> y.BID                              --图书编号不同，即两本不同的图书
```

查询结果如图 7-40 所示。

	RID	BID	ReturnDate
1	2023216009	F270.7/455	NULL
2	2023216009	TP311.138/136	NULL

图 7-40 表"Borrow"自连接（读者编号等值）并选择查询

7.2.5 交叉连接查询

交叉连接也叫非限制连接，它将两个表不加任何限制地组合起来。没有 WHERE 子句的交叉连接将产生连接所指定的表的笛卡儿积。第一个表的行数乘以第二个表的行数等于笛卡儿积结果集的行数，因此可能产生庞大的结果集。

语法: FROM 表名 1 CROSS JOIN 表名 2。

📖 说明

两个表进行笛卡儿积计算，等价于"FROM 表名 1,表名 2"之后不加 WHERE 连接条件逻辑表达式。

【例 7-40】将读者表"Reader"和借阅表"Borrow"交叉连接，并显示查询结果集的前 5 行。

```
SELECT TOP 5 Reader.*,Borrow.RID,BID FROM Reader CROSS JOIN Borrow
```

查询结果如图 7-41 所示。

	RID	Rname	TypeID	Lendnum	RID	BID
1	2000186010	张子建	1	0	2000186010	F270.7/455
2	2000186011	赵良宇	1	1	2000186010	F270.7/455
3	2003216008	张英	2	0	2000186010	F270.7/455
4	2004060003	李亚茜	1	0	2000186010	F270.7/455
5	2004216010	任灿灿	1	1	2000186010	F270.7/455

图 7-41 表"Reader"和表"Borrow"的交叉连接查询

仔细观察，会发现这个查询结果是没有意义的。

7.3 子查询

子查询是指嵌入 SELECT、INSERT、UPDATE 或 DELETE 等语句中的 SELECT 查询语句。在查询语句中，外层 SELECT 查询语句称为主查询；WHERE 子句中的 SELECT 查询语句称为子查询，可用于描述复杂的查询条件，也称为嵌套查询。嵌套查询一般会涉及两个及以上的表，所进行的查询有的也可以采用连接查询或者用几条查询语句完成。采用子查询有时会提高算法的时间和空间效率，但其算法不易读懂，读者应权衡利弊进行选择。

案例 2-7-2 图书管理 SELECT 子查询

根据图书管理系统的功能需求，应用 T-SQL 的 SELECT 子查询对数据库"Library"中所创建的表进行数据查询和数据更新操作。

7.3.1 IN 子查询

语法: 表达式 [NOT] IN(列表|子查询)。

📖 说明

① 如果表达式的值（NOT，不）与子查询返回的任何值相等，则逻辑表达式的值为真。有关列表的运算规则参见 7.1.4 节。

② 子查询的 SELECT 投影列表中只能指定一个表达式。此表达式的行数据构成了括号内集合的所有元素，与集合的概念相同，集合内的元素是消除了重复值的。

微课 7-14 IN
子查询

【**例 7-41**】 从图书管理数据库"Library"中查询出借阅过"人民邮电出版社"出版的图书的读者的编号（不包括重复行）。

```
USE Library
SELECT DISTINCT RID      --投影满足条件的读者编号，消除重复行
FROM Borrow              --对于表"Borrow"中的每一行数据
WHERE BID IN             --判断其所借图书的编号是否在对表"Book"进行子查询的集合中
(SELECT BID FROM Book WHERE Publisher='人民邮电出版社')--人民邮电出版社出版的图书的编号集合
```

查询结果如图 7-42 所示。

将逻辑表达式中的"IN"换为"=SOME|ANY"，将得到相同的查询结果，见 7.3.2 节。

【**例 7-42**】 从图书管理数据库"Library"中查询出没有借过书的读者的信息。

```
SELECT * FROM Reader           --对于表中的每一位读者
WHERE RID NOT IN               --判断其读者编号是否不在子查询的集合中
 (SELECT RID FROM Borrow)      --借了书的读者编号集合
```

查询结果如图 7-43 所示。

	RID
1	2000186010
2	2000186011
3	2023216009

图 7-42 IN 子查询

	RID	Rname	TypeID	Lendnum
1	2003216008	张英	2	0
2	2004060003	李亚茜	1	0

图 7-43 NOT IN 子查询

以上逻辑表达式中的"NOT IN"与"<>ALL"等价，可参见 7.3.2 节。

7.3.2 SOME|ANY 和 ALL 子查询

1. SOME|ANY 子查询

语法：表达式 比较运算符 SOME|ANY (子查询)。

📖 **说明**

① 若表达式的值在比较关系上满足子查询返回的至少一个值，则逻辑表达式的值为真。

② 子查询的 SELECT 投影列表中只能指定一个表达式。

③ SOME 和 ANY 的用法相同。"=SOME|ANY"等价于"IN"，"<> SOME|ANY"没有意义。

微课 7-15 SOME 和 ALL 子查询

【**例 7-43**】 从图书管理数据库"Library"中查询当前已借出的清华大学出版社出版的图书的借期等信息。

```
SELECT
Borrow.RID,Borrow.BID,Borrow.LendDate,Book.Bname,Book.Publisher,Book.LentOut
FROM Borrow,Book                              --对于借阅表中每借出的一本书
WHERE Borrow.BID = Book.BID AND               --等值连接条件,并且
    Borrow.BID = SOME                         --判断其图书编号是否在子查询的集合中
    (SELECT BID                               --已借出的清华大学出版社出版的图书的编号集合
    FROM Book
    WHERE LentOut='True' AND Publisher='清华大学出版社')  --已借出的清华大学出版社出版的图书
```

查询结果如图 7-44 所示。

	RID	BID	LendDate	Bname	Publisher	LentOut
1	2004216010	TP311.138/235	2023-11-15	SQL Server 2008从入门到精通	清华大学出版社	1
2	2023216008	F275.3/65	2023-10-28	SAP财务管理大全	清华大学出版社	1

图 7-44　SOME 子查询

将以上逻辑表达式中的"=SOME|ANY"换为"IN",将得到相同的查询结果。

2. ALL 子查询

语法:表达式 比较运算符 ALL(子查询)。

📖 **说明**

① 如果表达式的值在比较关系上满足子查询返回的每一个值,则逻辑表达式的值为真。

② 子查询的 SELECT 投影列表中只能指定一个表达式。

③ "<>ALL"等价于"NOT IN","=ALL"没有意义。

【例 7-44】 从借阅表"Borrow"中查询出读者编号"RID"最大的读者的借书情况。

```
SELECT * FROM Borrow
WHERE RID >= ALL(SELECT RID FROM Reader)          --子查询
```

查询结果如图 7-45 所示。

	RID	BID	LendDate	ReturnDate	SReturnDate
1	2023216009	F270.7/455	2023-11-17	NULL	NULL
2	2023216009	TP311.138/136	2023-10-30	NULL	NULL

图 7-45　ALL 子查询

此例中 WHERE 子句中的逻辑表达式"RID>=ALL(SELECT RID FROM Reader)"也可以描述为"RID=(SELECT MAX(RID) FROM Reader)",因为子查询的结果中只有最大的读者编号一个元素。

对于例 7-42,将逻辑表达式中的"NOT IN"换为"<>ALL",如下。

```
WHERE RID <> ALL          --判断其读者编号是否不与子查询集合中的每一个值相等
         (SELECT RID FROM Borrow)              --借了书的读者编号集合
```

执行结果将完全相同,可见逻辑表达式中的"<>ALL"与"NOT IN"是等价的。

7.3.3　EXISTS 子查询

语法:[NOT] EXISTS(子查询)。

📖 **说明**

① 当子查询的结果存在(不为空集)时,逻辑表达式的值为真;当子查询的结果不存在(为空集)时,逻辑表达式的值为假。NOT EXISTS 与 EXISTS 相反。

② 在 EXISTS 后的子查询语句中,SELECT 投影列表中可以指定多个表达式。

微课7-16　EXISTS
子查询

【例 7-45】 应用 EXISTS 子查询，从图书管理数据库"Library"中查询出借阅了"人民邮电出版社"出版的图书的读者的编号。

```
SELECT DISTINCT RID
FROM Borrow                            --对于每一条借阅信息的图书编号 BID
WHERE EXISTS                           --判定子查询是否有满足条件的返回值
  (SELECT *
   FROM Book
   WHERE Borrow.BID = Book.BID         --主查询中的 Borrow.BID 等于子查询中的 Book.BID
   AND Publisher = '人民邮电出版社')    --人民邮电出版社出版的图书
```

查询结果如图 7-46 所示。

此例子查询中，WHERE 子句后的"Borrow.BID=Book. BID"并不是等值连接条件，而是子查询中的选择条件，用于判断主查询的"Borrow.BID"与子查询的"Book.BID"是否相等。

在子查询的 SELECT 子句中，用"*"来通配所有的列，因为不论这里投影任何列都与子查询结果集是否为空集无关。采用以下等值连接查询语句也能够完成同样的任务。

	RID
1	2000186010
2	2000186011
3	2023216009

图 7-46 EXISTS 子查询

```
SELECT DISTINCT Borrow.RID
FROM Book,Borrow
WHERE Book.BID = Borrow.BID AND Publisher = '人民邮电出版社'
```

7.3.4 子查询在其他语句中的使用

在 6.5.2 节的例 6-15 中，为了计算读者表"Reader"中已借数量列"Lendnum"的值，采用了对表"Borrow"进行统计子查询的语句。UPDATE 更新数据的语句如下。

微课 7-17 嵌入子查询

```
UPDATE Reader
SET Lendnum =
(SELECT COUNT(*)           --从借阅表 Borrow 中统计出每个读者借书的册数
FROM Borrow
WHERE ReturnDate IS NULL AND Reader.RID = Borrow.RID) --借书的读者，注意这里不是等值连接
```

【例 7-46】 计算借阅表"Borrow"中应还日期列"SReturnDate"的值。

```
UPDATE Borrow                          --更新借阅表数据
SET SReturnDate =                      --对借阅表的每一行的应还日期列 SReturnDate 赋值
--函数 DATEADD 的第二个参数"限借天数"加上第三个参数"借期"得到"应还日期"
   DATEADD(dd,(SELECT ReaderType.LimitDays        --函数的第二个参数值来自子查询的限借天数
            FROM Reader INNER JOIN ReaderType      --等值连接读者和读者类型表
            ON Reader.TypeID = ReaderType.TypeID   --等值条件描述
            WHERE Borrow.RID = Reader.RID),         --借阅表对应的读者编号条件描述
         Borrow.LendDate)                           --函数的第三个参数为借期
```

执行以上语句，打开表"Borrow"，可以看到应还日期列"SReturnDate"的值为借期"LendDate"加相应读者在读者类型表"ReaderType"中所规定的限借天数得到的新日期，如图 7-47 所示。

在 UPDATE 更新数据的语句中，DATEADD 是系统的日期函数，DATEADD(日期元素,数值,日期)函数可按照"日期元素"给定的日期单位返回"日期"加上"数值"的新日期。

在本例中，DATEADD 函数的第一个参数"dd"表示日期，单位是"天"；第二个参数来自

SELECT 子查询的限借天数 "LimitDays"；第三个参数则是表 "Borrow" 中对应的借期 "LendDate"。
函数的返回值为 "应还日期=限借天数+借期"。

图 7-47　子查询在更新数据语句中使用

7.3.5　子查询和连接查询的比较

子查询中的表和主查询中的表分为内、外嵌套的查询，而连接查询是同在一个层面上的查询。

【例 7-47】　使用子查询查询出图书表 "Book" 中价格最低的图书的编号和书名。

```
SELECT BID AS 图书编号, Bname AS 书名
FROM Book
WHERE Price = (SELECT MIN(Price) FROM Book)          --SELECT 子查询
```

查询结果如下（以文本格式输出）。

```
图书编号          书名
-------------  -----------------------------------
TP311.138/78   数据库系统概论
```

在本例中，子查询 "SELECT MIN(Price) FROM Book" 查询出图书的最低价为 25.00，因此上面的 SELECT 查询语句中的 WHERE 子句可以看成 "WHERE Price=(25.00)"，并且 "Price=SOME (SELECT MIN(Price) FROM Book)" 中可以省去 SOME，用来实现从表 "Book" 中选择出价格等于 25.00（最低价）的数据行。

【例 7-48】　使用连接查询查询尚未还书读者的编号、姓名、所借图书名和借阅时间。

```
SELECT Reader.RID,Reader.Rname,Book.Bname,Borrow.LendDate
FROM Reader,Borrow,Book
WHERE Reader.RID = Borrow.RID AND Book.BID = Borrow.BID AND ReturnDate IS NULL
```

查询结果如图 7-48 所示。

图 7-48　表 "Reader"、表 "Borrow" 和表 "Book" 3 表的连接并选择查询

从 FROM 子句可以看出，3 个表同在一个层面上。从执行结果可以看出，连接查询的各列分别来自表 "Reader"、表 "Book" 和表 "Borrow" 的列。

7.4 联合查询

7.4.1 UNION（集）运算符

使用 UNION 运算符联合查询的简单语法结构如下。

```
SELECT_1
UNION [ALL]
SELECT_2
[UNION [ALL]
SELECT_3]
...
```

📖 **说明**

UNION 运算符将多个数据查询结果集合并返回一个结果集。ALL 参数表示运算结果中可以包含重复行。参与 UNION 运算的所有数据查询，必须符合在其运算对象中有兼容的列表达式。

【例 7-49】 从图书管理数据库"Library"的图书表"Book"中，查询出人民邮电出版社出版的图书和清华大学出版社出版的图书的作者名（不包括重复行）。

```
SELECT Author FROM Book WHERE Publisher = '人民邮电出版社'
UNION                                        --并运算，不包括重复行
SELECT Author FROM Book WHERE Publisher = '清华大学出版社'
```

查询结果如图 7-49 所示。

实际上，此查询也可以用以下语句完成。

```
SELECT DISTINCT Author
FROM Book WHERE Publisher = '人民邮电出版社' OR Publisher = '清华大学出版社'
```

【例 7-50】 从图书管理数据库"Library"的图书表"Book"中，查询出人民邮电出版社出版的图书和清华大学出版社出版的图书的作者名（可以包括重复行）。

```
SELECT Author FROM Book WHERE Publisher = '人民邮电出版社'
UNION ALL                                    --并运算，包括重复行
SELECT Author  FROM Book WHERE Publisher = '清华大学出版社'
```

查询结果如图 7-50 所示。

图 7-49 UNION 联合查询

图 7-50 UNION ALL 联合查询

7.4.2 联合查询结果排序

【例 7-51】 从图书管理数据库"Library"的图书表"Book"中，查询出人民邮电出版社出版

的图书和清华大学出版社出版的图书的作者名，不包括重复行并对查询结果进行降序排序。

```
SELECT Author FROM Book WHERE Publisher = '人民邮电出版社'
UNION                                            --并运算，不包括重复行
SELECT Author FROM Book WHERE Publisher = '清华大学出版社'
ORDER BY Author DESC                             --降序排序
```

查询结果如图 7-51 所示。

📖 **说明**

UNION 运算符和 JOIN 子句有着相似的地方，但二者本质上是不同的。UNION 运算符是将相同列的若干条数据行进行合并，而 JOIN 子句是将两个或多个表的若干个列进行连接。二者均是进行连接操作，但是UNION 运算符是对行进行操作，而 JOIN 子句是对列进行操作。

图 7-51 联合查询结果排序

本章重点讲解了 SELECT 查询语句，包括 SELECT 查询语句的语法和执行方式，分别介绍了投影查询、连接查询、选择查询、分组统计查询、限定查询、排序查询、保存查询。

本章还专门介绍了 ANSI 连接查询（外连接、内连接、自连接、交叉连接和多表连接的连接查询）和子查询（IN 子查询、SOME|ANY 和 ALL 子查询、EXISTS 子查询）。

本章对每种查询均通过"语法＋说明＋实例"的方式加以介绍。希望读者通过对实例的操作，熟练掌握各种查询的实际应用方法和数据库查询能力。

项目训练 5 人事管理 SELECT 数据查询

1. 对人事管理数据库"HrSys"的表进行查询操作。

2. 重点进行表的投影查询、连接查询、选择查询、分组统计查询、限定查询和排序查询。

项目训练 5
人事管理 SELECT
数据查询

思考与练习

一、选择题

1. SELECT 查询语句的子句有多个，但至少包括（　　）子句。
   A. SELECT 和 INTO
   B. SELECT 和 FROM
   C. SELECT 和 GROUP BY
   D. 仅 SELECT

2. 执行语句"SELECT name,sex,Birthdate FROM human"，将返回（　　）列。
   A. 1
   B. 2
   C. 3
   D. 4

3. 在 T-SQL 中，SELECT 查询语句中使用关键字（　　）可以把重复行消除。
   A. DISTINCT
   B. UNION
   C. ALL
   D. TOP

4. 执行语句"SELECT COUNT(*) FROM human"，将返回（　　）行。
   A. 1
   B. 2
   C. 3
   D. 4

5. 假设表"test1"中有 10 行数据，可获得最前面两行数据的语句为（　　）。
   A. SELECT 2 * FROM test1

B. SELECT TOP 2 * FROM test1

C. SELECT PERCENT 2 * FROM test1

D. SELECT PERCENT 20 * FROM test1

6. 在 SELECT 语句中使用聚合函数（列函数）进行分组统计时，一定要在后面使用（　　）子句。

A. GROUP BY

B. COMPUTE BY

C. HAVING

D. COMPUTE

7. 下面关于 SELECT 查询语句中 ORDER BY 子句的描述正确的是（　　）。

A. 如果未指定排序列，则默认递增排序

B. 表的任何类型的列都可用作排序依据

C. 如果在 SELECT 子句中指定了 DISTINCT（消除重复行）关键字，那么 ORDER BY 子句中的列名就必须出现在 SELECT 子句的列表中

D. 在 ORDER BY 子句中使用的列不适合建立索引

8. 由 EXISTS 引出的 SELECT 子查询，其投影列表达式通常都用（　　），因为带 EXISTS 的子查询只返回真值或假值。

A. %

B. ?

C. *

D. _

9. 在 T-SQL 中，与 NOT IN 等价的逻辑运算符是（　　）。

A. =SOME

B. <>SOME

C. =ALL

D. <>ALL

10. 设 A 和 B 两个表的行数分别为 3 和 4，对两个表进行交叉连接查询，查询结果中最多可获得（　　）行数据。

A. 3

B. 4

C. 12

D. 81

11. 将多个数据查询结果集合并返回一个结果集的运算符是（　　）。

A. JOIN

B. UNION

C. INTO

D. LIKE

二、填空题

1. 在 T-SQL 中，_____语句的使用频率最高。

2. SELECT 查询语句可以实现对关系的_____、_____和_____ 3 种专门运算。

3. 左外连接结果中将保留表 1_____数据行，表 2 相应的各列为_____值。

三、简答题

1. T-SQL 的 SELECT 查询语句各子句的主要功能是什么？

2. 请列举与本章有关的英文词汇原文、缩写（如无可不填写）及含义等，可自行增加行。

序号	英文词汇原文	缩写	含义	备注

第8章
视图的创建与应用

拓展阅读 8 大数据与 Azure Synapse Analytics

素养要点与教学目标

- 了解大数据以及相关的知识和技术（SQL Server 大数据技术），培养探索未知、追求真理、勇攀科学高峰的责任感和使命感。
- 能够理解关系数据库三级模式结构与数据库、表和视图的关系。
- 能够根据数据库应用系统的功能需求使用 SSMS 或 T-SQL 为应用层创建、管理与应用视图，培养为用户服务的良好职业素养。

微课 8-1 视图的创建与应用

学习导航

本章介绍数据库应用系统开发过程中的应用层设计。读者将学习如何根据数据库应用系统的功能需求创建与管理视图，并应用视图操作表。本章内容在数据库开发与维护中的位置如图 8-1 所示。

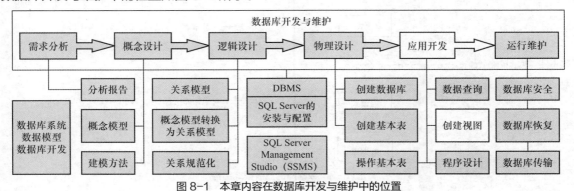

图 8-1　本章内容在数据库开发与维护中的位置

知识框架

本章的知识重点为使用 T-SQL 提供的 DDL 语句（CREATE VIEW）定义视图，描述数据库三级模式结构中的外模式。具体内容包括视图的概念，使用 SSMS 和 T-SQL 创建、修改和删除视图的方法，使用 SSMS 和 T-SQL 应用视图对表进行查询、插入数据行、删除数据行，以及更新数据的方法。本章知识框架如图 8-2 所示。

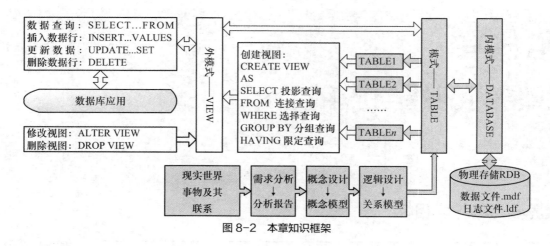

图 8-2 本章知识框架

8.1 视图概述

回顾第 1 章所述，数据库的三级模式结构是内模式（物理结构）、模式（全局逻辑结构）和外模式（局部逻辑结构）。在 SQL Server 中，相对应的是数据库（DATABASE）、表（TABLE）和视图（VIEW）。其相互关系如图 8-3 所示。

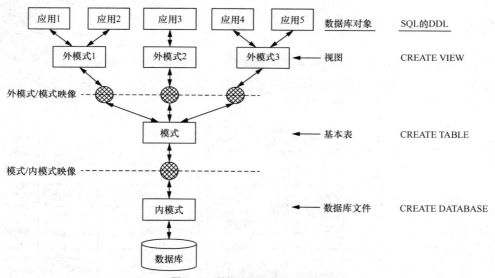

图 8-3 数据库的三级模式结构

在前面的章节中介绍了使用 CREATE DATABASE 语句创建数据库，描述数据库三级模式结构中的内模式；使用 CREATE TABLE 语句创建表，描述数据库三级模式结构中的模式。

本章将介绍如何基于所创建的表和第 7 章介绍的 SELECT 查询语句，用 CREATE VIEW 语句创建视图，描述数据库三级模式结构中的外模式，还将介绍如何应用视图对表进行操作。

1. 视图的基本概念

视图（VIEW）是以一个或几个基表（TABLE）为基础，通过 SELECT 查询语句定义所形成的一个虚表。视图的数据（行和列）来自定义视图的查询所引用的基表（基本表）或其他视图，并且在引用视图时动态生成。视图的主要特点如下。

- 视图的列可以来自不同的基表，是表的抽象和在逻辑意义上建立的新关系。
- 视图的建立和删除不影响基表。
- 对视图的数据修改（插入、删除数据行以及更新数据）将直接影响基表。
- 当视图来自多个基表时，不允许插入或删除数据行。

2. 视图的作用

视图的主要作用如下。

（1）简化用户的操作。那些经常使用的查询可以被定义为视图，从而使得用户不必每次都为以后的操作指定全部的条件，还可以简化用户对数据的理解。

（2）提高安全性。应用视图，用户只能查询和修改能见到的数据，并能限制到某些数据行，而其他数据既看不见也取不到。虽然数据库授权命令可以使每个用户对数据库的检索限制到特定的数据库对象上，但不能授权到数据库表的特定行上，有关内容将在第 11 章介绍。

（3）提高逻辑数据独立性。视图可以使应用程序和数据库表在一定程度上相互独立。如果没有视图，则应用一定是建立在表上的。有了视图之后，应用可以建立在视图之上，从而使应用程序和数据库表被视图分隔开来。

8.2　使用 SSMS 创建与管理视图

在 SQL Server 中可以使用 SSMS 和 T-SQL 创建视图。本节介绍使用 SSMS 创建与管理视图的方法。

微课 8-2　使用 SSMS 创建与管理视图

案例 1-8-1　教务管理视图的创建与管理

根据教务管理系统的功能需求，对于数据库"EDUC"，在案例 1-6-1 中所创建的基表（模式）的基础上，使用 SSMS 创建与管理视图（外模式）。

8.2.1　使用 SSMS 创建视图

SSMS 提供的【视图设计器】可以用来创建视图，为视图定义数据查询。

【例 8-1】　在教务管理数据库"EDUC"中，由学生表"Student"创建出软件技术专业学生的视图"View_Software"。

（1）在【对象资源管理器】窗口中展开"数据库"→"EDUC"节点，右击"视图"节点，从快捷菜单中选择"新建视图"命令，如图 8-4 所示。

（2）在打开的【添加表】对话框中选择所需的表或视图。例如，选择表"Student"，如图 8-5 所示，单击"添加"按钮。如果不需要再添加其他表，则单击"关闭"按钮，打开【视图设计器】选项卡或窗口和【视图设计器】工具栏。

（3）在【视图设计器】中选择要投影的列、设置选择条件等。例如，勾选表的"SID""Specialty""Sname"等列，在列"Specialty"的筛选器中输入"='软件技术'"，如图 8-6 所示。

（4）在【视图设计器】中可以看到自动生成的 SELECT 查询语句，单击【视图设计器】工具栏上的"执行 SQL"按钮，可以在其下方看到查询结果。如果查询结果正确，则右击【视图设计器】的标签，从快捷菜单中选择"保存"命令，如图 8-7 所示。

图 8-4　选择"新建视图"命令

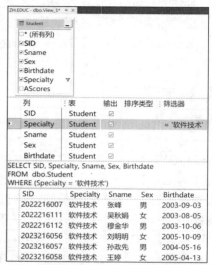

图 8-5　为视图添加表"Student"

图 8-6　在【视图设计器】中选择投影列并设置选择条件

（5）在打开的【选择名称】对话框中输入视图名"View_Software"，单击"确定"按钮，完成视图的创建。创建的视图"View_Software"如图 8-8 所示。

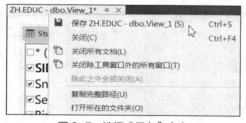

图 8-7　选择"保存"命令

图 8-8　创建的视图"View_Software"

【例 8-2】 在教务管理数据库"EDUC"中，创建学生选修"数据库开发与维护"课程的成绩视图"View_DBScores"。

（1）在【对象资源管理器】窗口中展开"数据库"→"EDUC"节点，右击"视图"节点，从快捷菜单中选择"新建视图"命令。

（2）在打开的【添加表】对话框中选择所需的表"Student""SC""Course"，单击"添加"按钮，再单击"关闭"按钮。

（3）在打开的【视图设计器】中选择要投影的学号"SID"、姓名"Sname"、课程名"Cname"和成绩"Scores"列，设置"Cname=N'数据库开发与维护'"选择条件，根据成绩"Scores"降序排序。

（4）在【视图设计器】中可以看到自动生成的 SELECT 查询语句，修改其中的"TOP(100)"为"TOP(99)"，单击工具栏上的"执行 SQL"按钮，可以在其下方看到查询结果，如图 8-9 所示。

（5）如果查询结果正确，则右击【视图设计器】的标签，从快捷菜单中选择"保存"命令，在打开的【选择名称】对话框中输入视图名"View_DBScores"，单击"确定"按钮，完成视图的创建，如图 8-10 所示。

图 8-9　为视图选择投影列、设置选择条件和排序依据

图 8-10　创建的视图"View_DBScores"

📖 **说明**

SQL Server 规定，在视图定义中的 SELECT 查询语句中不能包括 ORDER BY 子句，除非在 SELECT 查询语句的 SELECT 子句中有一个 TOP 参数。同时，SQL Server 还提示 ORDER BY 子句仅用于确定视图定义中的 TOP 参数返回的行。ORDER BY 子句不保证在查询视图时得到有序结果，除非在查询本身中也指定了 ORDER BY。

8.2.2　使用 SSMS 修改视图

使用 SSMS 修改视图的方法与创建视图的方法基本相同，下面举例说明具体修改步骤。

【例 8-3】　在教务管理数据库"EDUC"中，将视图"View_Software"修改为 2023 级软件技术专业的视图。

（1）在【对象资源管理器】窗口中展开"数据库"→"EDUC"→"视图"节点，右击"View_Software"节点，从快捷菜单中选择"设计"命令，如图 8-11 所示。

（2）在打开的【视图设计器】中增加 2023 级的选择条件"LEFT(SID, 4)='2023'"，函数 LEFT(SID, 4)返回学号从左边开始的 4 个字符，如图 8-12 所示。

图 8-11　选择"设计"命令

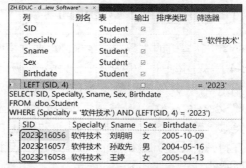

图 8-12　在【视图设计器】中修改视图"View_Software"

（3）单击【视图设计器】工具栏上的"执行 SQL"按钮，如果查询结果正确，则右击【视图设计器】的标签，从快捷菜单中选择"保存"命令完成视图的修改。

8.2.3　使用 SSMS 删除视图

在【对象资源管理器】窗口中展开"数据库"→"具体数据库"→"视图"节点，右击要删除的视图节点，从快捷菜单中选择"删除"命令，如图 8-13 所示。也可以按 Delete 键或选择主菜单"编辑"→"删除"命令进行删除。在打开的【删除对象】窗口中确认要删除的视图，如图 8-14 所示，单击"确定"按钮即可完成此视图的删除。

图 8-13　选择"删除"命令

图 8-14　确认要删除的视图

8.3　使用 SSMS 应用视图

SQL Server 对视图的查询实际上就是对基表的查询，其方法与对基表的查询类似。对视图数据的修改（插入、删除数据行以及更新数据）实质上也是对基表数据的修改，但需要注意以下几点。

- 任何修改都只能引用基表的某个列，而不能引用视图中的表达式或聚合函数派生的列。
- 包含 GROUP BY 子句、HAVING 子句或带 DISTINCT 参数的子句的视图无法进行修改。
- 对视图进行插入、删除数据行以及更新数据的修改直接影响基表。
- 视图来自多个基表时，不允许插入或删除数据行。

微课 8-3　使用 SSMS 应用视图

案例 1-8-2　教务管理视图的应用

根据教务管理系统的功能需求，应用案例 1-8-1 所创建的视图进行数据操作。

8.3.1　使用 SSMS 数据查询

应用视图进行查询时，数据完全来自基表，查询方法与对基表的查询相同。

【例 8-4】　应用视图"View_DBScores"查询学生选修"数据库开发与维护"课程的成绩。

（1）在【对象资源管理器】窗口中展开"数据库"→"EDUC"→"视图"节点，右击"View_DBScores"节点，从快捷菜单中选择"选择前 1000 行"命令，如图 8-15 所示。与"编辑"命令类似，可以在 SSMS 的【选项】对话框中设置""选择前<n>行"命令的值"。

（2）在打开的【查询编辑器】中，可以看到查询语句和查询结果，也可以编辑 SELECT 查询语句得到所需的结果，如图 8-16 所示。

图 8-15　选择"选择前 1000 行"命令

图 8-16　在【查询编辑器】中查看数据

8.3.2 使用 SSMS 插入数据行

应用视图插入的数据行将直接插入基表中，视图中未投影的列将得不到数据。

【例 8-5】 在教务管理数据库"EDUC"中，应用 2023 级软件技术专业学生的视图"View_Software"插入学生"房莎莎"的信息。

（1）在【对象资源管理器】窗口中展开"数据库"→"EDUC"→"视图"节点，右击"View_Software"节点，从快捷菜单中选择"编辑"命令。

（2）在打开的【视图编辑器】中插入学生"房莎莎"的各列数据，如图 8-17 所示，之后关闭【视图编辑器】。

（3）在【对象资源管理器】窗口中将表"Student"打开。在【表编辑器】中可见插入了一条"房莎莎"的数据行，其入学录取成绩列"AScores"未得到数据，如图 8-18 所示。

图 8-17　在【视图编辑器】中应用视图插入数据行

图 8-18　【表编辑器】中基表"Student"插入的数据行

8.3.3 使用 SSMS 更新数据

应用视图进行更新数据的操作将直接更新基表的数据。

【例 8-6】 应用视图"View_DBScores"更新学生选修"数据库开发与维护"课程的分数。

（1）在【对象资源管理器】窗口中展开"数据库"→"EDUC"→"视图"节点，右击"View_DBScores"节点，从快捷菜单中选择"编辑"命令。

（2）在打开的【视图编辑器】中，将学号为 2022216003 的学生的分数"Scores"更新为 87.0，如图 8-19 所示，之后关闭【视图编辑器】。

（3）在【对象资源管理器】窗口中打开表"SC"，可见学号为 2022216003、课程号为 16020014（"数据库开发与维护"课程）的相关分数已经更新为 87.0，如图 8-20 所示。

图 8-19　在【视图编辑器】中应用视图更新数据

图 8-20　【表编辑器】中基表"SC"更新的数据

可见，应用视图方便了用户的操作。如果"数据库开发与维护"课程的成绩尚未录入（值为NULL），那么应用视图可以很方便地更新各位学生该门课程的分数。注意视图"View_DBScores"是来自多个基表的虚表，因此不能应用此视图插入数据行或删除数据行。

8.3.4 使用 SSMS 删除数据行

应用视图进行删除数据行的操作将直接删除基表的数据行。

【例 8-7】 在教务管理数据库"EDUC"中，应用 2023 级软件技术专业学生的视图"View_

Software"删除学生"房莎莎"的信息。

（1）在【对象资源管理器】窗口中展开"数据库"→"EDUC"→"视图"节点，右击"View_Software"节点，从快捷菜单中选择"编辑"命令。

（2）在【视图编辑器】中选择"房莎莎"所在的数据行，然后右击所选择的数据行，从快捷菜单中选择"删除"命令，如图8-21所示。

SID	Specialty	Sname	Sex	Birthdate
2023216058	软件技术	王婷	女	2005-04-13
2023216059	软件技术	房莎莎		

图 8-21　删除视图数据行

（3）在【对象资源管理器】窗口中打开表"Student"，可以发现已删除学生"房莎莎"的数据行。

8.4　使用 T-SQL 创建与管理视图

案例 2-8-1　图书管理视图的创建与管理

根据图书管理系统的功能需求，对于数据库"Library"，在案例2-6-1中所创建的基表（模式）的基础上，使用T-SQL创建与管理视图（外模式）。

微课 8-4　使用 T-SQL 创建与管理视图

8.4.1　使用 T-SQL 创建视图

使用 CREATE VIEW 语句创建视图，其基本语法如下。

```
CREATE VIEW 视图名[(列名[,...n])]      --指定视图列名
AS SELECT 查询语句
```

功能：在数据库中创建视图，其内容（列和行）由 SELECT 查询语句定义。

📖 说明

① 在创建视图前应考虑如下准则。

* 可以在其他视图的基础上创建视图。
* SELECT 查询语句如果包含 ORDER BY 子句，则必须在 SELECT 子句后加 TOP 参数。
* 不能为视图定义全文索引。

② 在下列情况下必须指定视图中列的名称。

* 视图中的列是从算术表达式、内置函数或常量派生而来的。
* 视图中存在两列或多列具有相同的名称（定义中通常涉及多个基表的连接）。
* 希望为视图中的列指定一个与基表列不同的名称，视图列将继承基表列的数据类型。

③ 若无须在创建视图时指定列名，SQL Server 会为视图中的列指定与创建视图的查询所引用的列相同的名称和数据类型。

【例 8-8】在图书管理数据库"Library"中，由图书表"Book"创建人民邮电出版社出版的图书的视图"View_BookPostTel"。

（1）在 SSMS 窗口中单击"新建查询"按钮，在【查询编辑器】中输入如下语句。

```
USE Library
GO
CREATE VIEW View_BookPostTel                --创建视图
AS                                          --为以下子查询
```

```
SELECT BID,Bname,Author,Publisher,Price          --子查询投影的各列
FROM Book                                          --子查询的基表
WHERE Publisher = '人民邮电出版社'                 --子查询的选择
```

（2）执行 T-SQL 语句，结果如下。

```
命令已成功完成。
```

（3）在【对象资源管理器】窗口中右击新建的视图"View_BookPostTel"节点，从快捷菜单中选择"编辑所有行"命令（打开之前先刷新视图节点），如图 8-22 所示。

（4）打开【视图编辑器】查看结果，如图 8-23 所示。

此例中没有为视图指定列名，因此视图的列名继承了基表列的名称。

BID	Bname	Author	Publisher	Price
F270.7/455	SAP基础教程	黄佳	人民邮电出版社	55.00
TP311.138/125	数据库应用技术	周慧	人民邮电出版社	29.00
TP311.138/136	SQL Server 2008基础教程	Robin Dewson	人民邮电出版社	55.00
TP311.138/230	SQL Server 2005基础教程	Robin Dewson	人民邮电出版社	89.00
NULL	*NULL*	*NULL*	*NULL*	*NULL*

图 8-22 选择"编辑所有行"命令　　　　图 8-23 视图"View_BookPostTel"的数据行

【例 8-9】 创建视图"View_RBorrow"，得到尚未还书的读者借书应还日期信息。

在【查询编辑器】中输入如下语句。

```
CREATE VIEW View_RBorrow(读者编号,姓名,图书编号,图书名,应还日期)       --指定视图列名
AS
SELECT Reader.RID,Reader.Rname,Book.BID,Book.Bname,                    --投影基表各列
    DATEADD(dd,ReaderType.LimitDays,Borrow.LendDate)          --投影子查询的应还日期函数值
FROM Reader INNER JOIN Borrow ON Reader.RID = Borrow.RID              --子查询 4 表连接
            INNER JOIN ReaderType ON Reader.TypeID = ReaderType.TypeID
            INNER JOIN Book ON Borrow.BID = Book.BID
WHERE Borrow.ReturnDate IS NULL                              --子查询尚未还书选择条件
```

执行上面的 T-SQL 语句后，打开【视图编辑器】查看结果，如图 8-24 所示。

在创建此视图时指定了与其基表列名不同的列名：读者编号、姓名、图书编号、图书名和应还日期。此外，在本例的 SELECT 查询语句中，通过借期"LendDate"和限借天数"LimitDays"计算出了视图中的列"应还日期"。

读者编号	姓名	图书编号	图书名	应还日期
2000186011	赵良宇	TP311.138/125	数据库应用技术	2024-02-24
2004216010	任灿灿	TP311.138/235	SQL Server 2008从入门到精通	2024-02-13
2023216008	杨淑华	TP275.3/65	SAP财务管理大全	2023-11-27
2023216009	程鹏	F270.7/455	SAP基础教程	2023-12-17
2023216009	程鹏	TP311.138/136	SQL Server 2008基础教程	2023-11-29

图 8-24 视图"View_RBorrow"的数据行

回顾 7.3.4 节的例 7-46，通过 UPDATE 语句更新应还日期列"SReturnDate"的值，语句如下。

```
UPDATE Borrow                                              --更新表数据
SET SReturnDate =                    --对借阅表的每一行的应还日期列 SReturnDate 赋值
        --函数 DATEADD 的第二个参数"限借天数"加上第三个参数"借期"得到"应还日期"
    DATEADD(dd,(SELECT ReaderType.LimitDays     --函数的第二个参数的值来自子查询的限借天数
            FROM Reader INNER JOIN ReaderType            --等值连接读者和读者类型表
            ON Reader.TypeID = ReaderType.TypeID              --等值条件描述
            WHERE Borrow.RID = Reader.RID),          --借阅表对应的读者编号条件描述
        Borrow.LendDate)                            --函数的第三个参数为借期
```

两个例子不同的是，视图中的列"应还日期"来自 SELECT 子句的函数表达式"DATEADD(dd,

ReaderType.LimitDays,Borrow.LendDate）"，在引用视图时动态生成其值。它是逻辑意义上的数据，不改变基表。对于更新数据语句 UPDATE...SET 的执行结果，表"Borrow"的应还日期列"SReturnDate"的值则通过子查询的值得到了更新。其实，表的应还日期列"SReturnDate"在逻辑设计中是不必要的，在创建表"Borrow"时加上此列一是为了便于学习，二是有的时候设计者也会适当加上一些冗余的列，使应用编程变得简单一些。

【例 8-10】 创建视图"View_Overdue"，从视图"View_RBorrow"中查询出当前借阅超期的读者的信息，假设当前日期为 2023-12-01。在【查询编辑器】中输入如下语句。

```
CREATE VIEW View_Overdue
AS SELECT *
FROM View_RBorrow                    --指定要查询的视图（数据来自子查询）
WHERE （应还日期 < '2023-12-01'）      --应还日期小于当前日期（假设为 2023-12-01）
```

执行上面的 T-SQL 语句后，打开【视图编辑器】查看结果，如图 8-25 所示。

图 8-25 视图"View_Overdue"的数据行

可见两位读者的借阅已超期。此外，在实际应用中，当前日期可由内置函数 GETDATE() 得到。

8.4.2 使用 T-SQL 修改视图

使用 ALTER VIEW 命令修改视图，其基本语法如下。

```
ALTER VIEW 视图名
AS SELECT 查询语句
```

📖 说明

此命令可以修改已经创建的视图。除 ALTER 命令不同以外，其他参数与创建视图语句中的参数完全相同。

【例 8-11】 修改人民邮电出版社出版的图书的视图"View_BookPostTel"，为视图指定列名。在【查询编辑器】中输入如下语句。

```
ALTER VIEW View_BookPostTel(图书编号,书名,作者,出版社,价格)    --指定视图中每列的名称
AS SELECT BID,Bname,Author,Publisher,Price                --视图来自子查询投影的各列
    FROM Book
    WHERE Publisher = '人民邮电出版社'
```

执行以上 T-SQL 语句，结果如下。

命令已成功完成。

打开【视图编辑器】查看结果，如图 8-26 所示。

图 8-26 修改后的视图"View_BookPostTel"的数据行

8.4.3　使用 T-SQL 删除视图

使用 DROP VIEW 命令删除视图，其基本语法如下。

```
DROP VIEW 视图名
```

【例 8-12】　删除视图 V1_BOOKS（可先创建一个）。

```
DROP VIEW V1_BOOKS
```

8.5　使用 T-SQL 应用视图

与使用 SSMS 应用视图操作基表一样，也可以使用 T-SQL 的 SELECT 查询语句，以及 INSERT、UPDATE 和 DELETE 语句应用视图来操作基表。同样要注意以下几点。

- 不允许修改视图中表达式、聚合函数和 GROUP BY 子句派生的列。
- 视图来自多个基表时，不允许插入或删除数据行。

微课 8-5　使用
T-SQL 应用视图

案例 2-8-2　图书管理视图的应用

根据图书管理系统的功能需求，应用案例 2-8-1 所创建的视图进行数据操作。

8.5.1　使用 T-SQL 数据查询

使用 SELECT 查询语句应用视图（虚表）查询与直接对基表查询的语法完全相同。

【例 8-13】　从读者借书应还日期信息视图"View_RBorrow"中，查询出读者"程鹏"所借图书的应还日期等信息。在【查询编辑器】中输入如下语句。

```
USE Library
SELECT 读者编号,姓名,图书编号,图书名,应还日期     --投影视图的各列
FROM View_RBorrow WHERE 姓名 = '程鹏'              --查询来自视图，选择读者为程鹏
```

查询结果如图 8-27 所示。

从此例可以看出，应用视图查询基表的语句变得非常简单，应用程序可以直接面向视图，完全不必考虑数据来自何处，其实这些数据来

图 8-27　视图查询结果

自"Reader""ReaderType""Book""Borrow"这 4 个基表。读者可以深刻体会到，视图是面向用户应用形成数据库三级模式结构的外模式，这对简化操作、提高安全性、提高逻辑数据独立性起到了重要作用。

8.5.2　使用 T-SQL 插入数据行

使用 INSERT INTO 语句应用视图插入数据行与直接对基表插入数据行的语法完全相同。

【例 8-14】　应用视图"View_BookPostTel"插入一册人民邮电出版社出版的名为"SQL Server 2008 数据库设计与实现"的图书。在【查询编辑器】中输入如下语句。

```
    INSERT INTO View_BookPostTel(图书编号,书名,作者,出版社,价格)
    VALUES('TP311.138/231','SQL Server 2008数据库设计与实现','Louis Davidson','人民邮电出版社','89.00')
```

此例中 INSERT INTO 后指定的是视图名“View_BookPostTel”，由于 VALUES 后的数据常量与视图中的列一一对应，所以视图“View_BookPostTel”后的列名指定也可以省略。

执行以上 T-SQL 语句后，打开表“Book”查看结果，可见插入了一行新数据，视图中未投影的列“LentOut”没有得到新数据，如图 8-28 所示。

ZH.Library - dbo.Book

	BID	Bname	Author	Publisher	Price	LentOut
	TP311.138/230	SQL Server 2005基础教程	Robin Dewson	人民邮电出版社	89.00	False
▸	TP311.138/231	SQL Server 2008数据库设计与实现	Louis Davidson	人民邮电出版社	89.00	*NULL*
	TP311.138/235	SQL Server 2008从入门到精通	Mike Hotek	清华大学出版社	59.00	True

图 8-28　基表中插入了一行新数据

8.5.3　使用 T-SQL 更新数据

使用 UPDATE...SET 语句应用视图更新数据与直接对基表更新数据的语法完全相同。

【例 8-15】 应用视图“View_BookPostTel”将人民邮电出版社出版的名为“SQL Server 2008 数据库设计与实现”的图书更名为“SQL Server 2008 数据库设计”。

在【查询编辑器】中输入如下语句。

```
UPDATE View_BookPostTel
SET 书名 = 'SQL Server 2008 数据库设计'
WHERE 书名 = 'SQL Server 2008 数据库设计与实现'
```

执行以上 T-SQL 语句后，查看表“Book”，可见已对相应书名进行了修改，如图 8-29 所示。

ZH.Library - dbo.Book

	BID	Bname	Author	Publisher	Price	LentOut
	TP311.138/230	SQL Server 2005基础教程	Robin Dewson	人民邮电出版社	89.00	False
▸	TP311.138/231	SQL Server 2008数据库设计	Louis Davidson	人民邮电出版社	89.00	*NULL*
	TP311.138/235	SQL Server 2008从入门到精通	Mike Hotek	清华大学出版社	59.00	True

图 8-29　基表中修改了相应数据

8.5.4　使用 T-SQL 删除数据行

使用 DELETE 语句应用视图删除数据行与直接对基表删除数据行的语法完全相同。

【例 8-16】 应用视图“View_BookPostTel”删除人民邮电出版社出版的名为“SQL Server 2008 数据库设计”的图书。

在【查询编辑器】中输入如下语句。

```
DELETE FROM View_BookPostTel
WHERE 书名 = 'SQL Server 2008 数据库设计'
```

执行以上 T-SQL 语句后，打开表“Book”查看结果，可见名为“SQL Server 2008 数据库设计”的图书已经被删除。

需要注意的是，以上应用视图进行的插入与删除操作，其视图的数据集均来自一个基表。

本章重点介绍了视图的创建、修改和删除操作，还介绍了应用视图进行查询和修改表的方法。

希望读者通过上机练习加深对视图的理解，并提高对视图的应用能力。

项目训练 6
人事管理视图的
创建与应用

项目训练 6 人事管理视图的创建与应用

1. 在人事管理数据库"HrSys"中创建某部门的员工视图。
2. 应用某部门的员工视图修改相应部门员工的信息。

思考与练习

一、选择题

1. 数据库的三级模式结构是外模式、模式和内模式，在 SQL Server 中对应的是（　　）。
   A．VIEW、DATABASE 和 TABLE　　　B．DATABASE、TABLE 和 VIEW
   C．VIEW、TABLE 和 DATABASE　　　D．TABLE、VIEW 和 DATABASE
2. 下面的说法中，（　　）是不正确的。
   A．视图是一种常用的数据库对象，使用视图可以简化数据操作
   B．使用视图可以提高数据库的安全性
   C．CREATE VIEW 是创建视图的语句
   D．DELETE VIEW 是删除视图的语句
3. SQL Server 不允许修改视图中表达式、聚合函数和（　　）子句派生的列。
   A．ORDER BY　　B．GROUP BY　　　C．FROM　　　　D．SELECT

二、填空题

1. 在 SQL Server 中不仅可以应用视图查询基表中的数据，还可以向基表中插入数据行或更新数据，但是所输入的数据必须符合基表中的_____。
2. 视图是从_____或其他视图导出的_____表。
3. 视图来自多个基表时，_____插入或删除数据行。

三、简答题

列举与本章有关的英文词汇原文、缩写（如无可不填写）及含义等，可自行增加行。

序号	英文词汇原文	缩写	含义	备注

第9章
T-SQL编程基础

09

素养要点与教学目标

- 弘扬中国计算机科学家艰苦卓绝的奋斗精神，树立良好的作风和学风。
- 能够运用 T-SQL 的表达式和程序控制语句编写 T-SQL 语句行。

拓展阅读9-1 中国
计算机软件系统的
开创者

学习导航

本章介绍 T-SQL 编程基础，为后续学习存储过程、触发器和用户定义函数的程序设计打好基础。此外，对于任何应用程序，不管它是用什么形式的高级语言编写的，只要目的是向 SQL Server 数据库管理系统发出命令以获得其响应，最终都体现为以 T-SQL 为表现形式的指令。因此，无论是数据库管理员，还是数据库应用程序的开发人员，要想深入掌握数据库技术，认真学习 T-SQL 都是必要的。本章内容在数据库开发与维护中的位置如图 9-1 所示。

微课 9-1 T-SQL
语句回顾

微课 9-2 T-SQL
编程基础

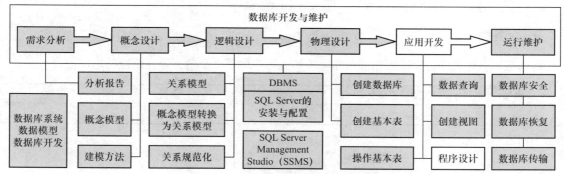

图 9-1 本章内容在数据库开发与维护中的位置

知识框架

本章的知识内容为 T-SQL 基础、表达式、流程控制语句和 CASE 表达式，还包括批处理和事务的基本概念与应用。本章知识框架如图 9-2 所示。

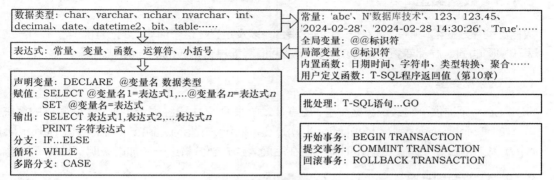

图9-2　本章知识框架

9.1 T-SQL 基础

SQL Server 的 Transact-SQL（简称 T-SQL）在支持 ANSI SQL-92 标准的同时，还进行了扩充，引入了变量和程序控制等语句。

T-SQL 语句可以在 SSMS 的【查询编辑器】上编辑、编译与执行；也可以创建存储过程、触发器或用户定义函数的 T-SQL 程序，预编译并保存在 SQL Server 服务器和数据库中。

9.1.1 有效标识符

数据库对象是 T-SQL 操作和可命名的目标。本书在第 5 章中介绍了一些数据库对象，包括关系图、表、列、键、约束、索引、视图、存储过程、触发器、用户定义函数、用户和角色等，还介绍了数据库对象的层次表示和标识符命名规则。除此之外，在 T-SQL 中常见的对象还有服务器实例、数据类型、变量、参数和函数等，它们的命名规则和数据库对象的命名规则相同，本章不赘述。

值得注意的是，某些以特殊符号开头的标识符在 SQL Server 中具有特定的含义。以"@"开头的标识符表示这是一个局部变量或是一个程序的参数，以"@@"开头的标识符表示这是一个全局变量。以"#"开头的标识符表示这是一个临时表或是一个存储过程，以"##"开头的标识符表示这是一个全局的临时数据库对象。

9.1.2 注释

注释有两个作用：第一，对程序代码的功能及实现方式进行简要的解释和说明，以便于将来对程序代码进行维护；第二，可以对程序中暂时不用的语句加以注释，使它们暂时不被执行，等需要这些语句时，再将它们恢复。T-SQL 支持以下两种类型的注释。

（1）多行注释。使用"/*"和"*/"表示其间多行字符为注释说明，如下所示。

```
/*设置读者编号 RID 为外键,
删除主键表数据行时, 级联删除外键表相应数据行*/
```

（2）单行注释。使用"--"表示本行中其后的字符为注释说明，可放在语句之后，如下所示。

```
DECLARE @var1 varchar(8)          --声明变长字符型局部变量
```

9.1.3 数据类型

数据类型在数据结构中的定义是一个值的集合，以及定义在这个值集上的一组操作。在 T-SQL 中，表和视图的列、局部变量、函数的参数和返回值等都具有相应的数据类型。

1. 系统数据类型

SQL Server 提供一组系统数据类型，在第 6 章的表 6-2 中已经列出了 T-SQL 常用的系统数据类型，如 bit、int、decimal$[(p[,s])]$、float$[(n)]$、datetime2、date、time、char$[(n)]$、nchar$[(n)]$、binary$[(n)]$和 table 等。有关日期和时间类型在后面表达式部分将进一步加以说明，其他不赘述。

2. 用户定义数据类型

用户定义数据类型是指用户以系统数据类型为基础创建的别名数据类型，它提供一种能更清楚地说明数据类型的名称，用于定义某些数据库对象的值域，这使程序员或数据库管理员能够更容易地理解该数据类型定义的用途。

【**例 9-1**】 为数据库"EDUC"定义一个基于 char 型的数据类型"StudentID"，用于说明表中有关学号列的数据类型。

（1）用户定义数据类型。在【对象资源管理器】窗口中展开"数据库"→"EDUC"→"可编程性"→"类型"节点，右击"用户定义数据类型"节点，从快捷菜单中选择"新建用户定义数据类型"命令，如图 9-3 所示，打开【新建用户定义数据类型】窗口，如图 9-4 所示。

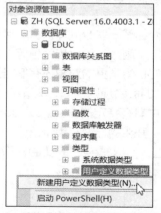

图 9-3 选择"新建用户定义数据类型"命令　　　图 9-4 【新建用户定义数据类型】窗口

- 在"名称"文本框中输入类型名称"StudentID"。
- 在"数据类型"下拉列表中选择"char"数据类型。
- 在"长度"数值框中输入数据类型的字节数，"char"数据类型默认为"10"字节。
- 让"允许 NULL 值"复选框保持未勾选状态，即非空"NOT NULL"约束。
- 在"绑定"选项区域中，让"规则"与"默认值"文本框保持空白状态。

📖 **说明**

"规则"和"默认值"都是数据库的对象，可由用户自己定义，它们是 SQL Server 2000 的内容，后续版本将删除该功能，故在新的开发工作中应避免使用该功能。

设置完毕，单击"确定"按钮，即可创建自定义的数据类型"StudentID"。

（2）查看用户定义数据类型。在【对象资源管理器】窗口中展开"数据库"节点，右击数据库"EDUC"节点，从快捷菜单中选择"刷新"命令。再展开"EDUC"→"可编程性"→"类型"→"用户定义数据类型"节点，可以看到新建的数据类型"StudentID"，如图 9-5 所示。

（3）应用用户定义数据类型。当定义数据库表"Student"或"SC"时,可以使用用户定义数据类型"StudentID"指明学号"SID"的数据类型，如图 9-6 所示。

图 9-5 用户定义的数据类型 　　　图 9-6 用户定义数据类型的应用

在下面即将介绍的变量声明中也可以使用用户定义数据类型来定义内存变量的类型，如下。

```
USE EDUC
GO
DECLARE @StuID StudentID
```

此外，SQL Server 还支持用户定义表类型。表类型是表示表结构定义的类型。可以使用用户定义表类型为存储过程或函数声明表值参数，也可以声明要在批处理中或在存储过程或函数的主体中使用的表变量。本书不做进一步介绍。

9.2 表达式

T-SQL 的表达式和其他高级语言的表达式一样，由常量、变量、函数、运算符和小括号构成。

9.2.1 常量

常量也称为文字值或标量值，是表示一个特定数据值的符号。常量的格式取决于它所表示值的数据类型，表 9-1 列举了部分常用数据类型的常量表示形式。

表 9-1 常用数据类型常量举例

数据类型		常量举例
数字	bit	数字 0 或 1，非 0 的数字转换为 1，字符串'True'转换为 1，字符串'False'转换为 0
	int	1278、256、23
	decimal[(*p* [,*s*])]	如有定义 decimal(5,2)，相应常量可为 123.45、123.40、1.23、123.00、-123.45 等
	float[(*n*)]	如有定义 float(1)，相应常量可为 5.97237E24、1E-9 等
日期和时间	date	'20240228'、'2024-02-28'、'28 February 2024'、'02/28/2024'
	time	'14:30:26'、'10:00:00.123'
	datetime2	'2024-02-28 14:30:26'
	datetimeoffset	'2024-02-28 14:30:26+08:00'，表示比协调世界时 UTC 早 8 小时

数据类型		常量举例
日期和时间	格式说明	使用 SET DATEFORMAT 或 SET LANGUAGE 指定日期和时间常量的格式，这两种设置方法只影响如何把字符串转换为 DATETIME 类型的值，不影响其显示形式，SET DATEFORMAT ymd 之后，常量'2024/3/24 3:00 PM'合法；SET LANGUAGE us_english 之后，常量'24 March 2024 3:00 PM'合法
字符串	char[(*n*)] varchar[(*n*|max)]	'abc'、'123'、'2 * 6'；使用两个单引号表示嵌入的单引号，如 I'm a student.的常量表示为'I''m a student.'
	nchar[(*n*)] nvarchar[(*n*|max)]	N'数据库技术'
binary[(*n*)]、varbinary[(*n*)]		0x 为前缀的十六进制数字字符，如 0x123 和 0xAF
uniqueidentifier		'FF19966F-868B-11D0-B42D-00C04FC964FF'、0x6F9619FF8B86D011B42D00C04FC96-4FF

9.2.2 变量

变量是指在程序运行过程中值可以改变的量。T-SQL 的变量有局部变量和全局变量之分。

1. 局部变量

局部变量是用户定义的变量，其作用范围仅在程序内部。在程序中，局部变量通常用来存储从表中查询到的数据或暂存程序执行过程中的数据。局部变量用 DECLARE 语句声明，用 SELECT 或 SET 语句赋值。

（1）DECLARE 变量声明语句的基本语法如下。

```
DECLARE {@变量名 数据类型}[,...n]
```

📖 **说明**

变量名必须以"@"开头，先用 DECLARE 声明之后才能使用。用 DECLARE 声明之后，所有的变量都被赋予初值 NULL。数据类型可以是系统提供的数据类型、用户定义的数据类型。变量不能是 varchar(MAX)或 varbinary(MAX)等数据类型。

（2）SELECT 赋值语句的基本语法如下。

```
SELECT {@变量名 = 表达式}[,...n]
```

📖 **说明**

用 SELECT 赋值语句可以一次给多个变量赋值。当表达式为表的列名时，可使用子查询功能从表中一次返回多个值，而赋给变量的是其返回的最后一个值。如果子查询没有返回值，则变量被设为 NULL。

【例 9-2】声明一个变长字符型变量@var1，用 SELECT 赋值语句为它赋予从表"Reader"中查询出的编号为 2003216008 的读者的姓名，再用 SELECT 输出语句输出变量@var1 的值。

```
USE Library
DECLARE @var1 varchar(8)                                    --声明变长字符型局部变量
SELECT @var1 = Rname FROM Reader WHERE RID = '2003216008'   --将子查询的结果赋给局部变量
SELECT @var1 AS '读者姓名'                                   --显示局部变量的结果
```

执行结果如图 9-7 所示。

这里的 SELECT @var1=Rname FROM Reader WHERE RID='2003216008'语句也可以写成 SET @var1=(SELECT Rname FROM Reader WHERE RID='2003216008')，见以下 SET 语句。

【例 9-3】 用 SELECT 赋值语句赋值时，在多个返回值中取最后一个。

```
USE Library
DECLARE @var1 varchar(8)            --声明变长字符型局部变量
SELECT @var1 = Rname FROM Reader    --将子查询的结果赋给局部变量
SELECT @var1 AS '读者姓名'           --显示局部变量的结果
```

执行结果如图 9-8 所示。

结果	消息
	读者姓名
1	张英

结果	消息
	读者姓名
1	程鹏

图 9-7　局部变量@var1 得到子查询的值　　　　图 9-8　局部变量@var1 得到子查询的最后一个值

如果子查询的结果含有多个值，则变量中保存的是其返回的最后一个值。在以上的代码中，"Rname FROM Reader"返回读者表"Reader"中所有读者的姓名"Rname"。变量@var1 得到的是最后一个读者的姓名。

（3）SET 赋值语句的基本语法如下。

```
SET @变量名 = 表达式
```

📖 说明

SET 赋值语句一次只能给一个变量赋值。当表达式为子查询时，必须是用括号括起来的完整 SELECT 查询语句。

【例 9-4】 用 SET 赋值语句为局部变量@no 赋值，再用 SELECT 查询语句查询出读者表中读者编号为@no 的读者的信息。

```
USE Library
DECLARE @no char(10)         --声明变长字符型局部变量
SET @no = '2004060003'       --给局部变量赋值
SELECT RID,Rname             --查询语句
FROM Reader
WHERE RID = @no              --查询中引用局部变量
```

执行结果如图 9-9 所示。

📖 注意

请读者不要混淆以上两个例子中 SELECT 赋值语句和 SELECT 查询语句的语法和用法。

【例 9-5】用 SET 赋值语句将学生表"Student"统计查询出的学生总数赋给局部变量@count，并用 SELECT 语句输出。

```
USE EDUC
DECLARE @count int                              --声明整型局部变量
SET @count = (SELECT COUNT(*) FROM Student)     --将子查询的结果赋给局部变量
SELECT @count AS 学生总数
```

执行结果如图 9-10 所示。

图 9-9　RID=@no 的查询结果

图 9-10　使用查询为@count 赋值的结果

📖 **注意**

请读者注意区分 SET 赋值语句 "SET @count=(SELECT COUNT(*) FROM Student)" 和 SELECT 赋值语句 "SELECT @var1=Rname FROM Reader" 中查询子句的语法和用法。SET 赋值语句只能给一个变量赋值，而 SELECT 赋值语句可以分别给多个变量赋值。习惯上，关于何时使用哪一种方法的约定如下。

- 当执行一个简单的变量赋值时，使用 SET 赋值语句。
- 当基于查询进行变量赋值时，使用 SELECT 赋值语句。

2. 全局变量

全局变量是 SQL Server 系统提供并赋值的变量。用户不能建立全局变量，也不能用 SET 赋值语句和 SELECT 赋值语句修改全局变量的值。通常可以将全局变量的值赋给局部变量，以便保存和处理。全局变量以@@开头，例如，全局变量@@servername 提供服务器名，全局变量@@version 提供 SQL Server 的版本信息。

【例 9-6】显示 SQL Server 的版本。

```
SELECT @@version
```

其执行结果如图 9-11 所示。

```
SQLQuery1.sql...(ZH\Hui (152))* ⇌ ×
    SELECT @@version
结果
Microsoft SQL Server 2022 (RTM-CU1) (KB5022375) - 16.0.4003.1 (X64)Jan 27 2023 16:51:31
Copyright (C) 2022 Microsoft Corporation Developer Edition (64-bit) on Windows 10
Enterprise LTSC 2019 10.0 <X64> (Build 17763: ) (Hypervisor)
```

图 9-11　全局变量@@version 的输出信息

9.2.3　日期和时间类型表达式

因为 SQL Server 的日期和时间类型因国家和地区的不同、版本的不同，其支持的字符串文字格式种类也不同，所以有必要给出以下几点解释与说明。

1. 国际标准日期和时间格式

ISO 8601 国际标准日期和时间格式为 YYYY-MM-DD Thh:mm:ss[.mmm]，其中，YYYY、MM、DD 在字符串中分别表示 4 位数字年、2 位数字月和 2 位数字日，日期之间也可以省略字符 "−"；T 表示之后为时间，hh 为 2 位数字小时，mm 为 2 位数字分钟，ss 为 2 位数字秒、mmm 为 3 位数字毫秒。例如，2024-03-23、20240323 和 2024-03-23T21:25:10.487 均为国际标准日期和时间格式。

2. SQL Server 日期有效格式

SQL Server 的日期数据类型值的存储与显示均为以 "−" 间隔的国际标准日期格式。同时，此格式不受 SET DATEFORMAT 或 SET LANGUAGE 设置的影响，始终为有效格式。因此，建议设计者尽量使用此格式，以避免产生模糊的指定。

由于各个国家和地区的日期表达习惯不同，有时日期间也可以使用"/"或"."作为分隔符。当需要识别特殊的日期格式时，需要使用 SET DATEFORMAT 进行设置，其基本语法如下。

```
SET DATEFORMAT format|@format_var
```

功能：用于解释 date、datetime2 和 datetimeoffset 等类型的字符格式字符串的"年、月、日"在日期部分的顺序。如果顺序和设置不匹配，有些值将由于超出范围而不被解释为日期，或者被错误地解释。它不会影响数据库中的日期数据类型值的显示，也不会影响存储格式。

📖 说明

参数 format|@format_var 指定日期部分的顺序，有效字符串为 mdy、dmy、ymd、ydm、myd 和 dym。

【例 9-7】 各种日期字符格式字符串的有效格式设置如下。

```
DECLARE @OLDTime date                                         --声明日期型变量
SET DATEFORMAT dmy                                            --设置为日月年顺序
SELECT @OLDTime = '23/3/2024'                               --日月年有效日期字符串
SELECT '23/3/2024' AS dmy,@OLDTime AS '输出格式'             --输出日期常量和变量
SET DATEFORMAT mdy                                            --设置为月日年顺序
SELECT @OLDTime = '3.23.2024'                               --月日年有效日期字符串
SELECT '3.23.2024' AS mdy,@OLDTime AS '输出格式'             --输出日期常量和变量
SET DATEFORMAT dym                                            --设置为日年月顺序
SELECT @OLDTime = '23/2024/3'                               --日年月有效日期字符串
SELECT '23/2024/3' AS dym,@OLDTime  AS '输出格式'            --输出日期常量和变量
SELECT @OLDTime = '2024-3-23'                --ISO 8601 有效日期字符串,不受设置影响
SELECT '2024-3-23' AS 'ISO 8601',@OLDTime AS '输出格式'      --输出日期常量和变量
```

执行结果如图 9-12 所示。

3. 会话的语言环境设置

由于各个国家和地区在日期中的月与星期的非数字所用的语言不同，因此可以用 SET LANGUAGE 进行设置，其基本语法如下。

```
SET LANGUAGE [N]'language'|@language_var
```

功能：指定会话的语言环境，会话语言确定日期格式和系统消息，并隐式设置 SET DATEFORMAT 的设置。

📖 说明

参数[N]'language'|@language_var 是存储在系统中的语言的名称，[N]表示可以使用 Unicode 的语言。

可通过执行 sp_helplanguage 命令查看当前系统支持的所有语言的信息。

【例 9-8】 会话中日期语言环境设置如下，请观察其相应的日期格式。

图 9-12　DATEFORMAT
有效格式设置

	dmy	输出格式
1	23/3/2024	2024-03-23

	mdy	输出格式
1	3.23.2024	2024-03-23

	dym	输出格式
1	23/2024/3	2024-03-23

	ISO 8601	输出格式
1	2024-3-23	2024-03-23

```
DECLARE @Today DATE
SET @Today = '2024/5/23'
SET LANGUAGE Italian
SELECT DATENAME(WEEKDAY,@Today) AS '意大利星期'
SET LANGUAGE us_english
SELECT DATENAME(WEEKDAY,@Today) AS '英文星期'
SET LANGUAGE 简体中文
SELECT DATENAME(WEEKDAY,@Today) AS '中文星期'
```

执行结果如图 9-13 所示。

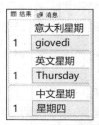

图 9-13　SET LANGUAGE 日期语言设置

9.2.4　内置函数

函数是 T-SQL 提供的用以完成某种特定功能的程序。SQL Server 提供了众多内置函数（即系统函数），用户可以使用这些函数方便地实现一些功能。下面举例说明部分常用的内置函数，其他函数请查阅 SQL Server 文档。

1. 聚合函数（列函数）

聚合函数 COUNT、SUM、AVG、MAX 和 MIN 在第 7 章介绍过，还有其他 9 种聚合函数可以用于计算数字列值，如标准偏差函数 STDEV、方差函数 VAR 等。

【例 9-9】计算学生表中入学录取成绩的平均分和标准偏差（一种量度数据分布的分散程度的标准，用以衡量数据值偏离算术平均值的程度）。

```
USE EDUC
SELECT AVG(AScores) AS 平均分,STDEV(AScores) AS 标准偏差
FROM Student
```

执行结果如图 9-14 所示。

从统计学的角度来看，在平均分相同的情况下，标准偏差越大说明学生之间的录取分数差距越大。

图 9-14　AVG 和 STDEV 函数的应用

2. 日期和时间函数

日期和时间函数对给定日期和时间类型（date、time、datetime2 和 datetimeoffset 等）的参数执行操作，并返回一个字符串、数字或日期和时间类型的数据。

表 9-2 列出了日期和时间函数中的重要参数"日期元素"的取值、相应的缩写及其含义。

表 9-2　日期元素及其含义

日期元素	缩写	含义	日期元素	缩写	含义
year	YYYY	年	quarter	QQ	季度数
month	MM	月	hour	HH	时
day	DD	日	minute	MI	分
dayofyear	DY	年的天数	second	SS	秒
week	WK	星期数	millisecond	MS	毫秒
weekday	DW	星期几	microsecond	MCS	微秒

【例 9-10】 DATEADD(日期元素,数值,日期)函数按照"日期元素"给定的日期单位，返回"日期"加上"数值"的新日期。

```
SET LANGUAGE us_english              --设置英文语言环境
DECLARE @OLDTime datetime2            --声明日期和时间型局部变量
SET @OLDTime = '23 March 2024 3:00 PM'  --给局部变量赋值
SELECT DATEADD(HH,4,@OldTime) AS '4小时后'  --输出日期和时间与小时(HH)数值相加的函数值
```

执行结果如图 9-15 所示。

在第 7 章和第 8 章中我们已经应用了这个函数计算读者借书的应还日期，如下所示。

```
DATEADD(DD,ReaderType.LimitDays,Borrow.LendDate)       --投影应还日期函数值
```

函数的返回值为借期"LendDate"+限借天数"LimitDays"，即应还日期。

【例 9-11】 DATEDIFF(日期元素,日期 1,日期 2)函数返回两个日期间的差值（日期 2−日期 1）并将其转换为指定日期元素的形式。

```
DECLARE @FirstTime date,@SecondTime date       --声明日期型局部变量
SET @FirstTime = '2024-3-23'
SET @SecondTime = '2024-7-27'
SELECT DATEDIFF(DD,@FirstTime,@SecondTime)天数   --输出两个日期间相差的天数(DD)的函数值
```

执行结果如图 9-16 所示。

	4小时后
1	2024-03-23 19:00:00.0000000

图 9-15 DATEADD 函数返回加
4 个小时的日期和时间

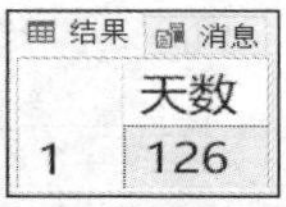

	天数
1	126

图 9-16 DATEDIFF 函数返回
两个日期相差的天数

【例 9-12】 DATENAME(日期元素,日期)函数以字符串的形式返回指定日期元素的名称。

```
SET LANGUAGE us_english
DECLARE @StatementDate date                      --声明日期型局部变量
SET @StatementDate = '2024-7-27'
SELECT DATENAME(DW,@StatementDate) AS 'WEEKDAY'   --日期的星期(DW)名称函数值
```

执行结果如图 9-17 所示。

【例 9-13】 DATEPART(日期元素,日期)函数返回日期元素指定的日期部分的整数。

```
DECLARE @WhatsTheDay date                         --声明日期型局部变量
SET @WhatsTheDay = '2024/10/01'
SELECT
CAST(DATEPART(YYYY,@WhatsTheDay) AS char(4))+'年'+
CAST(DATEPART(MM,@WhatsTheDay) AS char(2))+'月'+
CAST(DATEPART(DD,@WhatsTheDay) AS char(2))+'日' AS '国庆节'
```

执行结果如图 9-18 所示。

	WEEKDAY
1	Saturday

图 9-17 DATENAME 函数返回
日期元素"DW"指定的星期名称

	国庆节
1	2024年10月1日

图 9-18 DATEPART 函数返回日期元素
指定的日期部分的整数

【例 9-14】GETDATE()函数返回当前日期。假设系统当前日期为 2023 年 2 月 7 日。YEAR(日期)、MONTH(日期)和 DAY(日期)函数分别返回日期的年、月、日。

```
SELECT
GETDATE() AS 当前日期,                       --返回当前日期
YEAR(GETDATE()) AS 年,                       --取当前日期的年
MONTH(GETDATE())AS 月,                       --取当前日期的月
DAY(GETDATE()) AS 日                         --取当前日期的日
```

执行结果如图 9-19 所示。读者可根据具体当前日期查看执行结果。

结果	消息			
	当前日期	年	月	日
1	2023-02-07 15:22:06.960	2023	2	7

图 9-19　GETDATE()、YEAR、MONTH 和 DAY 函数的返回值

3. 字符串函数

字符串函数用于对字符串进行 ASCII 码值与相应字符的转换、取子字符串、求字符串长度和截去字符串首尾空格等操作。

【例 9-15】 ASCII(字符表达式)函数返回指定字符串中最左边字符的 ASCII 码值。

```
DECLARE @StringTest int
SET @StringTest = ASCII('Robin   ')         --取字符'R'的 ASCII 码值
SELECT @StringTest
```

执行结果如图 9-20 所示。

【例 9-16】 CHAR(整型表达式)函数将整型的 ASCII 码值转换为字符。

```
SET @StringTest = ASCII('Robin   ')         --取字符'R'的 ASCII 码值
SELECT CHAR(@StringTest)                     --输出 ASCII 值对应的字符'R'
```

执行结果如图 9-21 所示。

图 9-20　ASCII 函数返回 ASCII 码值

图 9-21　CHAR 函数返回 ASCII 码值对应的字符

【例 9-17】 LEFT(字符表达式,整型表达式)函数返回字符串从左边开始的指定个数的字符。假设某图书的 ISBN 为 978-7-115-19345-9，取出其前 3 位图书类型代码。

```
DECLARE @StringTest char(17)                 --声明定长字符型局部变量
SET @StringTest = '978-7-115-19345-2'
SELECT LEFT(@StringTest,3) AS '图书类型'      --函数返回左边开始的 3 个字符
```

执行结果如图 9-22 所示。

【例 9-18】 RIGHT(字符表达式,整型表达式)函数返回字符串从右边开始的指定个数的字符。假设某图书的 ISBN 为 978-7-115-19345-9，取出其最后一位校验码。

```
DECLARE @StringTest char(17)                 --声明定长字符型局部变量
SET @StringTest = '978-7-115-19345-9'
SELECT RIGHT(@StringTest,1) AS '校验码'       --函数返回右边开始的 1 个字符
```

执行结果如图 9-23 所示。

【例 9-19】 SUBSTRING(字符表达式,起始点,n)函数返回字符表达式从"起始点"开始的 n 个字符。假设某图书的 ISBN 为 978-7-115-19345-9，从第 7 位开始取 3 个字符表示的出版社编号。

```
DECLARE @StringTest char(17)                          --声明定长字符型局部变量
SET @StringTest = '978-7-115-19345-9'
SELECT SUBSTRING(@StringTest,7,3) AS '出版社编号'      --函数返回第 7 位开始的 3 个字符
```

执行结果如图 9-24 所示。

图 9-22　LEFT 函数返回　　　图 9-23　RIGHT 函数返回　　　图 9-24　SUBSTRING 函数返回
左边开始的 *n* 个字符　　　　右边开始的 *n* 个字符　　　　　中间的 *n* 个字符

【例 9-20】　RTRIM(字符表达式)函数截断所有尾部空格后返回一个字符串。

```
DECLARE @StringTest char(10)              --声明定长字符型局部变量
SET @StringTest = 'Robin'                 --当字符不够 10 个的时候，其后自动添加了空格
SELECT @StringTest+'-End' AS '未截空格',RTRIM(@StringTest)+'-End' AS '截尾空格'
```

执行结果如图 9-25 所示。

【例 9-21】　LTRIM(字符表达式)函数删除前导空格后返回一个字符串。

```
DECLARE @StringTest char(10)              --声明定长字符型局部变量
SET @StringTest = '    Robin'
SELECT 'Start-'+@StringTest AS '未截空格',
       'Start-'+LTRIM(@StringTest)  AS '删前导空格'
```

执行结果如图 9-26 所示。

【例 9-22】　STR(浮点表达式[,长度[,小数]])函数返回由数字数据转换来的字符数据。

```
SELECT 985.0/6 AS 数值,                  --输出浮点小数
STR(985.0/6,6,2) AS 字符串              --函数返回 6 个字符宽度、2 位小数的字符串
```

执行结果如图 9-27 所示。

	未截空格	截尾空格
1	Robin　-End	Robin-End

图 9-25　RTRIM 函数返回截断
尾部空格后的字符串

	未截空格	删前导空格
1	Start-　Robin	Start-Robin

图 9-26　LTRIM 函数返回删除
前导空格后的字符串

	数值	字符串
1	164.166666	164.17

图 9-27　STR 函数返回数字
对应的字符串

【例 9-23】　LOWER(字符表达式)函数将字符表达式中的大写字母转换为小写字母。

```
DECLARE @StringTest char(10)
SET @StringTest = 'DATETIME2'
SELECT LOWER(LEFT(@StringTest,4)) AS 小写          --函数返回小写字母字符串
```

执行结果如图 9-28 所示。

【例 9-24】　UPPER(字符表达式)函数将字符表达式中的小写字母转换为大写字母。

```
DECLARE @StringTest char(10)
SET @StringTest = 'select'
SELECT UPPER(@StringTest) AS 大写                  --函数返回大写字母字符串
```

执行结果如图 9-29 所示。

图 9-28 LOWER 函数返回小写字母字符串　　　　图 9-29 UPPER 函数返回大写字母字符串

【例 9-25】LEN(字符表达式)函数返回某个指定字符串的长度，不计字符串后的空格。

```
DECLARE @StringTest char(10)
SET @StringTest = 'SQL Server  '          --注意不计后面的空格
SELECT LEN(@StringTest) AS 字符串长度     --函数返回字符串的长度
```

执行结果如图 9-30 所示。

```
DECLARE @StringTest char(12)
SET @StringTest = '数据库技术！'          --注意中文字符的长度
SELECT LEN(@StringTest) AS 字符串长度     --函数返回字符串的长度
```

执行结果如图 9-31 所示。

图 9-30 LEN 函数返回英文字符串的长度　　　　图 9-31 LEN 函数返回中文字符串的长度

4. 数据类型转换函数

数据类型转换函数用于将表达式由某种数据类型显式转换为另一种数据类型。

【例 9-26】CAST(表达式 AS 数据类型)函数将表达式的数据类型转换为指定的数据类型。

```
DECLARE @StringTest nchar(6),@IntTest int
SET @StringTest = '数据库成绩：'
SET @IntTest = 90
SELECT @StringTest+CAST(@IntTest AS char(4)) AS 考试成绩     --将整型转换为字符型
```

执行结果如图 9-32 所示。

【例 9-27】CONVERT(数据类型(长度),表达式)函数将表达式的数据类型转换为指定的数据类型。

```
DECLARE @StringTest nchar(6),@IntTest int
SET @StringTest = '数据库成绩：'
SET @IntTest = 90
SELECT @StringTest+CONVERT(char(4),@IntTest) AS 考试成绩     --将整型转换为字符型
```

执行结果如图 9-33 所示。

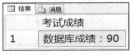 

图 9-32 CAST 函数转换　　　　　　　　图 9-33 CONVERT 函数转换
表达式的数据类型　　　　　　　　　　表达式的数据类型

5. 其他内置函数

【例 9-28】ISNULL(空值,指定的值)函数为空值置换函数，可以用指定的值代替空值。对于表

"Reader"，可先将列"Lendnum"中为"0"的值改为 NULL，执行以下语句后再修改回来。

```
USE Library
--如果 Lendnum 为 NULL,则 ISNULL(Lendnum,0)的值为 0
SELECT *,ISNULL(Lendnum,0) AS 空值置换
FROM Reader
```

执行结果如图 9-34 所示。

📖 **注意**

此处函数值只作为 SELECT 查询语句的投影表达式的值输出，并未改变表中原有的列值。

SQL Server 还支持用户定义函数。用户定义函数是数据库对象，由用户自己创建并存储在服务器上的某个数据库中。在所属数据库中，用户定义函数可以像系统函数一样在 T-SQL 的表达式中使用，详细内容参见第 10 章。

	RID	Rname	TypeID	Lendnum	空值置换
1	2000186010	张子建	1	NULL	0
2	2000186011	赵良宇	1	1	1
3	2003216008	张英	2	NULL	0
4	2004060003	李亚茜	1	NULL	0
5	2004216010	任灿灿	1	1	1
6	2022216117	孟霞	3	NULL	0
7	2023216008	杨淑华	3	1	1
8	2023216009	程鹏	3	2	2

图 9-34 ISNULL 函数用指定的值代替空值

9.2.5 运算符

T-SQL 的运算符和其他高级语言的运算符类似，是将变量、常量、函数和小括号连接起来并指定在表达式中，用于对运算对象执行操作。表 9-3 列出了常用的 T-SQL 运算符，其中部分运算符在前几章中已有说明与应用，此处不再举例说明。

表 9-3 T-SQL 的运算符

优先级	运算符类别	包含的运算符
1	一元运算符	+（正）、-（负）、~（取反）
2	算术运算符	*（乘）、/（除）、%（取模）
3	算术和字符串运算符	+（加）、-（减）、+（连接）
4	比较运算符	=（等于）、>（大于）、>=（大于等于）、<（小于）、<=（小于等于）、<>（或!=，不等于）、!<（不小于）、!>（不大于）
5	位运算符	&（位与）、|（位或）、^（位异或）
6	逻辑运算符	NOT（非）
7	逻辑运算符	AND（与）
8	逻辑运算符	ALL（所有）、ANY（任意一个）、BETWEEN（两者之间）、EXISTS（存在）、IN（在范围内）、LIKE（匹配）、OR（或）、SOME（任意一个）
9	赋值运算符	=（赋值）

9.3 流程控制语句

T-SQL 中完成各种具体功能的语句可以分为数据操作类语句与流程控制类语句。

数据操作类语句主要用于完成对各种数据库对象进行定义、操作和控制等，如创建表"CREATE TABLE"、数据查询"SELECT...FROM"等语句，在本书各章中均有介绍。

流程控制类语句主要用于控制语句的执行顺序，如分支、循环等。T-SQL 提供的流程控制语句有 IF...ELSE 分支、WHILE 循环、GOTO、WAITFOR 和 RETURN 等语句。此外，还有 CASE 多分支表达式。

9.3.1　顺序语句

顺序结构除了拥有上述数据操作类语句以外，与一般高级语言类似，常用的还有赋值、设置、输出和各种处理等语句。其中 DECLARE 数据声明语句、SELECT 赋值语句和 SET 赋值语句在 9.2.2 节局部变量的使用中介绍过，这里不再重述。下面简单介绍 SET 语句的几个其他功能及数据输出语句。

1. SET 语句

SET 语句有两种用法，除了用于给局部变量赋值外，还可以用于设定用户执行 T-SQL 命令时 SQL Server 的处理选项，一般有以下几种设定方式。

- SET 选项 ON：选项开关打开。
- SET 选项 OFF：选项开关关闭。
- SET 选项值：设定选项的具体值。

例如下面的语句。

```
SET NOCOUNT {ON|OFF}
```

在执行 T-SQL 语句或存储过程后返回的结果集中，此语句将阻止在屏幕上显示受影响的行数的消息。当 SET NOCOUNT 为 ON 时，不返回计数（表示受 T-SQL 语句影响的行数）。SET NOCOUNT 指定的设置是在执行或运行时生效，而不是在分析时生效。

又例如下面的语句。

```
SET DATEFORMAT ymd              --将日期格式设置为年月日格式
SET LANGUAGE us_english         --Change language setting to us_english
SET LANGUAGE 繁體中文            --将語言設定變更為繁體中文
SET LANGUAGE 简体中文            --将语言设定变更为简体中文
```

2. SELECT 输出语句

SELECT 用于输出时，其基本语法如下。

```
SELECT 表达式[,...n]
```

3. PRINT 输出语句

PRINT 用于输出时，其基本语法如下。

```
PRINT 表达式
```

9.3.2　IF...ELSE 分支语句

IF...ELSE 语句是 T-SQL 的分支流程控制语句。使用 IF...ELSE 语句可以对一个条件（逻辑表达式）进行判断，并根据判断的结果执行相应的操作，其基本语法如下。

```
IF 逻辑表达式
    <T-SQL 语句|语句块>                /* 逻辑表达式为真时执行*/
[ELSE
    <T-SQL 语句|语句块>]               /* 逻辑表达式为假时执行*/
```

功能：IF...ELSE 语句用于判断当某一条件成立时执行某段语句，条件不成立时则执行另一段语句。

📖 **说明**

其中"逻辑表达式"可以是各种表达式的组合，其值为逻辑类型（真或假）。ELSE 子句是可选的，最简单的 IF 语句没有 ELSE 子句。

在实际程序中，IF...ELSE 语句中可能不只包含一条语句，而是一组 T-SQL 语句。为了能够一次执行一组 T-SQL 语句，需要使用 BEGIN...END 语句将多条语句封闭起来。用 BEGIN...END 语句封闭起来的部分称为语句块，其语法如下。

```
BEGIN
    T-SQL 语句                     /*语句块*/
END
```

📖 **说明**

BEGIN...END 语句块允许嵌套。

对于以下 3 个例子，假设所有英语书的书名均带有"英语"二字。

【例 9-29】 用 IF...ELSE 语句查询图书中有没有英语书，如果图书中有英语书，统计其数量，否则显示"没有英语书"。

```
USE Library
GO
/*如果图书中有英语书，统计其数量，否则显示没有英语书*/
IF EXISTS(SELECT * FROM Book WHERE Bname LIKE '%英语%')
    SELECT COUNT(*) AS 英语图书数量
    FROM Book
    WHERE Bname LIKE '%英语%'
ELSE
    PRINT '没有英语书'
```

执行结果如图 9-35 所示。

【例 9-30】 用 IF...ELSE 语句的嵌套结构进行图书查询。查询图书中有没有英语书，有则统计其册数；否则查询有没有 SQL Server 2008 方面的图书，有则统计其册数。

```
USE Library
GO
IF EXISTS(SELECT * FROM Book WHERE Bname LIKE '%英语%')
    SELECT COUNT(*) AS 英语图书数量
    FROM Book
    WHERE Bname LIKE '%英语%'
ELSE
    IF EXISTS(SELECT * FROM Book WHERE Bname LIKE '%SQL Server 2008%')
        SELECT COUNT(*) AS SQLServer2008 图书数量
        FROM Book
        WHERE Bname LIKE '%SQL Server 2008%'
    ELSE
        PRINT '英语和SQL Server 2008 两种书都没有！'
```

执行结果如图 9-36 所示。

消息
没有英语书
完成时间: 2023-07-04T18:59:36.6309621+08:00

图 9-35　IF...ELSE 语句的应用

	SQLServer2008图书数量
1	2

图 9-36　IF...ELSE 嵌套语句的应用

【例 9-31】 BEGIN...END 语句在图书查询中的应用如下。

```
USE Library
GO
DECLARE @ebook int,@cbook int
IF EXISTS(SELECT * FROM Book WHERE Bname like '%英语%')
    BEGIN
        SELECT @ebook = COUNT(*) FROM Book WHERE Bname LIKE '%英语%'
        PRINT '英语书数量'+RTRIM(CAST(@ebook AS char(4)))+'册'
    END
ELSE
    PRINT '没有英语书！'
IF EXISTS(SELECT * FROM Book WHERE Bname LIKE '%SQL Server 2008%')
    BEGIN
        SELECT @cbook = COUNT(*) FROM Book
        WHERE Bname LIKE '%SQL Server 2008%'
        PRINT 'SQL Server 2008的书'+RTRIM(CAST(@cbook AS char(4)))+'册。'
    END
ELSE
    PRINT '没有 SQL Server 2008 的书！'
```

代码段的流程控制请读者自己分析，执行结果如图 9-37 所示。

消息
没有英语书！
SQL Server 2008的书2册。

图 9-37　BEGIN...END 语句的应用

这里用到了转换数据类型函数 CAST 和截断尾部空格函数 RTRIM。

9.3.3　WHILE 循环语句

WHILE 语句是 T-SQL 的循环流程控制语句。WHILE 语句设置重复执行 T-SQL 语句或语句块的条件，只要指定的条件为真，就重复执行该语句或语句块。可以使用 BREAK 关键字和 CONTINUE 关键字在循环内部控制 WHILE 语句的执行。其基本语法如下。

```
WHILE 逻辑表达式
BEGIN
    <T-SQL 语句或语句块>
    [BREAK]                /*退出此循环语句的执行*/
    [CONTINUE]             /*结束一次循环体的执行*/
END
```

功能如下。

- WHILE 语句在指定的条件为真时会重复执行 T-SQL 语句或语句块，只有当逻辑表达式为假时或遇到 BREAK 关键字才跳出循环。
- CONTINUE 关键字可以让程序跳过 CONTINUE 之后的语句，回到 WHILE 循环的第一条语句。
- BREAK 关键字可以让程序无条件跳出循环，结束 WHILE 语句的执行。

📖 说明

WHILE 语句可以嵌套。如果嵌套了两个或多个 WHILE 循环，则内层的 BREAK 将退出到下一个外层循环，接着执行内层循环结束之后的所有语句，然后重新开始下一个外层循环。

【例 9-32】 一个简单的循环程序如下。

```
DECLARE @x int
SET @x = 0
WHILE @x < 3                              --当@x>=3 时退出循环
    BEGIN
        SET @x = @x+1
        PRINT 'x='+CONVERT(char(1),@x)    --数据类型转换函数 CONVERT
    END
```

执行结果如下。

```
x=1
x=2
x=3
```

9.3.4 其他控制语句

1. GOTO 语句

GOTO 语句用于将执行语句无条件跳转到标签处，并从标签位置继续处理语句。GOTO 语句和标签可在过程、批处理和语句块中的任何位置使用，其基本语法如下。

```
GOTO label
```

2. WAITFOR 语句

WAITFOR 语句称为延时语句，其基本语法如下。

```
WAITFOR
   DELAY 延时时间               /* 设定等待时间 */
   |TIME 到达时刻               /* 设定等待到某一时刻 */
```

功能：暂停程序执行，直到所设定的等待时间已过或所设定的时间已到才继续往下执行。

📖 说明

延时时间为 TIME 类型（不能包括日期）的数据，如 "11:46:18"。其各参数含义如下。

● DELAY：用来设定等待的时间，最多可达 24 小时。

● TIME：用来设定等待结束的时间点。

【例 9-33】 延迟 30s 执行查询的语句如下。

```
USE Library
GO
WAITFOR DELAY '00:00:30'
SELECT * FROM Reader
```

请读者上机执行上述语句并观察结果。

【例 9-34】 在时刻 09:25:00 执行查询的语句如下。

```
USE Library
GO
```

```
WAITFOR TIME '09:26:00'
SELECT * FROM Reader
```

请读者选择合适的时刻（TIME）上机执行上述语句并观察结果。

3. RETURN 语句

RETURN 语句用于从查询或过程中无条件退出，其基本语法如下。

```
RETURN 整型表达式
```

功能：RETURN 语句用于结束当前程序的执行，并返回到一个调用它的程序，可指定一个返回值。

📖 说明

RETURN 语句的执行是即时且完全的，可在任何时候用于从过程、批处理或语句块中退出，RETURN 之后的语句不执行。

【例 9-35】 在以下程序段中，RETURN 语句返回@x 和@y 中较大的值。

```
DECLARE @x int,@y int
...
IF @x > @y              --如果@x>@y
    RETURN @x           --则返回@x
ELSE                    --否则
    RETURN @y           --返回@y
```

具体应用详见第 10 章用户定义函数的相关内容。

9.3.5　CASE 多分支表达式

CASE 表达式提供了比 IF...ELSE 结构更多的选择和判断的机会。使用 CASE 表达式可以很方便地实现多种选择情况，从而避免编写多重 IF...ELSE 嵌套语句。

CASE 表达式具有两种格式：一种是简单 CASE 表达式，它通过将某个表达式与一组简单表达式进行比较来确定结果；另一种是搜索 CASE 表达式，它通过计算一组布尔表达式来确定结果。

（1）简单 CASE 表达式。其基本语法如下。

```
CASE 输入表达式
    WHEN when 表达式1 THEN 结果表达式1
    WHEN when 表达式2 THEN 结果表达式2
    ...
    ELSE 结果表达式 n
END
```

功能：首先计算"输入表达式"的值，然后将其值依次与每个 WHEN 子句中"when 表达式"的值进行比较；当"输入表达式"的值等于"when 表达式"的值（即"输入表达式=when 表达式"的计算结果为真）时，返回首先满足条件的 THEN 后的"结果表达式"的值。

如果比较运算的计算结果都不为真，则返回 ELSE 后的"结果表达式"的值。如果省略 ELSE 参数并且比较运算的计算结果都不为真，则返回 NULL 值。

📖 说明

参数"输入表达式"的值和每个"when 表达式"的值的数据类型必须相同，或者必须能进行隐式转换。

【例 9-36】 显示每位读者可借书的数量的语句如下。

```
USE Library
GO
SELECT Rname AS 读者名,rt.Typename AS 读者类型,限借阅量 =        --限借阅量为列标题
   CASE r.TypeID             --根据 TypeID 的值得到 CASE 表达式的返回值并投影输出
      WHEN 1 THEN '可以借 6 本书!'
      WHEN 2 THEN '可以借 4 本书!'
      WHEN 3 THEN '可以借 3 本书!'
   ELSE '无规定'
   END
FROM Reader r,ReaderType rt
WHERE r.TypeID = rt.TypeID
```

执行结果如图 9-38 所示。

	读者名	读者类型	限借阅量
1	张子建	教师	可以借6本书!
2	赵良宇	教师	可以借6本书!
3	张英	职员	可以借4本书!
4	李亚茜	教师	可以借6本书!
5	任灿灿	教师	可以借6本书!
6	孟霞	学生	可以借3本书!
7	杨淑华	学生	可以借3本书!
8	程鹏	学生	可以借3本书!

图 9-38 简单 CASE 表达式的应用

（2）搜索 CASE 表达式。其基本语法如下。

```
CASE
   WHEN 逻辑表达式 1 THEN 结果表达式 1
   WHEN 逻辑表达式 2 THEN 结果表达式 2
   ...
   ELSE 结果表达式 n
END
```

功能：依次对每个 WHEN 子句的“逻辑表达式”进行计算，当计算结果为真时，返回首先满足条件的 THEN 后的“结果表达式”的值。

如果计算结果都不为真，则返回 ELSE 后的“结果表达式”的值。如果省略此参数并且比较运算的计算结果都不为真，则返回 NULL 值。

说明

搜索 CASE 表达式的语法中所计算的逻辑表达式可以是任何有效的布尔表达式。

【例 9-37】 显示各位读者可借书的数量的语句如下。

```
USE Library
GO
SELECT Rname AS 读者名,rt.Typename AS 类型,限借阅量 =
   CASE                                  --根据 TypeID 的值得到 CASE 表达式的值
   WHEN r.TypeID = 1 THEN '可以借 6 本书!'
   WHEN r.TypeID = 2 THEN '可以借 4 本书!'
   WHEN r.TypeID = 3 THEN '可以借 3 本书!'
   ELSE '无规定'
```

```
      END
FROM Reader r,ReaderType rt
WHERE r.TypeID = rt.TypeID
```

结果同例 9-36。

9.4 批处理

批处理是由一个或多个 T-SQL 语句组成的，应用程序将这些语句作为一个单元提交给 SQL Server，再由 SQL Server 编译成一个执行计划，然后作为一个整体来执行。批处理的大小有一定的限制，批处理结束的符号或标志是 GO。提交给 T-SQL 的文件中可以包含多个批处理，其中每个批处理以 GO 命令结束。

📖 **注意**

GO 命令本身并不是一个 T-SQL 语句。特别值得一提的是，CREATE 等数据库 DDL 语句均不能在批处理中与其他语句组合使用，其批处理必须以 CREATE 语句开始。这也是为什么经常看到在"USE 数据库名"语句后加上了 GO 命令，其后则为一个新的批处理，使其后的 CREATE 语句成为该批处理的第一句，如下。

```
USE Library
GO                         --表示上一个批处理结束，此处的 GO 不能省略
CREATE TABLE Book          --此批处理以 CREATE 语句开始
```

如果批处理在编译过程中出现错误提示信息（如语法错误），则编译失败，这时批处理中的语句均无法执行。

在批处理执行过程中，如果出现运行错误，如算术溢出或违反约束，则大多数运行错误将停止执行批处理中的当前语句和它之后的语句，少数运行错误（如违反约束）仅停止执行当前语句，而继续执行批处理中的其他语句。在遇到运行错误之前，执行的语句将不受任何影响。

【例 9-38】 批处理中不同错误的结果对比。

代码段 1 如下。

```
USE Library
GO
USE EDUC
SELECT SID,Sname,Sex
FORM Student               --此处有 FROM 的语法错误
WHERE Sex = '男'
GO
```

执行结果如图 9-39 所示。

这里使用了两个批处理，每个批处理都单独作为一个单元提交给服务器进行编译并生成执行计划。

从图 9-39 所示的【消息】页底部可以看出，当前数据库为 Library，因为在第二个批处理中出现了语法错误，所以 USE EDUC 没有得到执行，而第一个批处理 USE Library 得到了执行。

代码段 2 如下。

```
USE Library
GO
USE EDUC
```

```
SELECT SID,Sname,Sex
FROM Student_error                    --此处有表名不存在的运行错误
WHERE Sex = '男'
GO
```

执行结果如图 9-40 所示。

图 9-39　批处理中语法错误的执行情况 　　　　　图 9-40　批处理中运行错误的执行情况

从图 9-40 所示的【消息】页底部可以看出，当前数据库为 EDUC，即第二个批处理得到了部分执行，但在第二句中出现了运行错误，该语句后的语句不再执行。

9.5　事务

使用 UPDATE 或 DELETE 语句对数据库进行更新时，一次只能操作一个表。而当要求同时对多个表进行数据更新时，有可能会带来数据库操作不一致的问题。

例如，在读者借书的时候，既要将图书表的图书是否借出状态设置为已借出，又要在读者表已借图书数量上增加一本，同时还要更新借阅表中该读者借书的应还日期。还书操作也是如此，将会涉及几个表。如果在借书或还书过程中，因为停电或系统中断等问题造成只完成了前面的部分操作，就会造成数据的不一致。为此，必须将整个借书或还书过程中的所有操作作为一个不可分割的操作提交给数据库。也就是说，要么借书或还书的操作全部完成，要么一步也不做，这就对应于数据库中事务的概念。

9.5.1　事务简介

事务是指一个单元的工作，这些工作要么全做，要么全不做。事务作为一个逻辑单元，必须具备以下 4 个属性。

1. 原子性

原子性（Atomic）是指事务必须执行一个完整的工作，要么执行全部数据的修改，要么全部数据的修改都不执行。

2. 一致性

一致性（Consistent）是指事务完成时，必须使所有数据都具有一致的状态。在关系数据库中，所有的规则必须应用到事务的修改上，以便维护所有数据的完整性。所有的内容和数据结构（例如树状的索引与数据之间的连接）在事务结束之后都必须保证正确。

3. 隔离性

隔离性（Isolated）是指并行事务的修改必须与其他并行事务的修改相互隔离。一个事务看到的数据要么是另外一个事务修改之前的数据，要么是第二个事务已经修改完成的数据，这个事务不能看到正在修改的数据。这个特征也称为串行性。

4. 持久性

持久性（Durable）是指一个事务完成之后，它的影响永久性地存在于系统中，也就是把这种修改写到了数据库中。

事务机制保证一组数据的修改要么全部执行，要么全部不执行。SQL Server 使用事务可以保证数据的一致性和在系统失败时的可恢复性。事务打开以后，直到事务成功完成并提交为止，或者直到事务执行失败而全部取消或回滚为止。

9.5.2　事务语句

在 T-SQL 中，可以使用 3 个基本语句来控制事务，分别控制事务的开始、提交或回滚。

1. 开始事务

BEGIN TRANSACTION 语句可以显式地指明一个事务的开始，其基本语法如下。

```
BEGIN TRANSACTION [事务名|事务变量名]
WITH MARK ['描述符']
```

📖 **说明**

BEGIN TRANSACTION 语句执行时，全局变量@@TRANCOUNT 的值将加 1，@@TRANCOUNT 表示当前连接中现有事务的数目。

2. 提交事务

COMMIT TRANSACTION 语句可以标志一个事务的结束，使得自事务开始以来的所有数据修改都成为数据库的永久部分。其基本语法如下。

```
COMMIT TRANSACTION [事务名|事务变量名]
```

📖 **说明**

COMMIT TRANSACTION 语句执行时，全局变量@@TRANCOUNT 的值将减 1。

【例 9-39】 开始一个事务，将图书表"Book"中清华大学出版社出版的图书的价格改为原价的90%，再用提交事务语句进行提交。查询并观察事务处理过程中的数据变化。

T-SQL 代码如下。

```
USE Library
GO
--*******************事务前*******************--
SELECT 'Befor' AS 事务前,BID,Bname,Publisher,Price
FROM Book WHERE Publisher = '清华大学出版社'
--*******************开始事务*******************--
BEGIN TRAN BookPriceUpd
UPDATE Book SET Price = Price*0.9 WHERE Publisher = '清华大学出版社'
--*******************事务中*******************--
SELECT 'Whithin' AS 事务中,BID,Bname,Publisher,Price
FROM Book WHERE Publisher = '清华大学出版社'
--*******************事务提交*******************--
```

```
COMMIT TRAN
--*******************事务后*******************--
SELECT 'After' AS 事务后,BID,Bname,Publisher,Price
FROM Book WHERE Publisher = '清华大学出版社'
```

执行结果如图 9-41 所示。

图 9-41 用开始事务语句和提交事务语句进行更新操作的结果

仔细观察结果，发现事务中和事务提交后的查询结果（"Price"列的值）完全一样，说明最终实现了在事务中对表的更新。

3. 回滚事务

ROLLBACK TRANSACTION 语句可以使得事务回滚到起点或事务内的某个保存点，它也标志一个事务的结束。其基本语法如下。

ROLLBACK TRANSACTION [事务名|事务变量名|保存点名|保存点变量]

【例 9-40】 开始一个事务，将图书表"Book"中清华大学出版社出版的图书的价格改为原价的 90%，查询并观察事务处理过程中的数据变化，再用事务回滚语句使数据恢复到初始状态。

T-SQL 代码如下。

```
USE Library
GO
--*******************事务前*******************--
SELECT 'Before' AS 事务前,BID,Bname,Publisher,Price
FROM Book WHERE Publisher = '清华大学出版社'
--*******************开始事务*******************--
BEGIN TRAN BookPriceUpd
UPDATE Book SET Price = Price*0.9 WHERE Publisher = '清华大学出版社'
--*******************事务中*******************--
SELECT 'Whithin' AS 事务中,BID,Bname,Publisher,Price
FROM Book WHERE Publisher = '清华大学出版社'
--*******************事务回滚*******************--
ROLLBACK TRAN
--*******************事务回滚后*******************--
SELECT 'After' AS 事务后,BID,Bname,Publisher,Price
FROM Book WHERE Publisher = '清华大学出版社'
```

执行结果如图 9-42 所示。

事务前	BID	Bname	Publisher	Price
1	Before	F270.7/56	ERP系统的集成应用	清华大学出版社	31.50
2	Before	F275.3/65	SAP财务管理大全	清华大学出版社	41.40
3	Before	TP311.138/235	SQL Server 2008从入门到精通	清华大学出版社	53.10
4	Before	TP312/429	C#入门经典	清华大学出版社	88.20

事务中	BID	Bname	Publisher	Price
1	Whithin	F270.7/56	ERP系统的集成应用	清华大学出版社	28.35
2	Whithin	F275.3/65	SAP财务管理大全	清华大学出版社	37.26
3	Whithin	TP311.138/235	SQL Server 2008从入门到精通	清华大学出版社	47.79
4	Whithin	TP312/429	C#入门经典	清华大学出版社	79.38

事务后	BID	Bname	Publisher	Price
1	After	F270.7/56	ERP系统的集成应用	清华大学出版社	31.50
2	After	F275.3/65	SAP财务管理大全	清华大学出版社	41.40
3	After	TP311.138/235	SQL Server 2008从入门到精通	清华大学出版社	53.10
4	After	TP312/429	C#入门经典	清华大学出版社	88.20

图 9-42　用开始事务语句和回滚事务语句进行更新操作的结果

拓展阅读 9-2　SQL Server 中的图形处理

仔细观察结果，发现事务前和事务回滚后的查询结果（"Price"列的值）完全一样，说明没有实现对表的更新。

事务经常用在存储过程或触发器之中，具体应用请看第 10 章的例子。

本章介绍了 T-SQL 的基本知识，包括数据类型、T-SQL 表达式、流程控制语句、CASE 表达式及简单 T-SQL 编程应用实例。此外，还介绍了批处理和事务的概念。读者在学习的时候应该注意把所掌握的程序设计方法与数据库技术紧密结合起来。

项目训练 7　人事管理 T-SQL 编程与应用

1. 编写简单的 T-SQL 程序进行基本语法训练。
2. 根据项目需求分析编写简单的 T-SQL 程序。

项目训练 7
人事管理 T-SQL
编程与应用

思考与练习

一、选择题

1. 对于 T-SQL 单行注释，必须使用下列（　　　）符号指明。
   A. --　　　　　　B. @@　　　　　　C. **　　　　　　D. &&
2. 日期函数 DATEADD(DD,6,'02/27/2024')返回的日期为（　　　）。
   A. 03/04/2024　　B. 2024/03/04　　C. 04-03-2024　　D. 2024-03-04
3. 用于去掉字符串尾部空格的函数是（　　　）。
   A. LTRIM　　　　B. RIGHT　　　　C. RTRIM　　　　D. SUBSTRING
4. 用来获取指定子字符串的函数是（　　　）。
   A. LEFT　　　　　B. RIGHT　　　　C. RTRIM　　　　D. SUBSTRING
5. 表达式'123'+'456' 的结果是（　　　）。
   A. '579'　　　　　B. 579　　　　　C. '123456'　　　　D. '123'

二、填空题

1. SQL Server 中的编程语言是_____，它是一种非过程化的高级语言。

2. T-SQL 的分支流程控制语句是_____，循环流程控制语句是_____。

3. 批处理结束的符号或标志是_____。指明一个事务开始的语句是_____，标志一个事务结束的语句是_____，使事务回滚到起点的语句是_____。

三、简答题

请列举与本章有关的英文词汇原文、缩写（如无可不填写）及含义等，可自行增加行。

序号	英文词汇原文	缩写	含义	备注

第10章
T-SQL程序设计

素养要点与教学目标

- 遵循《信息技术软件生存周期过程》《程序设计语言》等软件开发国家标准，培养严谨、严格和规范的软件开发的职业素养。
- 能够阅读并熟练书写与存储过程、触发器、用户定义函数有关的 T-SQL 语句，培养学习新技术的能力。
- 能够根据数据库应用系统的功能需求和完整性需求设计存储过程。
- 能够根据数据库应用系统的功能需求和完整性需求设计触发器。
- 能够根据数据库应用系统的功能需求和完整性需求设计用户定义函数。
- 通过了解机器学习与 SQL Server 机器学习服务，培养掌握新技术的能力。

拓展阅读 10-1
图书馆集成管理
系统—应用界面 3

学习导航

微课 10-1 T-SQL
程序设计

　　本章介绍数据库应用系统开发中的数据库服务器程序设计。前述 DDL（数据定义语言）、DML（数据操作语言）和 DCL（数据控制语言）语句可以完成一些基本的数据库对象的处理，但在较为复杂的数据库应用中，单一的 T-SQL 语句有时就显得力不从心了。在本章中，读者将学习如何根据数据库应用系统的功能需求和完整性需求，在数据库服务器中创建由 T-SQL 语句和流程控制语句形成的"可编程性"数据库对象：存储过程、触发器和用户定义函数。本章内容在数据库开发与维护中的位置如图 10-1 所示。

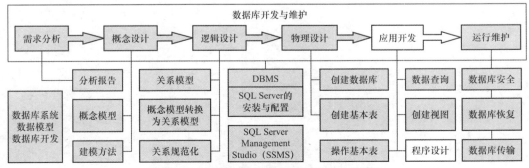

图 10-1　本章内容在数据库开发与维护中的位置

知识框架

本章的知识内容为使用 T-SQL 提供的 DDL 语句（CREATE）和 T-SQL 程序设计语句定义存储过程、触发器和用户定义函数，具体内容包括存储过程、触发器和用户定义函数的创建、调用和管理的方法。本章知识框架如图 10-2 所示。

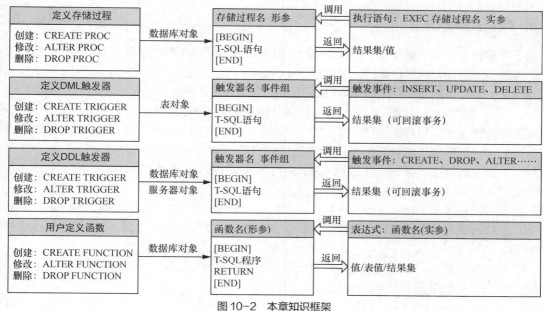

图 10-2　本章知识框架

因为存储过程、触发器和用户定义函数的创建侧重于 T-SQL 程序设计，而 SSMS 仅在【查询编辑器】中提供简单的模板，所以本章主要介绍使用 T-SQL 语句创建存储过程、触发器和用户定义函数的语法与应用编程。

从 SQL Server 2005 开始，用户可以使用任何 Microsoft.NET Framework 编程语言（如 Visual Basic.NET 或 C#）编写存储过程、触发器和用户定义函数，本书不做介绍。

10.1　创建与管理存储过程

在数据库系统的应用开发中，存储过程具有重要的作用。

案例 2-10-1　图书管理存储过程的创建与管理

根据图书管理系统的功能需求和完整性需求，创建与管理数据库"Library"的存储过程，实现数据操作以及完整性控制。

微课 10-2　存储过程概述

10.1.1　存储过程概述

在学习存储过程的创建与管理之前，需要了解其基本概念及为什么要使用存储过程。

1. 存储过程的概念

存储过程（Stored Procedure）是预编译的 T-SQL 程序，主要用于对数据库进行复杂处理。可以使用 CREATE PROC、ALTER PROC 和 DROP PROC 语句创建与管理基于数据库的存储过程，它是数据库的"可编程性"对象。对于所创建的存储过程，可以使用 EXEC 执行语句进行调用，执行其中设计的 T-SQL 程序并返回结果集或值。

2. 存储过程的优点

对于一些行业（如金融行业）的大型项目，开发规范会要求所有涉及业务逻辑部分的数据库操作必须在数据库层由存储过程实现。存储过程不仅适用于大型项目，对于中小型项目，存储过程也是非常有必要的，原因在于存储过程具有以下优点。

（1）可以重复调用。创建的存储过程可以在应用程序中被多次调用，提高了程序的重用性。因为应用程序源代码中只包含调用存储过程的执行语句，所以数据库专业人员可随时对存储过程进行修改，但对应用程序源代码毫无影响，从而极大地提高了程序的共享性和可移植性。

（2）提高执行速度。存储过程在创建时就进行了编译和优化，以后再调用存储过程时不必再重新编译和优化，步骤的减少提高了执行的速度。

（3）减少网络流量。存储过程保存在 SQL Server 服务器中，应用程序调用存储过程时，只需要传递一条执行语句（指定过程名和参数）而不必传输大量的 T-SQL 代码，因此减少了网络传输的数据量。

（4）提供安全机制。可以只授予用户执行存储过程的权限，而限制用户直接访问存储过程中涉及的表的权限，从而保证了数据的安全性。

3. 存储过程的分类

SQL Server 的存储过程分为系统存储过程、用户定义存储过程和扩展存储过程几种。

（1）系统存储过程。该类存储过程是由系统提供的，主要存储在 master 数据库中并以 sp_ 为前缀。当创建一个新数据库时，一些系统存储过程会在新数据库中被自动创建。

系统提供的存储过程的形式为 sp_*，如 sp_rename、sp_help 等。例如，执行 sp_help int，将得到图 10-3 所示的数据库对象数据类型"int"的存储类型、字节、能否为空值等信息。

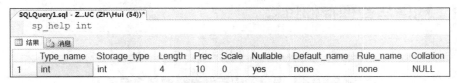

图 10-3 系统存储过程 sp_help int 的执行结果

（2）用户定义存储过程。该类存储过程由用户自己创建并能完成某些特定功能，又分为 T-SQL 和 CLR 两种。

- T-SQL 存储过程：保存的 T-SQL 程序，可以接受和返回用户提供的参数，也可以从数据库中向客户端应用程序返回数据。
- CLR 存储过程：对 Microsoft .NET Framework 公共语言运行时方法的引用，可以接受和返回用户提供的参数，它们在.NET Framework 程序集中是作为类的公共静态方法实现的。

（3）扩展存储过程。该类存储过程是以在 SQL Server 环境之外执行的动态链接库（Dynamic Link Library，DLL）来实现的，通常以前缀 xp_ 开头。扩展存储过程用与存储过程相似的方式来执行。

本节仅介绍用户定义存储过程中的 T-SQL 存储过程。

10.1.2 创建存储过程

使用 T-SQL 创建存储过程的基本语法如下。

```
CREATE PROC[EDURE] 过程名               --创建存储过程
    [[@形参 数据类型]                    --输入参数
    |[@形参 数据类型 = 默认值]            --默认值参数
    |[@形参 数据类型 OUTPUT]              --输出参数（返回值）
    ][,...n]
AS
[BEGIN]
    T-SQL 语句                          --过程体（T-SQL 程序，返回结果集或值）
[END]
```

微课 10-3　存储
过程—输入参数

下面通过实例介绍如何创建无参、带输入参数、带默认值参数和带输出参数的存储过程。

1. 无参存储过程

在存储过程中不设置任何参数，不进行值的传递。

【例 10-1】 为数据库"Library"创建多表查询的存储过程"borrowed_book1"，查询出读者"程鹏"的借阅信息。

在【查询编辑器】中输入以下 T-SQL 语句。

```
USE Library
GO
CREATE PROCEDURE borrowed_book1
AS
    SELECT r.RID,r.Rname,b.BID,k.Bname,b.LendDate        --投影列表
    FROM Reader r INNER JOIN Borrow b ON r.RID = b.RID    --等值连接
        INNER JOIN Book k ON b.BID = k.BID
    WHERE Rname = '程鹏'                                   --选择条件
```

执行以上代码后，即可在数据库"Library"中创建存储过程"borrowed_book1"。

调用存储过程，如下。

```
borrowed_book1
```

或如下。

```
EXEC borrowed_book1
```

返回结果如图 10-4 所示。

	RID	Rname	BID	Bname	LendDate
1	2023216009	程鹏	F270.7/455	SAP基础教程	2023-11-17
2	2023216009	程鹏	TP311.138/136	SQL Server 2008基础教程	2023-10-30

图 10-4　无参存储过程的执行结果

对于实际应用来说，编写一个存储过程仅用于查询"程鹏"的借阅信息是没有意义的。通常会在存储过程中设置输入参数，通过参数的传递查询出用户所需要的信息。

2. 带输入参数的存储过程

在存储过程中设置输入形参，在调用时用实参（类型兼容的常量或变量）赋值。

【例 10-2】 为数据库"Library"创建查询某读者（读者的姓名在调用存储过程时给出）借阅信息的存储过程"borrowed_book2"。T-SQL 代码如下。

```
USE Library
GO
CREATE PROCEDURE borrowed_book2 @name char(8)        --输入形参@name
AS
  SELECT r.RID,r.Rname,b.BID,k.Bname,b.LendDate
  FROM Reader r INNER JOIN Borrow b ON r.RID = b.RID
                INNER JOIN Book k ON b.BID = k. BID
  WHERE Rname = @name                                --选择读者名为@name 值的借阅信息
```

执行以上代码后，即可在数据库"Library"中创建存储过程"borrowed_book2"。
传值参数调用存储过程的方法如下。

- 常量传值的调用方法如下。

```
EXEC borrowed_book2 '杨淑华'                --实参'杨淑华'
```

- 变量传值的调用方法如下。

```
DECLARE @temp1 char(8)
SET @temp1 = '杨淑华'
EXEC borrowed_book2 @temp1                --实参@temp1
```

返回结果如图 10-5 所示。

	RID	Rname	BID	Bname	LendDate
1	2023216008	杨淑华	F275.3/65	SAP财务管理大全	2023-10-28

图 10-5 带输入参数存储过程的执行结果

在变量传值的调用方法中，首先通过赋值语句使变量@temp1 得到值，在调用时将实参@temp1 的值传递给存储过程的形参@name，然后存储过程根据 WHERE Rname=@name 子句查询出变量@temp1 中保存的值，即读者"杨淑华"的借阅信息。

3. 带默认值参数的存储过程

在存储过程中设置默认值形参并赋予其初值，在调用时如果用实参赋值，则默认值形参将得到相应实参的值；如果在调用时没有使用实参，则默认值形参仍然是被赋予的初值。

【例 10-3】为数据库"Library"创建使用默认值参数查询读者借阅信息的存储过程"borrowed_book3"。T-SQL 代码如下。

```
USE Library
GO
CREATE PROCEDURE borrowed_book3 @name char(8) = NULL        --默认值形参@name
AS
BEGIN
```

```
IF @name IS NULL                                      --如果@name 为默认值 NULL，条件成立
    SELECT r.RID,r.Rname,b.BID,k.Bname,b.LendDate     --查询出所有读者的借阅信息
    FROM Reader r INNER JOIN Borrow b ON r.RID = b.RID
        INNER JOIN Book k ON b.BID = k.BID
ELSE
    SELECT r.RID,r.Rname,b.BID,k.Bname,b.LendDate
    FROM Reader r INNER JOIN Borrow b ON r.RID = b.RID
        INNER JOIN Book k ON b.BID = k.BID
    WHERE Rname = @name                               --选择读者名为@name 值的借阅信息
END
```

执行以上代码后，即可在数据库"Library"中创建存储过程"borrowed_book3"。调用存储过程如下。

```
EXEC borrowed_book3
```

返回结果如图 10-6 所示。

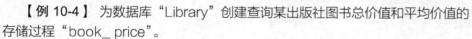

	RID	Rname	BID	Bname	LendDate
1	2000186010	张子建	F270.7/455	SAP基础教程	2023-05-30
2	2000186011	赵良宇	TP311.138/125	数据库应用技术	2023-11-26
3	2004216010	任灿灿	TP311.138/235	SQL Server 2008从入门到精通	2023-11-15
4	2022216117	孟霞	TP312/429	C#入门经典	2023-04-09
5	2023216008	杨淑华	F275.3/65	SAP财务管理大全	2023-10-28
6	2023216009	程鹏	F270.7/455	SAP基础教程	2023-11-17
7	2023216009	程鹏	TP311.138/136	SQL Server 2008基础教程	2023-10-30

图 10-6　带默认参数存储过程的执行结果

在例 10-3 中，调用存储过程时，EXEC borrowed_book3 语句没有使用实参，存储过程中默认值形参@name 的值为被赋予的初值 NULL。在接下来的存储过程的 IF 子句中，若条件@name IS NULL 成立，则执行其后的 SELECT 查询语句，查询出所有读者的借阅信息。

4. 带输出参数的存储过程

在存储过程中设置输出形参并在其后加关键字 OUTPUT 指明，调用时在实参（类型兼容的变量）后也加上关键字 OUTPUT 指明，即可通过参数得到返回值。

微课 10-4　存储
过程—输出参数

【例 10-4】 为数据库"Library"创建查询某出版社图书总价值和平均价值的存储过程"book_price"。

```
USE Library
/*如果在系统表 sysobjects 中已有存储过程 book_price，则删除该存储过程*/
IF EXISTS(SELECT name FROM sysobjects WHERE name = 'book_price' AND type = 'P')
    DROP PROCEDURE book_price
GO
CREATE PROCEDURE book_price                   --创建存储过程 book_price
    @Publisher varchar(30),                   --输入形参
    @SUMPrice decimal(9,2) OUTPUT,            --输出形参 1
    @AVGPrice decimal(9,2) OUTPUT             --输出形参 2
AS
BEGIN
    SELECT @SUMPrice = SUM(price)            --赋值语句，输出形参 1 得到图书总价值
    FROM Book WHERE Publisher = @Publisher
    SELECT @AVGPrice = AVG(price)            --赋值语句，输出形参 2 得到图书平均价值
```

```
        FROM Book WHERE Publisher = @Publisher
END
```

执行以上代码后，即可在数据库"Library"中创建存储过程"book_price"。
调用存储过程。

```
DECLARE @ch varchar(30),@ou1 decimal(9,2),@ou2 decimal(9,2)
SET @ch = '人民邮电出版社'
EXEC book_price @ch,@ou1 OUTPUT,@ou2 OUTPUT        --输入实参，输出实参1，输出实参2
SELECT @ch AS 书名,@ou1 AS 总价值,@ou2 AS 平均价值      --输出变量（实参）值
```

返回结果如图 10-7 所示。

在此例中，实参@ou1 和实参@ou2 通过参数的地址传递，
分别得到存储过程中输出形参@SUMPrice 和@AVGPrice
的值。

	书名	总价值	平均价值
1	人民邮电出版社	228.00	57.00

图 10-7　带输出参数存储过程的执行结果

10.1.3　管理存储过程

修改所定义的存储过程、删除不需要的存储过程，都是管理存储过程所涉及的内容。

1. 修改存储过程

使用 T-SQL 修改存储过程的基本语法如下。

```
ALTER PROC[EDURE] 过程名                        --修改存储过程
   [[@形参 数据类型]                            --输入参数
   |[@形参 数据类型 = 默认值]                     --默认值参数
   |[@形参 数据类型 OUTPUT]                      --输出参数
   ][,...n]
AS
[BEGIN]
   T-SQL 语句                                  --过程体（返回结果集或值）
[END]
```

可见，修改存储过程主要使用关键字 ALTER，其语法与创建存储过程的语法基本一样，有关
选项说明参见创建存储过程中的说明。

2. 删除存储过程

使用 T-SQL 删除存储过程的基本语法如下。

```
DROP PROC[EDURE] 过程名[,...n]
```

当然也可以在 SSMS 的【对象资源管理器】窗口中展开"数据库"→"具体数据库"→"可
编程性"→"存储过程"节点，右击具体的存储过程节点，从快捷菜单中选择"修改"命令，再在
【查询编辑器】中对打开的存储过程进行查看与修改。还可以从快捷菜单中选择"查看依赖关系"/
"重命名"/"删除"等命令，以便进行相应的管理存储过程的操作。

10.2　创建与管理触发器

在数据库系统中，触发器与存储过程一样具有重要的作用。

案例 2-10-2   图书管理触发器的创建与管理

根据图书管理系统的功能需求和完整性需求，创建与管理基于服务器、数据库"Library"及其表或视图的触发器，实现数据操作以及完整性控制。

10.2.1   触发器概述

在学习触发器的创建与管理之前，需要了解其基本概念及分类。

1. 触发器的概念

微课 10-5   触发器概述

触发器（Trigger）与存储过程类似，也是预编译的 T-SQL 程序，主要用于保证数据的完整性、正确性和安全性。可以使用 CREATE TRIGGER、ALTER TRIGGER 和 DROP TRIGGER 语句创建与管理基于表、视图、服务器、数据库的触发器。当发生所指定的触发事件时，触发器被调用，系统将自动执行触发器中设计的 T-SQL 程序。

系统将触发器和触发它的语句作为可在触发器内回滚的单个事务。如果触发器检测到错误（如违规删除和更新数据、随意创建数据库或表、非法登录等），则可以通过事务回滚（撤销）之前的操作。

2. 触发器的分类

SQL Server 中有 3 类触发器：DML 触发器、DDL 触发器和登录触发器。

（1）DML 触发器。DML 触发器是基于表或视图设计的 T-SQL 程序，其中可以包括对数据库中其他表的操作。当通过主键、外键等约束不足以保证数据的完整性时，可以创建 DML 触发器来完成，当在所指定的表和视图中发生所指定的 DML 触发事件（INSERT、UPDATE 或 DELETE 数据操作）时，该触发器被调用。

DML 触发器被调用时将自动创建临时表"inserted"和"deleted"，临时表在触发器工作完成后即被删除。

- "inserted"临时表。在执行 INSERT 或 UPDATE 语句时，新的数据行被插入触发器指定的表中，同时也被插入 inserted 表中。触发器的 T-SQL 程序可以从 inserted 表中读取所插入的数据，从而进一步进行对其他表的操作。也可以判断所插入的数据是否满足完整性规则，如不满足则可以回滚（撤销）此操作。
- "deleted"临时表。在执行 DELETE 或 UPDATE 语句时，从触发器表中删除数据行并传输到 deleted 表中。可以从 deleted 表中检查所删除的数据行是否满足删除条件，如不满足，则可以回滚（撤销）此操作。

执行 UPDATE 语句更新数据时，类似于在删除之后执行插入：首先被删除的数据行被传输到 deleted 表中，然后将新的数据行插入 inserted 表中。

（2）DDL 触发器。DDL 触发器是基于服务器或数据库设计的 T-SQL 程序，主要用于管理任务，如审核和控制数据库操作。创建 DDL 触发器，当在所指定的服务器或数据库中发生所指定的 DDL 触发事件（CREATE、ALTER 或 DROP 数据定义）时，该触发器被调用。

（3）登录触发器。登录触发器是基于服务器设计的 T-SQL 程序，只响应 LOGON 登录触发事件，在登录 SQL Server 实例的身份验证阶段完成之后且用户会话实际建立之前被调用。可以使用登录触发器来审核和控制服务器会话，例如，通过跟踪登录活动、限制登录到 SQL Server 或限制特定登录名的会话次数。本章不做介绍。

10.2.2　创建 DML 触发器

使用 T-SQL 创建 DML 触发器的基本语法如下。

```
CREATE TRIGGER 触发器名
ON 表名|视图名
{AFTER                          --DML 语句完成后调用触发器
|INSTEAD OF}                    --DML 语句执行时被触发器所替代
[INSERT][,][UPDATE][,][DELETE]  --DML 触发事件
AS
[BEGIN]
    T-SQL 语句                   --过程体（T-SQL 程序）
[END]
```

📖 **说明**

- AFTER：指定触发器仅在 DML 触发事件（INSERT、UPDATE 或 DELETE 数据操作语句）成功完成之后才被调用；注意，不能对视图定义 AFTER 触发器。
- INSTEAD OF：指定触发器被 DML 触发事件调用时，直接执行触发器的 T-SQL 程序而不执行 DML 触发事件中指定的数据操作语句；在表或视图上，每个 INSERT、UPDATE 和 DELETE 语句最多可以定义一个 INSTEAD OF 触发器。

以下通过实例介绍几种触发器的创建与应用。

1. 创建 AFTER INSERT 触发器

AFTER INSERT 触发器在对指定的表执行插入数据行语句 INSERT INTO...VALUES 之后被调用。

【例 10-5】　在图书馆读者借书处理过程中，对数据库"Library"完成以下处理。

（1）使用 INSERT 语句完成对借阅表"Borrow"添加读者借书数据的操作。

- 添加读者编号和图书编号。
- 借期"LendDate"为当前系统日期（定义表时已经设置为默认值）。

注意：所插入的读者借书数据同时插入临时表"inserted"中。

（2）调用触发器 T-SQL 程序，判断所借图书是否已经借出。

如果尚未借出，则：

微课 10-6　AFTER
INSERT 触发器

- 将借阅表"Borrow"中该读者借书的应还日期"SReturnDate"更新为借期加限借天数；
- 将读者表"Reader"中该读者的借阅数量"Lendnum"增加 1；
- 将图书表"Book"中该图书是否借出"LentOut"设置为真。

如果已经借出，则：

- 撤销所添加的读者借书数据；
- 提示该书已借出。

📖 **说明**

假设系统日期 GETDATE()为 2023-11-30。

试创建表 "Borrow" 的 AFTER INSERT 触发器 "T_Borrow", T-SQL 代码如下。

```
USE Library
IF EXISTS(SELECT name FROM sysobjects  WHERE name = 'T_Borrow' AND type = 'TR')
    DROP TRIGGER T_Borrow                         --如果已有触发器 T_Borrow, 则删除
GO
CREATE TRIGGER T_Borrow                           --创建触发器
ON Borrow                                         --基于表 Borrow
AFTER INSERT                                       --在插入数据行语句完成之后执行以下 T-SQL 程序
AS
BEGIN
/*===========================局部变量声明与赋值===========================*/
DECLARE @dzbh char(10),@tsbh char(15),@dzlx int,@xjts int
SET @dzbh = (SELECT RID FROM inserted)            --从临时表中得到读者编号
SET @tsbh = (SELECT BID FROM inserted)            --从临时表中得到图书编号
SET @dzlx = (SELECT TypeID FROM Reader WHERE RID = @dzbh)  --从读者表中得到读者类型
/*=====================图书表:该书是否借出=====================*/
IF EXISTS(SELECT * FROM Book WHERE BID = @tsbh AND LentOut = 0)
   BEGIN                                          --尚未借出
/*=================借阅表:应还日期为限借天数加借期=================*/
    UPDATE Borrow SET SReturnDate =               --更新借阅表应还日期
    DATEADD(day,(SELECT LimitDays FROM ReaderType WHERE TypeID = @dzlx)
         ,LendDate)                               --日期函数返回限借天数与借期之和
    WHERE RID = @dzbh AND BID = @tsbh AND ReturnDate IS NULL
/*=====================读者表:借阅数量加 1=====================*/
    UPDATE Reader SET Lendnum = Lendnum+1 WHERE RID = @dzbh
/*=====================图书表:是否借出置 1=====================*/
    UPDATE Book SET LentOut = 1 WHERE BID = @tsbh
  END
ELSE                                              --已经借出
  BEGIN
    ROLLBACK                                       --事务回滚(撤销)插入数据行的操作
    PRINT '该书已借出'                              --输出提示信息
  END
END
```

执行以上代码后, 即在数据库 "Library" 中创建触发器 "T_Borrow"。

触发器创建好了, 什么时候调用? 怎么调用呢? 由程序中的代码 "AFTER INSERT" 可知, 所定义的触发器将在对表 "Borrow" 执行 INSERT 语句之后被调用。

假设 1: 有读者编号为 2000186010 的读者于 2023-11-30 借阅图书编号为 TP312/429 的图书, INSERT INTO...VALUES 语句如下。

```
INSERT INTO Borrow(RID,LendDate,BID)
             VALUES('2000186010','2023-11-30','TP312/429')
```

执行 INSERT 语句完成了图书借阅的操作如下。

(1)执行 INSERT 语句本身, 完成了对借阅表 "Borrow" 添加借书信息的操作。

- 新插入数据行的借期 "LendDate" 得到为其假设的日期'2023-11-30', 在实际应用中, 该列可以自动得到定义表时设置的系统默认值 GETDATE()。
- 读者编号 "RID" 和图书编号 "BID" 分别得到'2000186010'和'TP312/429', 如图 10-8 所示。

(2)执行 INSERT 语句后, 调用触发器 "T_Borrow", 经 T-SQL 程序判断得到该读者所要借的图书尚未借出, T-SQL 程序完成各表的数据更新, 如下。

- 对于借阅表 "Borrow", 从表 "Reader" 中查询出该读者的读者类型为 1(教师), 再从表

"ReaderType"中查询出该读者类型的限借天数为 90 天，由借阅日期'2023-11-30'加 90 天得到应还日期"SReturnDate"为'2024-02-28'，如图 10-8 方框中所示。

- 对于读者表"Reader"，读者编号为 2000186010 的借阅数量"Lendnum"由原来的 0 增加为 1，从而保证了数据的一致性，如图 10-9 方框中所示。

ZH.Library - dbo.Borrow ⊡ ×

RID	BID	LendDate	ReturnDate	SReturnDate
2000186010	F270.7/455	2023-05-30	2023-07-14	2023-08-28
2000186010	TP312/429	2023-11-30	*NULL*	2024-02-28
2000186011	TP311.138/125	2023-11-26	*NULL*	2024-02-24

图 10-8　INSERT 语句执行后表
"Borrow"的新添数据行

ZH.Library - dbo.Reader ⊡ ×

RID	Rname	TypeID	Lendnum
2000186010	张子建	1	1
2000186011	赵良宇	1	1
2003216008	张英	2	0

图 10-9　INSERT 语句执行后表
"Reader"中该读者的借阅数量加 1

- 对于图书表"Book"，图书编号为 TP312/429 的图书是否借出"LendOut"已设置为真（ 1，'True' ），如图 10-10 方框中所示。

ZH.Library - dbo.Book ⊡ ×

BID	Bname	Author	Publisher	Price	LentOut
TP311.138/78	数据库系统概论	萨师煊	高等教育出版社	25.00	False
TP312/429	C#入门经典	Karli Watson	清华大学出版社	88.20	True
NULL	*NULL*	*NULL*	*NULL*	*NULL*	*NULL*

图 10-10　INSERT 语句执行后表"Book"中该图书是否借出已设置为真

假设 2：有读者也要借阅图书编号为 TP312/429 的图书，INSERT 语句如下。

```
INSERT INTO Borrow(RID,BID) VALUES('2022216117','TP312/429')
```

执行结果如下。

```
该书已借出
消息 3609，级别 16，状态 1，第 1 行
事务在触发器中结束。批处理已中止。
```

执行 INSERT 语句，向借阅表"Borrow"中插入数据行，之后调用触发器"T_Borrow"，经 T-SQL 程序判断得到该读者所要借的图书已经借出，T-SQL 程序完成以下操作。

- 对"Borrow"表的 INSERT 语句回滚，添加信息撤销。
- 提示该书已经借出。

打开表"Reader"可见读者编号为 2022216117 的读者的借阅数量"Lendnum"仍然为 0，如图 10-11 方框中所示。

ZH.Library - dbo.Reader ⊡ ×

RID	Rname	TypeID	Lendnum
2004216010	任灿灿	1	1
2022216117	孟霞	3	0
2023216008	杨淑华	3	1

图 10-11　INSERT 语句执行后表"Reader"
中该读者的"Lendnum"列仍为 0

在实际借书处理过程中还应该考虑读者借书的数量是否达到了限借图书的数量等，可以在应用程序中编写处理代码，也可以在触发器中编写处理代码，请读者尝试自行完善。

2. 创建 AFTER UPDATE 触发器

AFTER UPDATE 触发器在对指定的表执行更新数据语句 UPDATE 之后被调用。

【例 10-6】在图书馆读者还书处理过程中，对数据库"Library"完成以下处理。

微课 10-7　AFTER
UPDATE 触发器

（1）使用 UPDATE 语句完成对借阅表"Borrow"更新读者还书数据的操作。

- 将借阅表"Borrow"中该读者的还期"ReturnDate"由原来的 NULL 更新为当前系统日期。

（2）调用所创建的触发器 T-SQL 程序，判断还书是否过期并进行处理。如果过期，则计算过期天数。

- 将读者表"Reader"中该读者的借阅数量"Lendnum"减 1。
- 将图书表"Book"中该图书是否借出"LentOut"设置为假。

📖 **说明**

假设系统日期 GETDATE()为 2023-11-30。

试创建表"Borrow"的 AFTER UPDATE 触发器"T_Return"，T-SQL 代码如下。

```
USE Library
GO
CREATE TRIGGER T_Return                                    --创建触发器
ON Borrow                                                  --基于表 Borrow
AFTER UPDATE                    --在更新数据语句完成之后执行以下 T-SQL 程序
AS
BEGIN
/*==========================局部变量声明与赋值==========================*/
DECLARE @days int,@dzbh char(10),@tsbh char(9),@hsrq date        --变量声明
SET @dzbh = (SELECT RID FROM inserted)          --从临时表中得到读者编号
SET @tsbh = (SELECT BID FROM inserted)          --从临时表中得到图书编号
SET @hsrq = (SELECT ReturnDate FROM inserted)   --从临时表中得到还书日期
/*========================计算还书日期和应还日期之差========================*/
SELECT @days =                                            --变量赋值
DATEDIFF(day,SReturnDate,ReturnDate)          --日期函数返回日期相差天数
FROM Borrow
WHERE RID = @dzbh AND BID = @tsbh AND ReturnDate = @hsrq
/*============================判断还书是否过期============================*/
IF @days <= 0                --ReturnDate <= SReturnDate
    PRINT '没有过期！'
ELSE                                    --ReturnDate > SreturnDate
    PRINT '过期'+convert(char(6),@days)+'天'              --输出过期天数@days
/*=========================读者表：借阅数量减1=========================*/
UPDATE Reader SET Lendnum = Lendnum-1 WHERE RID = @dzbh
/*=========================图书表：是否借出置0=========================*/
UPDATE Book SET LentOut = 0 WHERE BID = @tsbh
END
```

执行以上代码后，即在数据库"Library"中创建触发器"T_Return"。

若有以下 UPDATE...SET 语句。

```
UPDATE Borrow                                        --更新借阅表
SET ReturnDate = '2023-11-30'      --还期为系统日期 GETDATE()，假设为'2023-11-30'
WHERE RID = '2023216008' AND BID = 'F275.3/65' AND ReturnDate IS NULL
```

则执行结果如下。

```
过期 3 天
(1 行受影响)
```

（1）执行 UPDATE 语句本身，完成了对借阅表"Borrow"的以下操作。

- 读者编号为 2023216008，所借图书编号为 F275.3/65 且尚未归还，其相关数据行的还期

"ReturnDate"更新为'2023-11-30'（系统日期 GETDATE()），如图 10-12 方框中所示。

RID	BID	LendDate	ReturnDate	SReturnDate
2022216117	TP312/429	2023-04-09	2023-05-02	2023-05-09
2023216008	F275.3/65	2023-10-28	2023-11-30	2023-11-27
2023216009	F270.7/455	2023-11-17	*NULL*	2023-12-17

ZH.Library - dbo.Borrow ⊕ ×

图 10-12　UPDATE 语句执行后表"Borrow"的更新数据

（2）执行 UPDATE 语句后，调用触发器"T_Return"，判断还书是否过期，各表数据更新如下。

- 对于借阅表"Borrow"，计算还期 2023-11-30 与应还日期 2023-11-27 之差，提示"过期 3 天"。
- 对于读者表"Reader"，读者编号为 2023216008 的借阅数量"Lendnum"减 1 变为 0，从而保证了数据的一致性，如图 10-13 方框中所示。
- 对于图书表"Book"，图书编号为 F275.3/65 的图书是否借出"LendOut"已设置为假（0，'False'），如图 10-14 方框中所示。

ZH.Library - dbo.Reader ⊕ ×

RID	Rname	TypeID	Lendnum
2022216117	孟霞	3	0
2023216008	杨淑华	3	0
2023216009	程鹏	3	2

图 10-13　UPDATE 语句执行后
表"Reader"中该读者的借阅数量减 1

ZH.Library - dbo.Book ⊕ ×

BID	Bname	Author	Publisher	Price	LentOut
F270.7/56	ERP系统的集成应用	金蝶软件	清华大学出版社	31.50	False
F275.3/65	SAP财务管理大全	王纹	清华大学出版社	41.40	False
TP311.138/125	数据库应用技术	周慧	人民邮电出版社	29.00	True

图 10-14　UPDATE 语句执行后
表"Book"中该图书是否借出已设置为假

在实际还书处理过程中还应该考虑读者还书逾期罚款等，也可以在触发器中编写处理代码。

微课 10-8　AFTER
DELETE 触发器

3. 创建 AFTER DELETE 触发器

AFTER DELETE 触发器在对指定的表执行删除数据行语句 DELETE 之后被调用。

【例 10-7】 在图书馆读者管理的处理过程中，若要删除一名读者的信息，要先检查该读者是否有书尚未归还，若该读者还有书未还，则该读者的信息不能被删除。创建表"Reader"的 AFTER DELETE 触发器"T_ReaderDEL"，T-SQL 代码如下。

```
USE Library
GO
CREATE TRIGGER T_ReaderDEL          --创建触发器
ON Reader                           --基于表 Reader
AFTER DELETE                        --在删除数据语句执行后执行以下 T-SQL 程序
AS
BEGIN
DECLARE @LNum int
SELECT  @LNum = Lendnum  FROM deleted    --从临时表中得到该读者的借阅数量
IF @LNum>0                          --如果借阅数量大于 0
  BEGIN
     PRINT '该读者不能被删除！还有'+convert(char(2),@LNum)+'册书未还。'
     ROLLBACK                       --事务回滚（撤销）删除数据行的操作
  END
ELSE                                --如果借阅数量不大于 0
```

```
    PRINT '该读者已被删除!!! '                          --显示数据行已被删除
END
```

执行以上代码后，即在数据库"Library"中创建触发器"T_ReaderDEL"。

若有以下 DELETE 语句。

```
DELETE Reader WHERE RID = '2004216010'
```

则执行结果如下。

该读者不能删除！还有 1 册书未还。
事务在触发器中结束。批处理已中止。

查看表"Reader"，可见该读者的信息没有被删除，如图 10-15 所示。

RID	Rname	TypeID	Lendnum
2004060003	李亚茜	1	0
2004216010	任灿灿	1	1
2022216117	孟霞	3	0

图 10-15　删除语句执行后，因事务回滚，数据行没有被删除

在 AFTER 触发器中，事件 DELETE 执行之后执行触发器中的 T-SQL 语句，当判定编号为 2004216010 的读者还有借阅的图书未还之后，用事务回滚语句 ROLLBACK 撤销这之前的删除操作。

4. 创建 INSTEAD OF 触发器

INSTEAD OF 触发器被触发事件调用时，直接执行触发器的 T-SQL 程序而不执行数据操作语句。

微课10-9　INSTEAD OF 触发器

【例 10-8】在图书馆图书处理过程中，不允许随意删除表"Book"中的图书。试创建表"Book"的 INSTEAD OF DELETE 触发器"T_BookNoDEL"，T-SQL 代码如下。

```
USE Library
GO
CREATE TRIGGER T_BookNoDEL              --创建触发器
ON Book                                --基于表 Book
INSTEAD OF DELETE                      --删除数据行语句执行时，被以下 T-SQL 程序所替代
AS
BEGIN
    PRINT '图书未被删除！'                --输出图书未被删除！
END
```

执行以上代码后，即在数据库"Library"中创建触发器"T_BookNoDEL"。

若有以下 DELETE 语句。

```
DELETE Book WHERE BID = 'TP311.138/235'
```

则执行结果如下。

图书未被删除！
(1 行受影响)

查看表"Book"，可见"BID"为 TP311.138/235 的图书未被删除，如图 10-16 所示。

ZH.Library - dbo.Book

BID	Bname	Author	Publisher	Price	LentOut
TP311.138/230	SQL Server 2005基础教程	Robin Dewson	人民邮电出版社	89.00	False
TP311.138/235	SQL Server 2008从入门到精通	Mike Hotek	清华大学出版社	53.10	True
TP311.138/78	数据库系统概论	萨师煊	高等教育出版社	25.00	False

图 10-16　DELETE 语句执行后表“Book”中的图书未被删除

此例创建的是 INSTEAD OF DELETE 触发器，触发事件 DELETE 执行时执行了触发器的 T-SQL 程序，而没有执行删除数据行的操作。当然，还可以创建 INSTEAD OF INSERT 触发器和 INSTEAD OF UPDATE 触发器来防止数据的误操作，从而保证数据的安全性。

10.2.3　创建 DDL 触发器

使用 T-SQL 创建 DDL 触发器的基本语法如下。

```
CREATE TRIGGER 触发器名
ON {ALL SERVER|DATABASE}
[WITH ENCRYPTION]
AFTER <事件类型或事件组>[,...n]
AS
[BEGIN]
   T-SQL 语句
[END]
```

说明

① 参数说明。

- ALL SERVER：将 DDL 触发器的作用域应用于当前服务器。如果指定了此参数，则只要当前服务器中的任何位置上出现事件类型或事件组指定的定义语句命令，就会自动调用该触发器。
- DATABASE：将 DDL 触发器的作用域应用于当前数据库。如果指定了此参数，则只要当前数据库中出现事件类型或事件组，就会自动调用该触发器。
- WITH ENCRYPTION：对 CREATE TRIGGER 语句的文本进行加密。
- 事件类型：执行之后将会调用 DDL 触发器的 T-SQL 语句事件的名称，如基于服务器的 CREATE_DATABASE、DROP_DATABASE 和 ALTER_DATABASE 等，以及基于数据库的 CREATE_TABLE、ALTER_TABLE、DROP_TABLE 和 CREATE_PROCEDURE 等。
- 事件组：预定义的 T-SQL 语句事件分组的名称。执行任何属于事件组的 T-SQL 语句事件之后，都将调用该触发器。
- T-SQL 语句：指定触发器所执行的 T-SQL 程序。

② 在 SSMS 的【对象资源管理器】窗口中，具有服务器作用域的 DDL 触发器显示在“服务器对象”节点下；具有数据库作用域的 DDL 触发器位于相应数据库节点下的“可编程性”节点下的“数据库触发器”节点下。

1. 创建基于数据库的触发器

【例 10-9】 使用 DDL 触发器来防止数据库“Library”中的任意一个表被修改或删除。

```
USE Library
GO
CREATE TRIGGER safety1 ON DATABASE
AFTER DROP_TABLE,ALTER_TABLE
```

```
AS
BEGIN
  PRINT '要删除和修改表之前，你必须先禁用触发器 safety1！'
  ROLLBACK
END
```

上述语句执行成功后，即可在"数据库"→"Library"→"可编程性"→"数据库触发器"节点下看到新建的触发器"safety1"，如图 10-17 所示。

当用户试图使用 DROP 或 ALTER 语句删除或修改数据库"Library"中的表时，启用此 DDL 触发器，此触发器的事务回滚语句 ROLLBACK 将撤销 DROP 或 ALTER 语句的执行。

2. 创建基于服务器的触发器

【例 10-10】 在服务器上创建 DDL 触发器，防止服务器中的任意一个数据库被修改或删除。

```
CREATE TRIGGER safety2
ON ALL SERVER
AFTER DROP_DATABASE,ALTER_DATABASE
AS
BEGIN
  PRINT '要删除和修改数据库之前，你必须先禁用触发器 safety2！'
  ROLLBACK
END
```

上述语句执行成功后，即可在"服务器对象"→"触发器"节点下看到新建的触发器"safety2"，如图 10-18 所示。

图 10-17　数据库"Library"中的 DDL 触发器

图 10-18　服务器中的 DDL 触发器

当用户试图使用 DROP 或 ALTER 语句删除或修改服务器中的数据库时，启用此 DDL 触发器，此触发器的事务回滚语句 ROLLBACK 将撤销 DROP 或 ALTER 语句的执行。

10.2.4　管理触发器

触发器的管理包括修改与删除触发器、禁用与启用触发器等。

1. 修改 DML 触发器

使用 T-SQL 修改 DML 触发器的基本语法如下。

```
ALTER TRIGGER 触发器名
ON 表名
{AFTER|INSTEAD OF}
[INSERT][,][UPDATE][,][DELETE]
AS T-SQL 语句
```

2. 修改 DDL 触发器

使用 T-SQL 修改 DDL 触发器的基本语法如下。

```
ALTER TRIGGER 触发器名
ON {ALL SERVER|DATABASE}
[WITH ENCRYPTION]
{AFTER}<事件类型或事件组>[,...n]
AS T-SQL 语句
```

可见，修改触发器主要使用关键字 ALTER，其语法与创建触发器的语法基本一样。

3. 删除触发器

如果确认触发器已经不再需要，则可以将其删除，使用 T-SQL 删除触发器的基本语法如下。

```
DROP TRIGGER 触发器名
```

4. 禁用与启用触发器

当暂时不需要某个触发器时，可将其禁用。在执行 INSERT、UPDATE、DELETE 语句或 CREATE、ALTER、DROP 语句时，触发器将不会被调用。已禁用的触发器也可以被重新启用。禁用触发器的基本语法如下。

```
`DISABLE TRIGGER 触发器名 ON 对象名|DATABASE|ALL Server
```

启用触发器的基本语法如下。

```
ENABLE TRIGGER 触发器名 ON 对象名|DATABASE|ALL Server
```

【例 10-11】 禁用 DDL 触发器 "safety1" 和 "safety2"，以便进行表和数据库的修改与删除。

```
DISABLE TRIGGER safety1 ON DATABASE
GO
DISABLE TRIGGER safety2 ON ALL SERVER
```

对于 DML 触发器，也可以在 SSMS 的【对象资源管理器】窗口中展开"数据库"→"具体数据库"→"具体表"→"触发器"节点，右击具体触发器节点，从快捷菜单中选择"修改"命令，再在【查询编辑器】中对打开的触发器进行查看和修改。还可以从快捷菜单中选择"查看依赖关系"/"启用"/"禁用"/"删除"等命令，以进行相应的管理 DML 触发器的操作。

对于 DDL 触发器，也可以在 SSMS 的【对象资源管理器】窗口中展开"数据库"→"具体数据库"→"可编程性"→"数据库触发器"节点或"服务器对象"→"触发器"节点，右击具体触发器节点，从快捷菜单中选择"启用"/"禁用"/"删除"等命令，以便进行相应的管理。

10.3 创建与管理用户定义函数

SQL Server 中的内置函数为完成一些基本应用提供了极大的方便，但在具体的数据库应用中，经常需要对业务逻辑中的多个 T-SQL 语句进行封装，以便使用和提高效率。

案例 2-10-3 图书管理用户定义函数的创建与管理

根据图书管理系统的功能需求，在数据库 "Library" 中创建用户定义函数。

10.3.1　用户定义函数概述

用户定义函数提供了比存储过程功能更强的封装机制。

1. 用户定义函数的概念

用户定义函数（User Defined Function，UDF）与存储过程类似，也是编译好的 T-SQL 程序，它是数据库的"可编程性"对象。可以使用 CREATE FUNCTION、ALTER FUNCTION 和 DROP 语句创建与管理基于数据库的函数，形式如函数名(形参表)。

微课 10-10　用户
定义函数概述

用户定义函数可以有一个或多个输入参数，通过函数定义中的 RETURN 子句返回标量（常量）值或表值。与系统函数一样，用户定义函数可以使用函数名(实参表)并可作为表达式中的一项被调用，以其返回值参与表达式的运算。标量值函数也可以和存储过程一样，通过 EXECUTE 语句被调用。

2. 用户定义函数的优点

用户定义函数除了具有存储过程的优点以外，还有其自己的特点，与存储过程的异同如表 10-1 所示。

表 10-1　用户定义函数与存储过程的主要区别

项目	用户定义函数	存储过程
参数	允许有多个输入参数，不允许有输出参数	允许有多个输入和输出参数
返回值	有且只有一个返回值，可以返回标量值或表值	可以没有返回值，不能返回表值
调用	在表达式中调用，可以嵌入查询语句的表达式中调用	必须单独调用

3. 用户定义函数的分类

SQL Server 支持用户定义标量值函数和表值函数。

（1）标量值函数：函数返回指定数据类型的标量表达式的值（单值）。

（2）表值函数：函数返回指定 TABLE 类型的表值。表值函数又分为内联表值函数和多语句表值函数。

- 内联表值函数：没有函数体，函数返回一条 SELECT 查询语句的查询结果集表值。
- 多语句表值函数：函数体包含一系列 T-SQL 语句，函数返回所指定的 TABLE 类型表变量的表值。

在 T-SQL 查询允许使用表或视图的情况下，可以使用表值函数。视图受限于单个 SELECT 查询语句，且不允许在 WHERE 子句中使用用户自己提供的参数；而表值函数可以包含附加语句，这些语句的功能比视图中的逻辑功能更加强大。

10.3.2　创建用户定义函数

与创建存储过程和触发器类似，可以使用 SSMS 创建用户定义函数，但这实际上还是在【查询编辑器】中使用 T-SQL 语句创建用户定义函数。

微课 10-11　标量
值函数

1. 创建标量值函数

创建标量值函数的基本语法如下。

```
CREATE FUNCTION 函数名([@形参 数据类型][,...n])    --指定函数名(形参表)
RETURNS 返回数据类型                              --指定返回标量值的数据类型
AS
BEGIN
    T-SQL 语句                                   --函数体（T-SQL 程序）
    RETURN 标量表达式                            --返回标量表达式的值
END
```

📖 **说明**

- RETURNS 返回数据类型：指定返回标量值的数据类型，可以是除大值数据类型 varchar(max)、nvarchar(max)和 varbinary(max)以及 cursor 等之外的数据类型。
- RETURN 标量表达式：返回标量表达式的值；与一般意义的表达式相同，标量表达式一般由常量、变量、函数、运算符和小括号构成，计算结果为 RETURNS 定义的数据类型的单个标量值。

【**例 10-12**】 创建标量值函数"fn_price"，价格高于 50 元的书被认为是较贵的图书，否则被认为是便宜的图书，从而实现对图书价格高与低的判定。

```
USE Library
IF EXISTS(SELECT name FROM sysobjects WHERE  name = 'fn_price' AND type = 'FN')
    DROP FUNCTION fn_price                    --如果已有函数 fn_price 则删除
GO
CREATE FUNCTION fn_price(@priceinput money)   --指定函数名(形参类型)
RETURNS nvarchar(5)                           --指定返回标量值的数据类型
AS
BEGIN
    DECLARE @returnstr nvarchar(5)            --声明字符型变量
    IF @priceinput>50                         --如果输入参数的值大于 50
        SET @returnstr = '较贵的图书'          --字符型变量被赋值为'较贵的图书'
    ELSE
        SET @returnstr = '便宜的图书'          --否则字符型变量被赋值为'便宜的图书'
    RETURN @returnstr                         --返回字符类型变量的值
END
```

上述语句执行成功后，即可在"数据库"→"Library"→"可编程性"→"函数"→"标量值函数"节点下看到在默认架构"dbo"中新建的标量值函数"fn_price"，如图 10-19 所示。

接下来可以在表达式中调用该函数（此处必须指明所属于的架构"dbo"），例如下面的语句。

```
SELECT BID,Bname,Price,dbo.fn_price(Price) AS 函数值 FROM Book   --调用标量值函数
```

执行结果如图 10-20 所示。

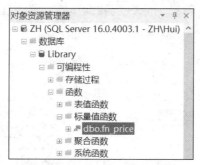

图 10-19 创建的标量值函数

	BID	Bname	Price	函数值
1	F270.7/34	ERP从内部集成开始	45.00	便宜的图书
2	F270.7/455	SAP基础教程	55.00	较贵的图书
3	F270.7/56	ERP系统的集成应用	31.50	便宜的图书
4	F275.3/65	SAP财务管理大全	41.40	便宜的图书
5	TP311.138/125	数据库应用技术	29.00	便宜的图书
6	TP311.138/136	SQL Server 2008基础教程	55.00	较贵的图书
7	TP311.138/230	SQL Server 2005基础教程	89.00	较贵的图书
8	TP311.138/235	SQL Server 2008从入门到精通	53.10	较贵的图书
9	TP311.138/78	数据库系统概论	25.00	便宜的图书
10	TP312/429	C#入门经典	88.20	较贵的图书

图 10-20 标量值函数的应用

微课 10-12　内联
表值函数

在 SELECT 子句中调用了函数"fn_price(Price)"，实参为表"Book"中列"Price"的值。

2. 创建内联表值函数

创建内联表值函数的基本语法如下。

```
CREATE FUNCTION 函数名([[@形参数据类型][,...n])    --指定函数名(形参表)
RETURNS TABLE                                      --指定返回表值
AS
RETURN(SELECT 查询语句)                            --返回查询结果表值
```

📖 **说明**

- RETURNS TABLE：指定内联表值函数的返回值为表。
- RETURN(SELECT 查询语句)：定义内联表值函数返回值的单条 SELECT 查询语句，返回其查询结果的数据行集。

【**例 10-13**】 创建内联表值函数"fn_Publisher"，根据指定的出版社参数查询该出版社出版的图书，返回结果数据行集。

```
USE Library
GO
CREATE FUNCTION fn_Publisher(@Publisher varchar(30))    --指定函数名(形参类型)
RETURNS TABLE                                            --指定返回表值
AS                                                      --返回查询结果表值
RETURN(SELECT BID,Bname,Author,Publisher FROM Book WHERE Publisher = @Publisher)
```

上述语句执行成功后，即可在"数据库"→"Library"→"可编程性"→"函数"→"表值函数"节点下看到在默认架构"dbo"中新建的内联表值函数"fn_Publisher"，如图 10-21 所示。

可以把内联表值函数的返回值当作视图在查询语句（如果未设置默认架构，则默认架构为"dbo"）中应用，例如下面的语句。

```
SELECT * FROM fn_Publisher('清华大学出版社')
```

执行结果如图 10-22 所示。

图 10-21　创建的内联表值函数

	BID	Bname	Author	Publisher
1	F270.7/56	ERP系统的集成应用	金蝶软件	清华大学出版社
2	F275.3/65	SAP财务管理大全	王纹	清华大学出版社
3	TP311.138/235	SQL Server 2008从入门到精通	Mike Hotek	清华大学出版社
4	TP312/429	C#入门经典	Karli Watson	清华大学出版社

图 10-22　内联表值函数的应用

可以看出内联表值函数"fn_Publisher"的返回值为清华大学出版社出版的图书数据行集。

微课 10-13　多
语句表值函数

3. 创建多语句表值函数

创建多语句表值函数的基本语法如下。

```
CREATE FUNCTION 函数名([[@形参 数据类型][,...n])  --指定函数名(形参 类型)
RETURNS @返回变量 TABLE(表类型定义)              --指定@返回变量为所定义的表类型
```

```
AS
BEGIN
    T-SQL 语句                          --函数体（其中@返回变量得到表值）
    RETURN                                      --返回@返回变量的表值
END
```

📖 **说明**

- RETURNS：指定"@返回变量"为所定义的 TABLE 类型，其中"表类型定义"包括表的列定义、列约束和表约束。
- T-SQL 语句：函数体部分应使"@返回变量"得到表值。
- RETURN：返回"@返回变量"中的表值。

【例 10-14】 创建多语句表值函数"fn_Publisher1"，根据指定的出版社参数查询该出版社出版的图书，返回结果数据行集。

```
USE Library
GO
CREATE FUNCTION fn_Publisher1(@Publisher varchar(30))      --指定函数名(形参 类型)
RETURNS @tb_Publisher TABLE                                --指定返回变量为所定义的表类型
(BID char(13),Bname varchar(42),Author varchar(20),Publisher varchar(30))
AS
BEGIN
    INSERT @tb_Publisher              --返回变量@tb_Publisher 得到某出版社的图书数据表值
    SELECT BID,Bname,Author,Publisher FROM Book WHERE Publisher = @Publisher
    RETURN                            --返回@tb_Publisher 的表值
END
```

可以把多语句表值函数的返回值当作视图（虚表）在查询语句中使用，例如下面的语句。

```
SELECT * FROM fn_Publisher1('清华大学出版社')
GO
SELECT * FROM fn_Publisher1('高等教育出版社')
```

执行结果如图 10-23 所示。

	BID	Bname	Author	Publisher
1	F270.7/56	ERP系统的集成应用	金蝶软件	清华大学出版社
2	F275.3/65	SAP财务管理大全	王纹	清华大学出版社
3	TP311.138/235	SQL Server 2008从入门到精通	Mike Hotek	清华大学出版社
4	TP312/429	C#入门经典	Karli Watson	清华大学出版社
	BID	Bname	Author	Publisher
1	TP311.138/78	数据库系统概论	萨师煊	高等教育出版社

图 10-23　多语句表值函数的应用

10.3.3　管理用户定义函数

修改所创建的用户定义函数、删除不需要的用户定义函数，都是管理用户定义函数所涉及的内容。

1. 修改用户定义函数

使用 T-SQL 修改用户定义函数的基本语法如下。

```
ALTER FUNCTION 函数名
([@形参 数据类型][,...n])
RETURNS 返回值数据类型
AS
[BEGIN]
    T-SQL 语句
    RETURN 返回表达式
[END]
```

可见，修改用户定义函数主要使用关键字 ALTER，其语法与创建用户定义函数的语法基本一样，有关选项说明参见创建用户定义函数中的说明。

2. 删除用户定义函数

使用 T-SQL 删除用户定义函数的基本语法如下。

```
DROP FUNCTION 函数名
```

当然也可以在 SSMS 的【对象资源管理器】窗口中展开"数据库"→"具体数据库"→"可编程性"→"函数"→"某函数"节点，右击具体的函数节点，从快捷菜单中选择"修改"命令，再在【查询编辑器】中对打开的函数进行查看和修改。还可以从快捷菜单中选择"查看依赖关系"/"重命名"/"删除"等命令，以便进行相应的管理函数的操作。

本章介绍了存储过程、触发器及用户定义函数的概念、创建和调用方法以及应用实例。

拓展阅读 10-2 机器学习与 SQL Server 机器学习服务

项目训练 8　人事管理 T-SQL 程序设计

1. 创建存储过程和触发器，从而实现完整性控制。
2. 创建用户定义函数。

项目训练 8 人事管理 T-SQL 程序设计

思考与练习

一、选择题

1. 能够激活 DML 触发器的更新数据语句是（　　）。
   A. INSERT　　　　B. UPDATE　　　　C. DELETE　　　　D. SELECT

2. 在执行对表"Book"的更新操作时，如果希望不执行该操作，而是执行其他操作，则应该创建（　　）类型的 DML 触发器。
   A. FOR　　　　B. BEFORE　　　　C. AFTER　　　　D. INSTEAD OF

3. 一个表上可以建立多个名称不同、类型各异的 DML 触发器，每个触发器可以由 3 个事件来触发，但是每个触发器最多只能作用于（　　）个表上。
   A. 1　　　　B. 2　　　　C. 3　　　　D. 4

二、填空题

1. 在 SQL Server 中，执行＿＿＿＿＿＿语句可创建存储过程。
2. 在 SQL Server 中，执行＿＿＿＿＿＿语句可创建触发器。
3. 在 SQL Server 中，执行＿＿＿＿＿＿语句可创建用户定义函数。

三、简答题

请列举与本章有关的英文词汇原文、缩写（如无可不填写）及含义等，可自行增加行。

序号	英文词汇原文	缩写	含义	备注

第11章
数据库的安全性管理

素养要点与教学目标

- 严格遵守网络安全法和数据安全法，维护国家和人民的利益不受侵犯。
- 学好数据库知识和技术，积累经验，培养数据库管理员的工匠精神。
- 学会处理数据库安全和为用户服务的矛盾，培养良好沟通的能力。
- 能够根据数据库的安全性需求设置登录身份验证模式。
- 能够根据数据库的安全性需求创建登录名和数据库用户。
- 能够根据数据库的安全性需求进行架构、权限和角色管理。

拓展阅读 11 数据库安全是数据库管理员匠人之事

学习导航

本章介绍数据库系统维护的安全知识和技术。读者将学习如何对数据库进行分级安全性管理。本章内容在数据库开发与维护中的位置如图 11-1 所示。

微课 11-1 数据库的安全性管理（1）

微课 11-2 数据库的安全性管理（2）

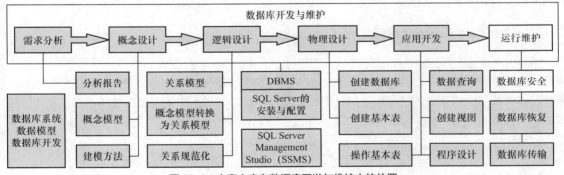

图 11-1　本章内容在数据库开发与维护中的位置

知识框架

本章的知识内容主要为 SQL Server 安全性管理的基本概念，使用 SSMS 或 T-SQL 提供的 DCL 语句进行登录名、数据库用户、角色和架构的创建与管理，固定服务器角色的分配，数据库对象权限与数据库权限的授予、撤销和拒绝的方法。本章知识框架如图 11-2 所示。

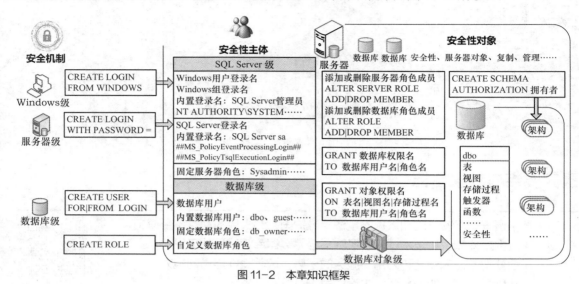

图 11-2 本章知识框架

案例 1-11 教务管理数据库的安全性管理

根据教务管理系统的安全性需求，进行服务器登录名、数据库用户、架构、权限以及角色的管理。

11.1 数据库的安全性管理概述

DBMS 的功能之一就是进行数据库运行控制，其中的重要内容是数据安全性控制，防止未经授权的用户存取数据库中的数据，避免数据被泄露与破坏。

SQL Server 采用分层安全方法，通过不同安全作用域的多个安全功能提供深层防御解决方案，其目的在于保护服务器实例及其数据库免受攻击。整个安全体系结构可以分为以下 5 个层级。

1. Windows 级的安全机制

Windows 级的安全性建立在操作系统安全性管理基础上。数据库管理系统需要运行在某一个特定的操作系统平台上，在用户使用客户计算机通过网络实现对 SQL Server 服务器的访问时，首先要获得计算机操作系统的使用权。操作系统安全性管理是操作系统管理员或者网络管理员的任务，本书不做深入介绍。

2. 网络传输级的安全机制

网络传输级的安全性主要建立在防御黑客恶意入侵，以及数据加密技术的基础上。为了防止未授权的外部访问，绝不允许通过 Internet 直接访问 SQL Server。如果用户或者应用程序需要通过 Internet 访问 SQL Server，应该保证对网络环境提供了某种保护机制，如防火墙或者入侵检测系统（Intrusion Detection System，IDS）。

SQL Server 可以对连接、数据和存储过程使用加密，即使攻击者通过了防火墙和服务器上的操作系统到达了数据库，也要对数据进行破解。例如，可以使用 AES 加密算法来保护服务主密钥

（Service Master Key，SMK）和数据库主密钥（Database Master Key，DMK）。SQL Server 2019 及以上版本提供了加密数据列的新方法，即 Always Encrypted（始终加密）功能，旨在保护敏感数据（如信息卡号、身份证号码等）免受恶意软件和高特权用户的侵害。

3．服务器级的安全机制

SQL Server 服务器级的安全性建立在控制服务器登录名和密码的基础上。SQL Server 采用了集成 Windows 登录和标准 SQL Server 登录两种方式。有关登录身份验证模式与设置参见 11.2 节。无论用户使用哪种登录方式，都必须为其创建有效的登录名，这样才能获得 SQL Server 服务器的访问权限。

管理与设计合理的登录方式是 SQL Server 数据库管理员的重要任务，也是 SQL Server 安全体系中重要的组成部分。有关登录名的管理参见 11.3 节。

4．数据库级的安全机制

SQL Server 数据库级的安全性建立在控制合法数据库用户的基础上。在用户通过 SQL Server 服务器的安全性验证以后，要获得访问服务器上各数据库的权利，必须创建映射到登录名的数据库用户。有关数据库用户的管理参见 11.4 节。

5．数据库对象级的安全机制

SQL Server 数据库对象级的安全性建立在管理与检查用户对数据库对象访问的权限的基础上。当为登录名映射了数据库用户之后，要访问该数据库和数据库中的对象还必须被授予相应的数据库权限和对象权限。有关权限的管理参见 11.6 节。

当数据库系统建立了一个良好和完整的安全性管理体系后，如果一个用户要访问 SQL Server 数据库中的对象，则必须经过以下验证过程，以保证数据库系统的安全性。

- 第一个验证过程：当用户连接服务器时，验证用户是否具有关联的登录名。
- 第二个验证过程：当用户访问数据库时，验证用户是否映射了相应的数据库用户。
- 第三个验证过程：当用户访问数据库对象时，验证用户是否有相应的权限。

对于以上 5 个方面的安全机制涉及的操作系统、网络技术、加密技术等多方面的知识和技术，本书不进行深入和全面的阐述。本章仅就服务器级、数据库级和数据库对象级的安全性管理做进一步的介绍。

📖 **说明**

① 本章如无特别说明，所述"服务器"即"SQL Server 服务器"。

② 本章所涉及的有关登录名、数据库用户、架构、权限以及角色的管理将在后续各节中依次介绍，但其内容往往提前并反复出现，希望读者随时体会其中的概念，然后逐步学习其中的知识、技术与方法。

11.2 身份验证与模式配置

SQL Server 使用 Windows 身份验证或 SQL Server 身份验证来识别用户并验证用户与 SQL Server 服务器相连接的能力。可供选择的身份验证模式有以下两种。

- Windows 身份验证模式——启用 Windows 身份验证并禁用 SQL Server 身份验证。

- 混合身份验证模式——同时启用 Windows 身份验证和 SQL Server 身份验证。

📖 说明

① Windows 身份验证始终可用，并且无法禁用。

② 简单起见，不论使用何种身份验证模式，本书中的案例均使用 SSMS 连接到本地计算机上的 SQL Server 实例。

11.2.1　Windows 身份验证

Windows 身份验证运行的是操作系统的安全机制。用户以 Windows 用户身份连接到服务器时，由操作系统验证用户的账户名和密码，SQL Server 仅关联其相应的登录名。也就是说，用户一旦通过了 Windows 的身份验证，SQL Server 就不再需要进行其他的身份验证了。使用此模式与服务器建立的连接称为信任连接，这是因为 SQL Server 信任由 Windows 提供的凭据。

SQL Server 建议尽可能使用 Windows 身份验证，它利用 Kerberos 安全协议，通过强密码的复杂性验证提供密码策略强制，还提供账户锁定支持，并且支持密码过期。

11.2.2　SQL Server 身份验证

SQL Server 身份验证运行的是数据库服务器的安全机制。用户以 SQL Server 用户身份连接到服务器时，必须提供在 SQL Server 内部创建的登录名和密码，SQL Server 通过将其与存储在系统表中的登录名和密码进行比较来进行身份验证。依赖 SQL Server 登录名和密码的连接称为非信任连接。

SQL Server 2022 提供 SQL Server 身份验证只是为了向后兼容。如果必须使用 SQL Server 登录名以适应早期应用程序，则必须为所有 SQL Server 用户设置强密码。

11.2.3　配置身份验证模式

在第一次安装 SQL Server 或者使用 SSMS 连接服务器时，需要指定身份验证模式。根据默认安全的策略，系统默认的是 Windows 身份验证模式。对于已经指定的身份验证模式，用户还可以进行更改。使用 SSMS 更改身份验证模式的步骤如下。

（1）启动 SSMS 并连接到数据库引擎服务器，在【对象资源管理器】窗口中单击数据库引擎服务器节点，从快捷菜单中选择"属性"命令，如图 11-3 所示。

（2）选择【服务器属性】窗口—【安全性】页，在"服务器身份验证"选项区域中选择需要的身份验证模式。例如，选中"SQL Server 和 Windows 身份验证模式"单选项，如图 11-4 所示。

（3）用户还可以在"登录审核"选项区域中设置需要的审核方式。选择何种审核方式取决于数据库系统的安全性要求，系统提供的 4 种审核级别的含义如下。

- 无：不使用登录审核。
- 仅限失败的登录：记录所有的失败登录。
- 仅限成功的登录：记录所有的成功登录。
- 失败和成功的登录：记录所有的登录。

（4）单击"确定"按钮，完成服务器身份验证模式的设置。

图 11-3 选择"属性"命令

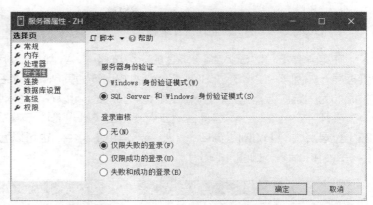

图 11-4 在【服务器属性】窗口—【安全性】页中设置身份验证模式

11.3 登录名管理

登录名是 SQL Server 级的安全性主体，被创建在数据库引擎服务器中。当用户使用登录名连接到 SQL Server 服务器时，由安全系统进行身份验证。

本节先简单介绍内置登录名，然后通过案例具体介绍如何创建 Windows 登录名（使用 Windows 身份验证登录）和 SQL Server 登录名（使用 SQL Server 身份验证登录）。

11.3.1 内置登录名

内置登录名是指由 SQL Server 系统自动创建的登录名。在本书的案例中，Windows 用户"Hui"是本地计算机"ZH"的 Windows 级主体，隶属于"Administrators"组，对本地计算机有不受限制的完全访问权，如图 11-5 所示。Windows 用户"Hui"通过 Windows 身份验证启动计算机，然后启动 SSMS 并连接到数据库引擎服务器。在【对象资源管理器】窗口中展开"安全性"→"登录名"节点，可以看到 SQL Server 系统创建的登录名，如图 11-6 所示。每个登录名默认为具有一定权限的固定服务器角色成员。

图 11-5 【Administrators 属性】对话框

图 11-6 SQL Server 内置登录名

以下简单介绍几种内置登录名。

1. SQL Server 管理员的登录名

在第 4 章 SQL Server 2022 的安装过程中，Windows 用户"Hui"被指定为 SQL Server 管理员，如图 4-12 所示。SQL Server 将自动为其创建登录名"ZH\Hui"，如图 11-6 所示。其被添加为固定服务器角色"sysadmin"的成员，可以在服务器中执行任何活动，如图 11-7 所示。

展开"安全性"→"登录名"节点，右击"ZH\Hui"节点，从快捷菜单中选择"属性"命令；在【登录属性-ZH\Hui】窗口—【服务器角色】页中，也可以看到该登录名被设置为固定服务器角色"sysadmin"，如图 11-8 所示。

图 11-7 【服务器角色属性-sysadmin】窗口

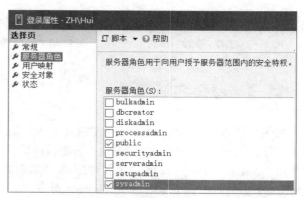

图 11-8 【登录属性-ZH\Hui】窗口

2. SQL Server sa 登录名

sa（system administrator）是内置的 SQL Server 系统管理员，使用 SQL Server 身份验证进行连接。sa 始终作为数据库引擎中的登录名存在，如图 11-6 所示，并被添加为固定服务器角色"sysadmin"的成员，可以在服务器中执行任何活动，如图 11-7 所示。

如果在安装 SQL Server 的过程中选择 Windows 身份验证模式，虽然也会创建登录名"sa"，但是系统根据默认安全的策略会禁用该账户。如果要更改为混合身份验证模式并使用 sa，则必须启用登录名"sa"。在【登录属性-sa】窗口—【状态】页中选择"登录名"为"启用"，如图 11-9 所示。在【常规】页中为登录名"sa"设置强密码并记住，如图 11-10 所示。

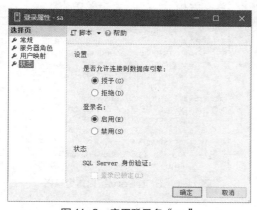

图 11-9 启用登录名"sa"

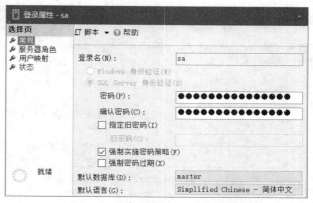

图 11-10 为登录名"sa"设置强密码

由于登录名"sa"广为人知，且经常成为恶意用户的攻击目标，因此除非应用程序特别需要，否则请勿启用。

3. 服务账户的登录名

如 4.3.2 节所述，为了让 SQL Server 的服务在 Windows 环境中正常启动和运行，需要为其配置相应的服务账户并获取需要访问操作系统文件的权限，如 4.2.2 节的图 4-11 所示。SQL Server 安装之后，系统将自动在数据库引擎服务器上创建相应服务账户的登录名，如图 11-6 所示，并将其添加为相应固定服务器角色的成员。

4. 基于证书的 SQL Server 登录名

名称首尾为"##"的登录名是基于证书的 SQL Server 登录名，作为 SQL Server 服务器主体仅供内部系统使用，不应被删除。例如，##MS_PolicyEventProcessingLogin##和##MS_PolicyTsqlExecutionLogin##是在安装 SQL Server 时基于证书创建的，如图 11-6 所示。

11.3.2 创建 Windows 登录名

Windows 登录名运行的是 Windows 级的安全机制。如果用户使用 Windows 身份连接服务器，将由操作系统验证该 Windows（本地或域）用户的账户名和密码，而在数据库引擎服务器上仅需要为该用户关联一个登录名。

为简化 Windows 用户的管理，可以创建 Windows 组，在 SQL Server 数据库引擎上为整个组关联登录名。身份验证时，可检查某 Windows 用户是否属于关联了登录名的 Windows 组。

具有相应管理权限的用户可以通过 SSMS 或 T-SQL 语句为 Windows 用户或组创建登录名，以授权他们对 SQL Server 实例的访问。

本案例在本地计算机"ZH"中创建了一些 Windows 用户，如图 11-11 所示。创建一个 Windows 组"Teachers"，如图 11-12 所示。为 Windows 组"Teachers"添加组成员"Zhlian""Zpeng""Zweishi"，读者可以在 Windows 的【计算机管理】窗口中完成此任务。

图 11-11　【计算机管理】窗口-Windows 用户

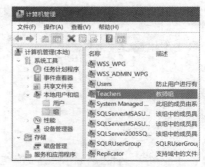
图 11-12　【计算机管理】窗口-Windows 组

试为表 11-1 所示的 Windows 用户和 Windows 组创建关联到 SQL Server 数据库引擎上的登录名，从而实现通过 Windows 身份验证连接到服务器。为登录名"ZH\Teachers"映射数据库用户"ZH\Teachers"，以使其成员能够访问数据库"EDUC"。表 11-1 中带有"*"标记的数据库用户将在 11.4 节中创建。

表 11-1　为 Windows 用户和组创建登录名

ZH 本地计算机 Windows 用户	用户密码	ZH 本地计算机 Windows 组	Windows 登录名	默认数据库	数据库用户
Zhangmin	●●●●●●		ZH\Zhangmin	EDUC	*Zhangmin
Shijun	●●●●●●		ZH\Shijun	EDUC	*Shijun
Zhlian	●●●●●●				
Zpeng	●●●●●●	Teachers	ZH\Teachers	EDUC	ZH\Teachers
Zweishi	●●●●●●				
Hui （本地管理员）	●●●●●●	Administrators	ZH\Hui（指定的 SQL Server 管理员）	master	dbo（内置）

📖 **说明**

① 在实际应用中，创建登录名的 Windows 用户或 Windows 组一般为局域网中的 Windows 域用户或 Windows 域组，本章将仅以本地计算机"ZH"作为服务器进行举例。读者可以根据实际情况选用自己所用计算机的名称或者局域网中服务器的名称进行训练。

② 当 Windows 用户连接到 SQL Server 数据库引擎且没有指定连接到哪个数据库和使用何种语言的时候，SQL Server 将为这个连接使用登录名的默认数据库和默认语言。若设置登录名时没有指定默认的数据库，则用户的权限将局限在 master 数据库内。

③ 必须以 SQL Server 管理员的身份或者具有相应管理权限的 Windows 用户启动计算机，才能为其他 Windows 用户或 Windows 组创建登录名。

1. 使用 SSMS 创建 Windows 登录名

【例 11-1】 按照表 11-1 第一行数据所提出的要求，使用 SSMS 创建与 Windows 用户"Zhangmin"关联的登录名"ZH\Zhangmin"。

（1）Windows 用户"Zhangmin"通过 Windows 身份验证成功启动计算机之后，尝试使用 SSMS 连接到数据库引擎服务器，如图 11-13 所示。单击"连接"按钮可以看到图 11-14 所示的登录失败的错误消息提示框，这是因为尚未为 Windows 用户"Zhangmin"创建关联的登录名。

图 11-13　用户"ZH\Zhangmin"连接到服务器　　　图 11-14　用户"ZH\Zhangmin"登录失败消息提示对话框

（2）为 Windows 用户"Zhangmin"创建登录名。切换用户，使用被指定为 SQL Server 管理员的用户"Hui"启动计算机，启动 SSMS 并连接到数据库引擎服务器，在【对象资源管理器】窗口中展开"安全性"节点，右击"登录名"节点，从快捷菜单中选择"新建登录名"命令，如图 11-15 所示。

（3）在【登录名-新建】窗口—【常规】页中，选中"Windows 身份验证"单选项，在"登录名"文本框中输入计算机和 Windows 用户的名称"ZH\Zhangmin"或单击其右侧的"搜索"按钮进行查找，选择默认数据库为"EDUC"，保持默认语言为"<默认>"，单击"确定"按钮，完成登录名的创建，如图 11-16 所示。

图 11-15 选择"新建登录名"命令

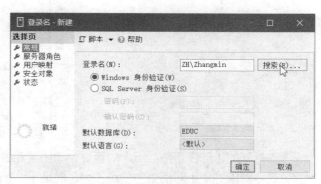

图 11-16 【登录名–新建】窗口—【常规】页

（4）在【对象资源管理器】窗口中展开"安全性"→"登录名"节点，可以看到新建的登录名"ZH\Zhangmin"，如图 11-17 所示。

（5）切换用户，再次以 Windows 用户"Zhangmin"的身份启动计算机，使用 SSMS 连接 SQL Server 数据库引擎服务器时，仍然会弹出连接到服务器失败的错误消息提示框，如图 11-18 所示。这是因为登录名"ZH\Zhangmin"尚不是默认数据库"EDUC"的合法用户，我们将在下一节中解决这个问题。

图 11-17 Windows 用户"Zhangmin"的登录名

图 11-18 用户"ZH\Zhangmin"连接到服务器失败

【例 11-2】按照表 11-1 所提出的要求，试创建与 Windows 组"Teachers"（其成员如图 11-19 所示）关联的登录名"ZH\Teachers"，实现组内用户使用 Windows 身份验证能够连接到服务器，进而能够访问数据库"EDUC"。

（1）以 SQL Server 管理员"Hui"的身份启动计算机，使用 SSMS 连接到数据库引擎服务器，在【对象资源管理器】窗口中展开"安全性"节点，右击"登录名"节点，从快捷菜单中选择"新建登录名"命令。在【登录名–新建】窗口—【常规】页中，选中"Windows 身份验证"单选项，然后单击"登录名"文本框右侧的"搜索"按钮搜索 Windows 组，如图 11-20 所示。

229

图 11-19　Windows 组"Teachers"的成员

图 11-20　【登录名-新建】窗口—【常规】页

（2）在打开的【选择用户或组】对话框中单击"对象类型"按钮，如图 11-21 所示。

（3）在【对象类型】对话框中勾选"组"复选框，如图 11-22 所示，单击"确定"按钮。

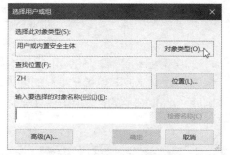

图 11-21　【选择用户或组】对话框

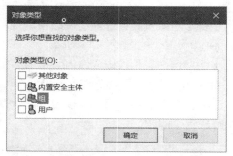

图 11-22　选择查找对象类型"组"

（4）返回【选择用户或组】对话框，单击"高级"按钮，如图 11-23 所示。

（5）单击"立即查找"按钮，在列表中选择"Teachers"组，如图 11-24 所示。单击"确定"按钮。

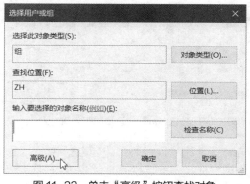

图 11-23　单击"高级"按钮查找对象

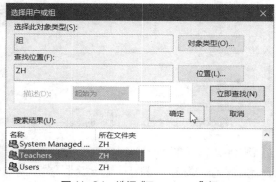

图 11-24　选择"Teachers"组

（6）返回【选择用户或组】对话框，如图 11-25 所示，单击"确定"按钮。

（7）返回【登录名-新建】窗口，可以看到登录名为所搜索到的"ZH\Teachers"，当然也可以直接输入登录名"ZH\Teachers"，但搜索能够确保登录名是已经创建的 Windows 组。选择默认数据库"EDUC"，保持默认语言为"<默认>"，如图 11-26 所示。

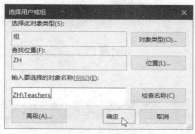

图 11-25　返回【选择用户或组】对话框

图 11-26　【登录名-新建】窗口中的设置

（8）为了使 Windows 组"Teachers"的成员能够连接到服务器并能够访问数据库"EDUC"，可以选择【登录名-新建】窗口—【用户映射】页，在"映射到此登录名的用户"列表中勾选数据库"EDUC"复选框，系统将自动创建与登录名同名（可以修改）的数据库用户"ZH\Teachers"，使 Windows 组"Teachers"的成员成为数据库"EDUC"的合法用户；如果未设置默认架构，则默认架构为"dbo"；"数据库角色成员身份"默认为角色"public"，初始状态时对用户数据库"EDUC"中的对象没有访问权限。单击"确定"按钮，完成登录名的创建，如图 11-27 所示。

（9）在【对象资源管理器】窗口中展开"安全性"→"登录名"节点，可以看到新建的登录名"ZH\Teachers"，如图 11-28 所示。

图 11-27　【登录名-新建】—【用户映射】页

图 11-28　关联的 Windows 组的登录名

（10）在【对象资源管理器】窗口中展开"数据库"→"EDUC"→"安全性"→"用户"节点，可以看到在数据级别创建的用户"ZH\Teachers"，如图 11-29 所示。

（11）切换用户，分别以 Windows 组"Teachers"的成员"Zhlian""Zpeng""Zweishi"的身份启动计算机，使用 SSMS 连接 SQL Server 数据库引擎服务器，即可实现使用 Windows 身份验证连接到 SQL Server 实例。图 11-30 所示为组成员"Zweishi"连接到服务器的对话框。

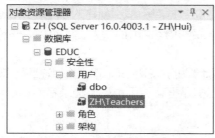

图 11-29　登录名映射的数据库用户

图 11-30　组成员"Zweishi"连接到服务器的对话框

（12）连接成功之后，在【对象资源管理器】窗口中展开"数据库"→"EDUC"→"表"节点，发现只能看到"系统表"，不能看到用户表，如图 11-31 所示。

（13）右击"表"节点，从快捷菜单中选择"新建表"命令，也会弹出错误消息提示框，提示该用户没有 CREATE TABLE（创建表）的权限，如图 11-32 所示。

图 11-31　组成员访问数据库"EDUC"

图 11-32　组成员尚无在数据库"EDUC"中创建表的权限

虽然已经为 Windows 组成员的登录名创建了映射到此登录名的数据库用户，使该组成员成为数据库"EDUC"的合法用户，但他们仅是数据库"EDUC"的"public"数据库角色的成员，尚未被授予对数据库"EDUC"中的对象进行查看和创建等访问权限，而且没有所拥有的架构。细心的读者还会发现，图书管理数据库"Library"前没有加号，这说明 Windows 组"Teachers"的成员"Zweishi"所关联的登录名"ZH\Teachers"尚未被映射到数据库"Library"。

2. 使用 T-SQL 创建 Windows 登录名

使用 CREATE LOGIN 语句创建 Windows 用户的登录名，基本语法如下。

```
CREATE LOGIN 域名\登录名
FROM WINDOWS
WITH DEFAULT_DATABASE = 默认数据库名,          --设置默认数据库
     DEFAULT_LANGUAGE = [简体中文]|...         --默认数据库语言
```

【例 11-3】　按照表 11-1 第二行数据所提出的要求，使用 T-SQL 创建与 Windows 用户"Shijun"关联的登录名"ZH\Shijun"，默认数据库为"EDUC"，默认数据库语言为"简体中文"。

在【查询编辑器】中输入如下语句。

```
CREATE LOGIN [ZH\Shijun]          --这里用方括号界定包含了不规则标识符"\"的登录名
FROM WINDOWS
WITH DEFAULT_DATABASE = EDUC,          --默认数据库为 EDUC
     DEFAULT_LANGUAGE = [简体中文]      --默认数据库语言为简体中文
```

执行以上语句即可创建登录名"ZH\Shijun"。至此，在数据库引擎中创建的 Windows 登录名如图 11-33 所示。使用 T-SQL 创建 Windows 组的登录名的语句与创建 Windows 用户的登录名的语句相同，此处不赘述。

切换用户，以 Windows 用户"Shijun"的身份启动计算机，使用 SSMS 连接数据库引擎服务器时，仍然会出现图 11-34 所示的登录失败的错误消息提示框，原因也是该登录名尚不是默认数据库"EDUC"的合法用户。

图 11-33　创建的 Windows 用户和组的登录名

图 11-34　用户"ZH\Shijun"连接到服务器失败

11.3.3　创建 SQL Server 登录名

SQL Server 登录名运行的是 SQL Server 服务器级的安全机制。如果用户使用 SQL Server 身份连接服务器，则必须为其在数据库引擎服务器上创建登录名并设置密码。

假设有 1 名管理人员和 3 名学生要访问数据库"EDUC"，如表 11-2 前 4 行数据所示。试为他们创建 SQL Server 登录名并映射相应的数据库用户。表 11-2 中带有"*"标记的数据库用户将在 11.4 节中创建。

表 11-2　为 SQL Server 用户创建登录名

SQL Server 登录名	密码	默认数据库	数据库用户及权限
Cuili（管理人员）	●●●●●●	EDUC	Cuili（读写表）
Zhaochg（学生）	●●●●●●	EDUC	*Zhaochg
Chengp（学生，后删除）	●●●●●●	EDUC	
Wuqj（学生）	●●●●●●		*Wuqj
sa（内置 SQL Server 管理员）	●●●●●●	master	dbo（内置，无限制访问数据库）

1.　使用 SSMS 创建 SQL Server 登录名

下面举例介绍使用 SSMS 创建 SQL Server 登录名的步骤。

【例 11-4】按照表 11-2 第一行数据所提出的要求，为方便某系管理人员查看和管理本系学生的学习情况，创建一个使用 SQL Server 身份验证的登录名"Cuili"，密码为"●●●●●●"（注意用强密码），默认数据库为"EDUC"。为登录名"Cuili"映射数据库用户"Cuili"，并赋予其对数据库对象的读写权限，以使其能够对数据库"EDUC"中的表进行读写访问。

（1）以 SQL Server 管理员的身份启动计算机，使用 SSMS 连接到数据库引擎服务器，在【对象资源管理器】窗口中展开"安全性"节点，右击"登录名"节点，从快捷菜单中选择"新建登录名"命令，如图 11-35 所示。

（2）在【登录名-新建】窗口—【常规】页中，选中"SQL Server 身份验证"单选项，输入登录名"Cuili"，输入密码"●●●●●●"，再次输入密码进行确认，设置默认数据库为"EDUC"，其他参数的设置如图 11-36 所示。

图 11-35　选择"新建登录名"命令

图 11-36　选择"SQL Server 身份验证"并设置登录名和密码

（3）在【登录名-新建】窗口—【服务器角色】页中，可以为此登录名添加服务器角色，此处默认服务器角色为"public"，如图 11-37 所示。

（4）选择【登录名-新建】窗口—【用户映射】页，在"映射到此登录名的用户"列表中勾选数据库"EDUC"复选框；默认与登录名同名的数据库用户"Cuili"；如果未设置默认架构，则默认架构为"dbo"。

在"数据库角色成员身份"列表中勾选"db_datareader"和"db_datawriter"复选框，以使该数据库用户对数据库"EDUC"中的表能够实现读写访问，如图 11-38 所示。

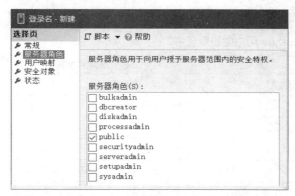

图 11-37　【登录名-新建】窗口—【服务器角色】页

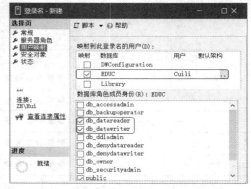

图 11-38　【登录名-新建】窗口—【用户映射】页

（5）单击"确定"按钮，完成登录名的创建。

（6）单击【对象资源管理器】窗口的"连接"按钮，选择"数据库引擎"，在【连接到服务器】对话框中选择"SQL Server 身份验证"，输入登录名"Cuili"和密码，单击"连接"按钮，即可连接到数据库引擎服务器。读者可以尝试访问数据库"EDUC"中的表，体会作为数据库角色"db_datareader"和"db_datawriter"成员的权限。

2. 使用 T-SQL 创建 SQL Server 登录名

使用 CREATE LOGIN 语句创建 SQL Server 用户的登录名，基本语法如下。

```
CREATE LOGIN 登录名                      --创建登录名
WITH PASSWORD = 密码                      --设置密码
[,DEFAULT_DATABASE = 默认数据库名]
[,DEFAULT_LANGUAGE = 默认语言]
...
```

【**例 11-5**】 按照表 11-2 所提出的要求，为使学生能够查看数据库"EDUC"中的学习信息，分别创建 SQL Server 登录名"Zhaochg"（密码为"216001"）、"Chengp"（密码为"216009"）和"Wuqj"（密码为"216111"）。同时为前两个登录名设置默认数据库为"EDUC"。

（1）在【查询编辑器】中输入以下语句。

```
CREATE LOGIN Zhaochg                    --创建登录名 Zhaochg
WITH PASSWORD = '216001',               --设置密码 216001
DEFAULT DATABASE = EDUC                 --设置默认数据库 EDUC
GO
CREATE LOGIN Chengp                     --创建登录名 Chengp
WITH PASSWORD = '216009',               --设置密码 216009
DEFAULT DATABASE = EDUC                 --设置默认数据库 EDUC
GO
CREATE LOGIN Wuqj                       --创建登录名 Wuqj
WITH PASSWORD = '216111'                --设置密码 216111
```

执行以上语句即可创建所要求的 SQL Server 登录名。至此，在数据库引擎中创建的 SQL Server 登录名如图 11-39 所示。

（2）单击【对象资源管理器】窗口中的"连接"按钮，选择连接"数据库引擎"，在【连接到服务器】对话框中选择"SQL Server 身份验证"，输入登录名"Wuqj"和密码"216111"，单击"连接"按钮，即可连接到数据库引擎服务器，如图 11-40 所示。

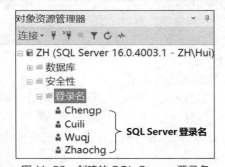

图 11-39　创建的 SQL Server 登录名

图 11-40　SQL Server 身份验证连接

11.3.4　修改和删除登录名

使用 SSMS 或 T-SQL 语句均可以修改和删除登录名。

1. 使用 SSMS 修改和删除登录名

（1）使用 SSMS 修改登录名。在【对象资源管理器】窗口中，右击"登录名"节点，从快捷菜单中选择"属性"命令，在打开的【登录属性】窗口中即可修改登录密码、默认数据库，并可以为登录名设置服务器角色、创建映射到此登录名的数据库用户等。

（2）使用 SSMS 删除登录名。在【对象资源管理器】窗口中，右击要删除的登录名，从快捷菜单中选择"删除"命令。在执行此操作前应该删除所映射的数据库用户。

2. 使用 T-SQL 修改和删除登录名

（1）使用 ALTER LOGIN 语句修改登录名，基本语法如下。

```
ALTER LOGIN 登录名
WITH
```

```
PASSWORD = '密码'
[OLD_PASSWORD = '旧密码']
|DEFAULT_DATABASE = 默认数据库名
|DEFAULT_LANGUAGE = 默认语言
|NAME = 登录名
...
```

（2）使用 DROP LOGIN 语句删除登录名，基本语法如下。

```
DROP LOGIN 登录名
```

例如，删除登录名"Chengp"的语句如下。

```
DROP LOGIN Chengp
```

11.4 数据库用户管理

数据库用户是数据库级的安全性主体，是数据库级的安全机制。一般情况下，用户连接到数据库引擎服务器后还不具备访问数据库的条件，必须创建映射到登录名的数据库用户，以使其获得访问数据库的权利。

可以这样想象：假设数据库引擎服务器是一个包含许多房间的大楼，每一个房间代表一个数据库，房间里的资源为数据库对象（表、视图、触发器和函数等），则用户登录名就相当于进入大楼的通行证，每个房间的钥匙就是数据库用户，使用房间内的资源的权限就是数据库用户对数据库对象的操作权限。

登录名、数据库用户和数据库对象的关系可以描述如下。

- 登　录　名（通行证）→连接（进入）→数据库引擎服务器（大楼）。
- 数据库用户（钥　匙）→访问（打开）→数据库 1、数据库 2……（房间 1、房间 2……）。
- 用户的权限（权　限）→操作（使用）→表、视图、存储过程……（资源 1、资源 2……）。

如 11.3 节所述，在创建登录名的同时可以创建映射到此登录名的数据库用户。本节将介绍在具体数据库中使用 SSMS 和 T-SQL 语句创建数据库用户的方法。

11.4.1　内置数据库用户

在【对象资源管理器】窗口中展开"数据库"→"EDUC"→"安全性"→"用户"节点，可以看到在上一节中所创建的映射到登录名的数据库用户"ZH\Teachers"和"Cuili"。此外，还有一些内置数据库用户，如图 11-41 所示。

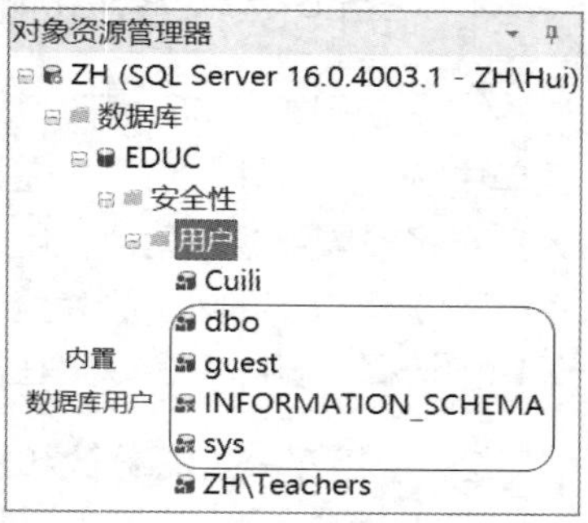

其中 INFORMATION_SCHEMA 和 sys 是数据库的两个实体，并且均作为用户显示在目录视图中。这两个实体是 SQL Server 所必需的，但它们不是主体，不能被修改和删除，通常处于禁用状态。

而"dbo"（Database Owner）和"guest"是两个特殊的内置数据库用户，在创建的任何一个数据库中均被默认包含，分别简单介绍如下。

图 11-41　数据库用户

1. 内置数据库用户"dbo"

数据库用户"dbo"是数据库的拥有者，通俗地说就是数据库的"主人"。在系统安装时，数据库用户"dbo"就被设置到 model 数据库中了，而且不能被删除。在创建数据库之后，数据库用户"dbo"被自动映射到创建该数据库的登录名(本例为 ZH\Hui)，其所拥有和默认的架构为"dbo"。查看【数据库用户-dbo】属性窗口—【常规】页，其相关设置如图 11-42 所示。

　　数据库用户"dbo"为固定数据库角色"db_owner"的成员，对数据库具有全部管理权限，查看【数据库用户-dbo】属性窗口—【成员身份】页，其相关设置如图 11-43 所示。因此，其映射到的登录名（本例为 ZH\Hui）对该数据库（本例为 EDUC）也具有全部管理权限。

图 11-42 【数据库用户-dbo】窗口—【常规】页

图 11-43 【数据库用户-dbo】窗口—【成员身份】页

📖 **说明**

　　SQL Server 管理员（如登录名"sa"、本例中的"ZH\Hui"）均为固定服务器角色"sysadmin"的成员，在所有数据库中都会自动标识为内置数据库用户"dbo"，对所有数据库具有全部管理权限，不必为其专门创建数据库用户。

2. 内置数据库用户"guest"

　　数据库用户"guest"是数据库的"客人"。所有非此数据库的登录名都将以"guest"的身份访问数据库并拥有"guest"所拥有的权限，因此对"guest"授予权限时一定要慎重，通常处于禁用状态。注意，在【数据库用户-guest】属性窗口—【常规】页上，用户类型（登录方式）为"不带登录名的 SQL 用户"且不可选，如图 11-44 所示。

　　在【数据库用户-guest】属性窗口—【成员身份】页上，"guest"默认不是任何固定数据库角色的成员，如图 11-45 所示，因此对数据库没有任何管理权限。

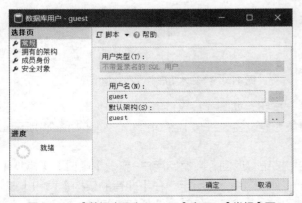

图 11-44 【数据库用户-guest】窗口—【常规】页

图 11-45 【数据库用户-guest】窗口—【成员身份】页

11.4.2　创建数据库用户

在前面的例子中已经分别为 Windows 用户和组以及 SQL Server 用户创建了登录名，如图 11-46 所示。其中部分登录名（框中）已经映射了数据库"EDUC"，即创建了相应的数据库用户，如图 11-47 所示（框中）。还有一部分登录用户尚不能访问数据库"EDUC"，下面分别为它们创建相应的数据库用户（见表 11-1 和表 11-2 中的"*"标记）。

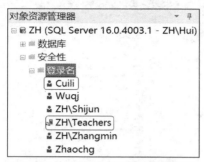

图 11-46　在数据库引擎中创建的登录名

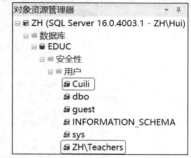

图 11-47　在数据库"EDUC"中创建的用户

1. 使用 SSMS 创建数据库用户

【例 11-6】　为登录名"ZH\Zhangmin"创建数据库"EDUC"的用户"Zhangmin"。

（1）在【对象资源管理器】窗口中展开"数据库"→"EDUC"→"安全性"节点，右击"用户"节点，从快捷菜单中选择"新建用户"命令，如图 11-48 所示。

（2）在【数据库用户–新建】窗口—【常规】页中，选择用户类型（登录方式）为"Windows 用户"，输入数据库用户名"Zhangmin"，如图 11-49 所示。直接输入登录名或者单击"登录名"文本框右侧的".."按钮，搜索相应登录名。

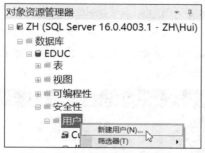

图 11-48　选择"新建用户"命令

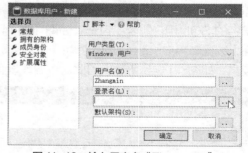

图 11-49　输入用户名"Zhangmin"

（3）在【选择登录名】对话框中单击"浏览"按钮，如图 11-50 所示。

（4）在【查找对象】对话框中勾选匹配的对象为登录名"ZH\Zhangmin"，如图 11-51 所示，单击"确定"按钮，返回【选择登录名】对话框。

（5）单击【选择登录名】对话框中的"确定"按钮，返回【数据库用户–新建】窗口—【常规】页，如果未设置默认架构，则默认架构为"dbo"，如图 11-52 所示。在【拥有的架构】页和【成员身份】页中还可以设置该用户拥有的架构和数据库角色成员身份等，此处暂不设置。

图 11-50　单击"浏览"按钮查找对象

图 11-51　选择查找对象登录名"ZH\Zhangmin"

（6）在【数据库用户-新建】窗口—【安全对象】页中，可设置数据库用户拥有的能够访问的数据库对象及相应的访问权限，如图 11-53 所示。具体操作参见 11.6 节。

图 11-52　【数据库用户-新建】窗口—【常规】页

图 11-53　数据库用户的权限设置

（7）单击【数据库用户-新建】窗口底部的"确定"按钮，完成数据库用户的创建。

虽然为登录名"ZH\Zhangmin"创建了数据库用户"Zhangmin"，但尚未授予数据库用户"Zhangmin"访问数据库"EDUC"及其对象（表、视图等）的权限，其也没有所拥有的架构。因此，登录名"ZH\Zhangmin"仍然不能对数据库"EDUC"进行访问和管理。

2. 使用 T-SQL 创建数据库用户

使用 CREATE USER 语句创建数据库用户，基本语法如下。

```
CREATE USER 用户名
{FOR|FROM} LOGIN 登录名
[WITH DEFAULT_SCHEMA = [架构名]]          --设置默认架构
...
```

有关默认架构的内容将在下一节介绍。

【例 11-7】为登录名"ZH\Shijun""Zhaochg""Wuqj"创建数据库"EDUC"的用户。在【查询编辑器】中输入以下 T-SQL 语句。

```
USE EDUC
GO
CREATE USER Shijun FOR LOGIN [ZH\Shijun]    --为 Windows 用户的登录名映射数据库用户
GO
CREATE USER Zhaochg FOR LOGIN Zhaochg       --为 SQL Server 用户的登录名映射数据库用户
```

```
GO
CREATE USER Wuqj FOR LOGIN Wuqj          --为SQL Server用户的登录名映射数据库用户
```

在以上 Windows 登录名"ZH\Shijun"中存在"\"不是规则规定的字符，所以必须使用分隔符"[ ]"加以界定。为了使系统易于维护，一般将数据库用户名与登录名设为一致。

执行以上代码后，即在数据库"EDUC"中创建了所需的数据库用户。如果未设置默认架构，则默认架构为"dbo"。至此，均已为所创建的登录名（见图 11-54）映射了相应的数据库用户（见图 11-55）。

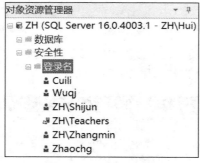

图 11-54　创建的登录名

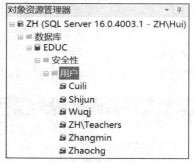

图 11-55　创建的数据库用户

11.4.3　修改和删除数据库用户

使用 SSMS 和 T-SQL 均可以修改和删除数据库用户。

1. 使用 SSMS 修改和删除数据库用户

（1）使用 SSMS 修改数据库用户。在【对象资源管理器】窗口中，右击数据库用户，从快捷菜单中选择"属性"命令，在打开的【数据库用户】窗口中即可修改该数据库用户的安全对象等属性。

（2）使用 SSMS 删除数据库用户。在【对象资源管理器】窗口中，右击数据库用户，从快捷菜单中选择"删除"命令，即可删除该数据库用户。

2. 使用 T-SQL 修改和删除数据库用户

（1）使用 ALTER USER 语句修改数据库用户，基本语法如下。

```
ALTER USER 用户名
WITH
NAME = 新用户名                    --重命名数据库用户
|DEFAULT_SCHEMA = 架构名           --重新设置默认架构
...
```

（2）使用 DROP USER 语句删除数据库用户，基本语法如下。

```
DROP USER 用户名
```

11.5　架构管理

架构（Schema）是一组数据库对象的非重复命名空间，被数据库级别的安全性主体（数据库用户或数据库角色）所拥有。可在数据库中创建架构、更改架构，以及授予数据库用户访问架构的权限。可以将架构视为数据库对象的容器，每个数据库对象都属于一个架构，所以对 SQL Server 数据库对象引用的完整限定名为：服务器.数据库.架构.对象。

11.5.1　内置架构和默认架构

1. 内置架构

启动 SSMS 并连接到数据库引擎服务器，在【对象资源管理器】窗口中展开"数据库"→"EDUC"→"安全性"→"架构"节点，可以看到内置架构，如图 11-56 所示。其中一部分是内置数据库用户（见 11.4.1 节）所拥有的架构。还有一部分是固定数据库角色（见 11.7.2 节）所拥有的同名架构。

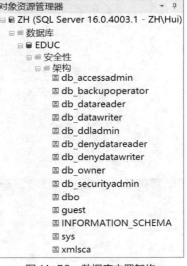

2. 默认架构

从 SQL Server 2008 R2 开始引入了默认架构（Default Schema）的概念，用于确定没有使用完全限定名的数据库对象的命名。默认架构指定了服务器确定对象的名称时所查找的第一个架构。默认架构可以用 11.4 节所述的"CREATE USER"和"ALTER USER"语句中的"WITH DEFAULT_ SCHEMA=[架构名]"进行设置与修改。如果默认架构未被设置，则所创建的数据库用户将用"dbo"作为默认架构。

例如，我们在创建表"Student"时没有指定默认架构，那么系统默认该表的架构就是"dbo"，在其表名前会自动加上

图 11-56　数据库内置架构

"dbo"（注意不要与内置数据库用户"dbo"混淆），标识为"dbo.Student"。这也就是我们经常看到所创建和引用的数据库对象有前缀"dbo"的原因。

在本书的案例中，服务器"ZH"上的 Windows 用户"Hui"为 SQL Server 管理员，自动关联的登录名为"ZH\Hui"。以登录名"ZH\Hui"的身份创建了数据库"EDUC"，自动映射了内置数据库用户"dbo"，拥有默认的内置架构"dbo"。在数据库"EDUC"中所创建的数据库对象表"Student"的完整限定名为：ZH.EDUC.dbo.Student。在连接到服务器"ZH"后，选择当前数据库为"EDUC"（USE EDUC）并且设置默认架构为"dbo"时，限定名称可以省略，即 Student。

11.5.2　创建架构

对于非系统管理员的普通登录名，如果希望相应用户能够在数据库中创建表，不但要授予所映射的数据库用户创建表的语句权限，而且需要为其创建所拥有的架构。

1. 使用 SSMS 创建架构

【例 11-8】已经为 Windows 用户"Zhangmin"创建了关联的登录名"ZH\Zhangmin"并映射了数据库"EDUC"的用户"Zhangmin"，试为该数据库用户创建所拥有的架构"Zhang"。具体应用见例 11-15。

（1）在【对象资源管理器】窗口中展开"数据库"→"EDUC"→"安全性"节点，右击"架构"节点，从快捷菜单中选择"新建架构"命令，如图 11-57 所示。

（2）在打开的【架构-新建】窗口中单击"搜索"按钮，在【查找对象】对话框中选择架构所有者（数据库用户"Zhangmin"），如图 11-58 所示，单击"确定"按钮。

图 11-57　选择"新建架构"命令

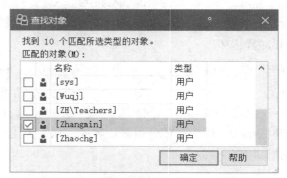

图 11-58　查找数据库用户"Zhangmin"

（3）返回【架构-新建】窗口，输入架构名称"Zhang"，单击"确定"按钮，如图 11-59 所示。

（4）展开"数据库"→"EDUC"→"安全性"→"架构"节点，可以看到所创建数据库用户"Zhangmin"所拥有的架构"Zhang"，如图 11-60 所示。

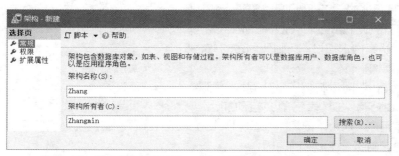

图 11-59　输入架构名称"Zhang"与架构所有者"Zhangmin"

图 11-60　创建的架构

2. 使用 T-SQL 创建架构

使用 CREATE SCHEMA 语句创建架构，基本语法如下。

```
CREATE SCHEMA 架构名          --在数据库内标识架构的名称
AUTHORIZATION 拥有者          --指定将拥有架构的数据库级主体
{CREATE TABLE|CREATE VIEW|权限语句}
...
```

功能：为数据库用户创建所拥有的架构，还可以在该架构中创建表或视图，并可以为此架构中的对象设置授予、撤销或拒绝权限。其中，拥有者为数据库用户或数据库角色。

【例 11-9】 在数据库"EDUC"中，创建数据库用户"Shijun"所拥有的架构"Shi"，并在其中创建家庭住址表"Address"。对数据库用户"Zhaochg"授予对架构"Shi"的"SELECT"权限。在【查询编辑器】中输入以下 T-SQL 语句。

```
USE EDUC
GO
```

```
CREATE SCHEMA Shi AUTHORIZATION Shijun      --创建数据库用户"Shijun"所拥有的架构"Shi"
  CREATE TABLE Address(SID char(10) PRIMARY KEY,Sname char(8),      --在其中创建表
            Addr varchar(50) NULL)
  GRANT SELECT ON SCHEMA::Shi TO Zhaochg   --授予数据库用户"Zhaochg"对架构"Shi"的查询权限
```

📖 **注意**

创建架构"Shi"和表"Address",以及设置权限在一条语句中完成。

执行以上语句即在数据库"EDUC"中创建架构"Shi",并在架构中创建表"Shi.Address",如图 11-61 所示。查看数据库用户"Shijun"拥有的架构属性,也可以看到创建了此用户拥有的架构"Shi",如图 11-62 所示。

图 11-61 架构"Shi"与表"Shi. Address"　　　图 11-62 【数据库用户-Shijun】窗口一【拥有的架构】页

查看数据库用户"Zhaochg"的安全对象属性可以看到其被授予了对架构"Shi"的"SELECT"权限,如图 11-63 所示。以 SQL Server 登录名"Zhaochg"连接到数据库引擎服务器,展开"数据库"→"EDUC"→"表"节点,仅可以对架构"Shi"中的数据库对象"Shi.Address"进行"SELECT"操作,如图 11-64 所示。读者可以尝试进行其他尚未授权的操作。

图 11-63 【数据库用户-Zhaochg】窗口一　　　图 11-64 登录名"Zhaochg"一数据库对象
　　　【安全对象】页　　　　　　　　　　　　　"Shi.Address"

11.5.3 修改和删除架构

1. 修改架构

使用 ALTER SCHEMA 语句修改架构,基本语法如下。

```
ALTER SCHEMA 架构名 TRANSFER securable_name
```

功能：在架构之间传输安全对象。

【例 11-10】 修改架构"Zhang"，将表"Address"从架构"Shi"传输到架构"Zhang"中。在【查询编辑器】中输入以下 T-SQL 语句。

```
USE EDUC
GO
ALTER SCHEMA Zhang TRANSFER Shi.Address
```

执行结果如图 11-65 所示。

2. 删除架构

使用 DROP SCHEMA 语句删除架构，基本语法如下。

图 11-65 表"Address"移入架构"Zhang"中

```
DROP SCHEMA 架构名
```

11.6 权限管理

前面介绍了登录名、数据库用户和架构的管理，但对服务器的管理任务、对数据库以及数据库对象的控制和操作还需要进行相应许可权限的管理。SQL Server 可以为主体（登录名、数据库用户、角色）以及架构授予对安全对象的操作权限。

SQL Server 安全对象的种类与相应权限非常繁杂，本节将仅简单介绍数据库用户对数据库对象和数据库的权限管理，主要有以下 3 种操作。

* 授予权限：允许数据库用户或角色具有某种操作权。
* 撤销权限：删除以前在数据库用户或角色上授予或拒绝的权限。
* 拒绝权限：拒绝给数据库用户授予权限，以防止其通过其组或角色成员继承权限。

11.6.1 对象权限管理

对象权限管理用于控制数据库用户（或角色）对数据库对象的操作。其中数据库对象包括表、视图、存储过程和函数等，对象权限包括对表和视图的 INSERT、UPDATE、DELETE 和 SELECT 等，对列的 SELECT 和 UPDATE，对存储过程执行的 EXECUTE 等。

1. 使用 SSMS 管理对象权限

【例 11-11】 为登录名为"ZH\Zhangmin"的"EDUC"数据库用户"Zhangmin"授予对表"Student""SC""Course"的 INSERT 和 SELECT 权限。

（1）在【对象资源管理器】窗口中展开"数据库"→"EDUC"→"安全性"→"用户"节点，右击"Zhangmin"节点，从快捷菜单中选择"属性"命令，如图 11-66 所示。

（2）在【数据库用户-Zhangmin】窗口—【安全对象】页中，管理数据库用户拥有的能够访问的对象及相应的访问权限，如图 11-67 所示。可单击"搜索"按钮为该用户添加对象。

（3）在打开的【添加对象】对话框中选择要添加的对象类别，如选中"特定对象"单选项，单击"确定"按钮，如图 11-68 所示。

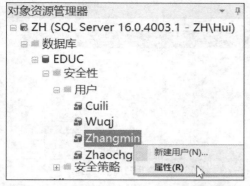

图 11-66　为数据库用户"Zhangmin"设置属性

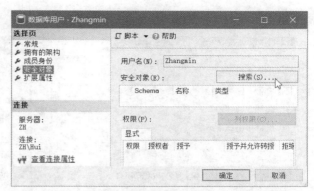

图 11-67　【数据库用户】窗口—【安全对象】页权限管理

（4）在打开的【选择对象】对话框中单击"对象类型"按钮，如图 11-69 所示。

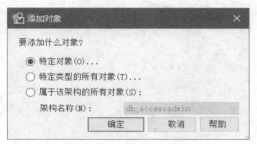

图 11-68　【添加对象】对话框

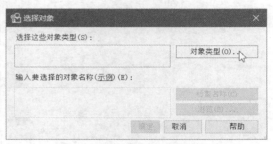

图 11-69　【选择对象】对话框

（5）在打开的【选择对象类型】对话框中勾选需要添加权限的对象类型复选框，本例勾选"表"复选框，如图 11-70 所示，单击"确定"按钮。

（6）回到【选择对象】对话框，此时在该对话框中出现了刚才选择的对象类型，如图 11-71 所示，单击"浏览"按钮。

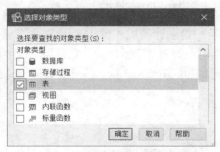

图 11-70　【选择对象类型】对话框

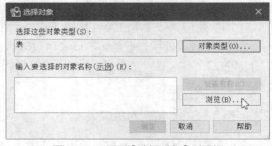

图 11-71　返回【选择对象】对话框

（7）在打开的【查找对象】对话框中依次勾选要添加权限的对象的复选框，本例勾选表"Course""SC""Student"相应的复选框，如图 11-72 所示，单击"确定"按钮。

（8）回到【选择对象】对话框，其中将显示选择的对象名称，如图 11-73 所示，单击"确定"按钮。

（9）回到【数据库用户-Zhangmin】窗口—【安全对象】页，此页中已包含用户添加的对象。依次选择每一个对象，在窗口下方该对象权限的"显式"列表中根据需要勾选"授予""授予并允许转授""拒绝"列的复选框。本例分别为数据库用户"Zhangmin"授予对表"Student""SC""Course"的"插入"（INSERT）和"选择"（SELECT）操作权限，如图 11-74 所示。单击"确定"按钮，完成为数据库用户添加对象权限的所有操作。

图 11-72 【查找对象】对话框

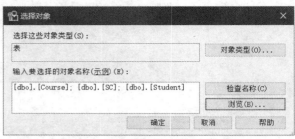

图 11-73 再次返回【选择对象】对话框

图 11-74 【数据库用户-Zhangmin】窗口—【安全对象】页权限管理

（10）切换用户，以 Windows 用户"Zhangmin"的身份登录计算机，再次使用 SSMS 连接到 SQL Server 数据库引擎服务器。读者可以确认一下是否可以对表"Student""SC""Course"进行"INSERT"和"SELECT"操作，以及是否可以进行"UPDATE"和"DELETE"等其他没有授权的操作。

2. 使用 T-SQL 管理对象权限

（1）使用 GRANT 语句为数据库用户或角色授予对象权限，基本语法如下。

```
GRANT  对象权限名[,...n]                         --③授予对象权限
ON   {表名|视图名|存储过程名|标量函数|...}         --②对指定的数据库对象
TO   {数据库用户名|数据库角色名}[,...n]            --①为指定的数据库用户或角色
[WITH GRANT OPTION]                             --④赋予授权权限
```

📖 说明

① 如果指定了 WITH GRANT OPTION 子句，则获得某种权限的用户还可以把这种权限再授予别的用户；否则，获得某种权限的用户只能使用该权限，不能转授该权限。

② 数据库管理员和表的建立者具有授权权限。

【例 11-12】 为使前面例子中的学生数据库用户"Wuqj"和"Zhaochg"能够查询数据库"EDUC"中的表"Student""Course""SC",并能够更新表"SC"中的成绩列"Scores",试授予这些用户 SELECT 操作权限和 UPDATE(Scores)操作权限,同时使这些用户获得将这些权限转授给别的数据库用户的权限。

在【查询编辑器】中输入以下 T-SQL 语句。

```
USE EDUC
GRANT SELECT ON Student TO Wuqj,Zhaochg          --授予用户对表 Student 的 SELECT 查询权限
GRANT SELECT ON Course TO Wuqj,Zhaochg           --授予用户对表 Course 的 SELECT 查询权限
/****授予用户对表 SC 的 SELECT 查询权限和 UPDATE 更新列 Scores 的权限****/
GRANT SELECT,UPDATE(Scores) ON SC TO Wuqj,Zhaochg WITH GRANT OPTION
```

执行代码后,单击【对象资源管理器】窗口中的"连接"按钮,在打开的对话框中选择"SQL Server 身份验证",选择登录名"Wuqj"并输入密码"216111"或选择登录名"Zhaochg"并输入密码"216001",连接到服务器即可进行相应权限的操作。例如,用登录名"Wuqj"连接到数据库引擎服务器,如图 11-75 所示,可以更新表"SC"中的成绩列"Scores",如图 11-76 所示。

图 11-75 用登录名"Wuqj"连接到数据库引擎服务器

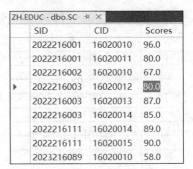

图 11-76 用户"Wuqj"更新表
"SC"的列"Scores"

(2)使用 REVOKE 语句撤销已为数据库用户或角色授予的对象权限,基本语法如下。

```
REVOKE 对象权限名[,...n]                      --③撤销已授予的对象权限
ON {表名|视图名|存储过程名|标量函数|...}       --②对指定的数据库对象
FROM {数据库用户名|数据库角色名}[,...n]         --①从指定的数据库用户或角色
[CASCADE]
```

📖 说明

可选项 CASCADE 表示撤销权限时要将执行级联撤销,即从用户那里撤销权限时,要把转授出去的同样的权限同时撤销。

【例 11-13】 从数据库用户"Zhaochg"中撤销对数据库对象"SC"表的 UPDATE(Scores)权限,T-SQL 语句如下。

```
USE EDUC
REVOKE UPDATE(Scores) ON SC FROM Zhaochg CASCADE
```

(3)使用 DENY 语句拒绝为数据库用户或角色授予对象权限,基本语法如下。

```
DENY 对象权限名[,...n]                        --③拒绝指定的对象权限
ON {表名|视图名|存储过程名|标量函数|...}       --②对指定的数据库对象
TO {数据库用户名|数据库角色名}[,...n]           --①对指定的数据库用户或角色
```

【**例 11-14**】拒绝数据库用户"Zhaochg"对数据库对象"Course"表的 SELECT 权限，T-SQL 语句如下。

```
USE EDUC
DENY SELECT ON Course TO Zhaochg
```

对于以上 3 个例子，读者可以分别以各登录名连接到服务器，试一下对表"Student""SC" "Course"进行权限允许的操作。

11.6.2　数据库权限管理

数据库权限管理用于控制数据库用户（或角色）对数据库的访问。数据库权限包括创建、修改与备份数据库；创建、修改与删除数据库中的对象（表、视图、存储过程、函数、架构、角色）；执行存储过程或函数等。

1. 使用 SSMS 管理数据库权限

【**例 11-15**】为登录名为"ZH\Zhangmin"的"EDUC"数据库用户"Zhangmin"授予数据库权限，使之可以在该数据库中创建表（CREATE TABLE），还可以对表"Student""Course" "SC"创建视图（CREATE VIEW）。

（1）设置默认架构。数据库用户要创建表和视图，除了要有权限之外，还需要创建数据库用户所拥有的架构。在例 11-8 中已经为数据库用户创建了所拥有的架构"Zhang"，现在将其设置为默认架构。展开"数据库"→"EDUC"→"安全性"→"用户"节点，右击用户"Zhangmin"节点，从快捷菜单中选择"属性"命令。在【数据库用户-Zhangmin】窗口—【常规】页中，单击"默认架构"文本框右侧的".."按钮，在【查找对象】对话框中查找出架构"Zhang"，如图 11-77 所示。返回【数据库用户-Zhangmin】窗口，单击"确定"按钮，如图 11-78 所示。

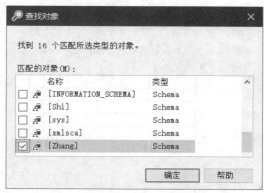

图 11-77　查找用户拥有的架构"Zhang"

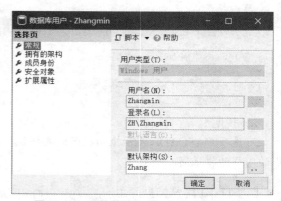

图 11-78　设置数据库用户"Zhangmin"的
默认架构为"Zhang"

（2）为数据库用户"Zhangmin"授予数据库权限。在【对象资源管理器】窗口中，右击数据库"EDUC"节点，从快捷菜单中选择"属性"命令，打开【数据库属性-EDUC】窗口—【权限】页，在"用户或角色"列表中选择要添加数据库权限的用户"Zhangmin"，如果该用户不在列表中，可单击"搜索"按钮进行添加；在"Zhangmin 的权限"列表中勾选"创建表"（CREATE TABLE）和"创建视图"（CREATE VIEW）右侧的"授予"复选框，单击"确定"按钮，如图 11-79 所示。

（3）在数据库"EDUC"中创建表和视图。切换用户，以 Windows 用户"Zhangmin"的身份连接到数据库引擎服务器，在【查询编辑器】中输入如下 T-SQL 代码。

```
USE EDUC
GO
CREATE TABLE Teacher                                        --CREATE TABLE 权限
(EID char(10) NOT NULL PRIMARY KEY,Ename char(8) NULL,Sex nchar(1) NULL,
Birthdate date,Title char(8))
GO
CREATE VIEW SoftScores                                      --CREATE VIEW 权限
AS SELECT * FROM Student WHERE(Specialty = '软件技术')      --SELECT 对象权限
```

执行此代码即可在【对象资源管理器】窗口下看到所创建的表和视图，如图 11-80 所示。

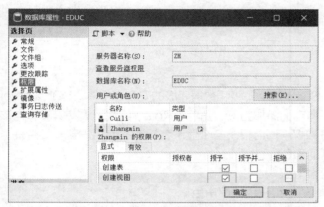

图 11-79　授予用户创建表和创建视图的权限

图 11-80　Windows 用户"Zhangmin"
在架构"Zhang"中创建的表和视图

通过此例可以厘清 Windows 用户、登录名、数据库用户和架构之间的关系。服务器"ZH"的 Windows 用户"Zhangmin"关联了登录名"ZH\Zhangmin"，使其可以连接到服务器；该登录名被映射了数据库用户"Zhangmin"，使其可以访问数据库"EDUC"；数据库用户"Zhangmin"拥有架构"Zhang"，同时又被授予对表"Student"的对象权限"INSERT"和"SELECT"，使其可以进行插入和选择操作，被授予数据库权限"CREATE TABLE"和"CREATE VIEW"，使其可以在所拥有的架构中创建表和视图。

2. 使用 T-SQL 管理数据库权限

（1）使用 GRANT 语句为数据库用户或角色授予数据库权限，基本语法如下。

```
GRANT 数据库权限名[,...n]                    --②授予数据库权限
TO {数据库用户名|数据库角色名}[,...n]        --①为指定的数据库用户或角色
```

具体的数据库权限有 CREATE DATABASE、BACKUP DATABASE 、CREATE TABLE、CREATE VIEW、CREATE PROCEDURE、CREATE FUNCTION 等。

【例 11-16】 为数据库用户"Shijun"授予创建表的权限。T-SQL 语句如下。

```
USE EDUC
GRANT CREATE TABLE TO Shijun                        --授予数据库用户创建表的权限
```

（2）使用 REVOKE 语句撤销之前为数据库用户或角色授予的数据库权限，基本语法如下。

```
REVOKE 数据库权限名[,...n]                              --②撤销之前授予的数据库权限
FROM {数据库用户名|数据库角色名}[,...n]                   --①从指定的数据库用户或角色
```

【例 11-17】 从数据库用户"Shijun"中撤销之前授予的创建表的权限。T-SQL 语句如下。

```
USE EDUC
REVOKE CREATE TABLE FROM Shijun                        --撤销之前授予数据库用户的创建表的权限
```

（3）使用 DENY 语句拒绝为数据库用户或角色授予数据库权限，基本语法如下。

```
DENY 数据库权限名[,...n]                                --②拒绝授予指定的数据库权限
TO {数据库用户名|数据库角色名}[,...n]                     --①对指定的数据库用户或角色
```

【例 11-18】 拒绝为数据库用户"Shijun"授予创建表的权限。T-SQL 语句如下。

```
USE EDUC
DENY CREATE TABLE TO Shijun
```

11.7 角色管理

角色是登录名和数据库用户的集合，是 SQL Server 级和数据库级的安全性主体。SQL Server 可将一组登录名或数据库用户组织在一起，将它们添加为某一角色（Role）的成员，使其具有与该角色相同的身份和权限。角色管理使得将多种权限同时授予各个登录名或数据库用户这一复杂任务得到简化。SQL Server 提供以下两个级别的角色。

- 服务器级：固定服务器角色、服务器角色。
- 数据库级：固定数据库角色、数据库角色和应用程序角色。

其中，固定服务器角色和固定数据库角色是系统创建的，不能修改和删除。用户可以创建、修改和删除服务器角色、数据库角色和应用程序角色，并分别对它们进行安全对象的权限管理。

其中，有关应用程序角色的内容超出本书的范畴，感兴趣的读者可查阅 SQL Server 文档。

11.7.1 服务器角色管理

服务器角色是 SQL Server 级的安全性主体，其成员可以是连接服务器的登录名。SQL Server 提供固定服务器角色，其权限由系统设置且不允许用户更改。可以使用 CREATE SERVER ROLE 语句创建用户定义的服务器角色，然后使用 GRANT、DEVY 和 REVOKE 语句配置其服务器级别的权限。本书仅简单介绍固定服务器角色，更多的内容可查阅 SQL Server 文档。

1. 固定服务器角色

在【对象资源管理器】窗口中展开"安全性"→"服务器角色"节点，即可看到固定服务器角色，如图 11-81 所示。其中，SQL Server 2022 引入的 10 个服务器角色是专为最低特权原则设计的，这些角色具有前缀"##MS_"

图 11-81 固定服务器角色

和后缀"##"，本书不做进一步介绍。SQL Server 2019 及以前的版本提供了 9 个固定服务器角色，每个固定服务器角色都具有一定的服务器管理权限，如表 11-3 所示。

表 11-3　固定服务器角色及其管理权限

固定服务器角色	管理权限说明
sysadmin	可以在服务器中执行任何活动
serveradmin	可以更改服务器范围内的配置选项和关闭服务器
securityadmin	可以管理登录名及其属性，管理服务器级和数据库级的访问权限，与 sysadmin 等效
processadmin	可以终止在 SQL Server 实例中运行的进程
setupadmin	可以使用 T-SQL 语句添加和删除链接服务器
bulkadmin	可以运行 BULK INSERT 语句，从文本文件中将数据导入 SQL Server
diskadmin	可以管理磁盘文件，指派文件组、附加和分离数据库等
dbcreator	可以创建、更改、删除和还原任何数据库
public	在初始状态时仅有 VIEW ANY DATABASE（查看任意数据库）权限。每个 SQL Server 登录名都属于 public 服务器角色，如果未向某个服务器主体授予或拒绝对某个安全对象的特定权限，该登录名将继承授予该对象的 public 权限

一般可将 SQL Server 管理员的登录名添加为所需要的固定服务器角色的成员，使其具有相应的服务器管理权限。

对于服务器角色"sysadmin"，从 11.3.1 节的图 11-7 中可以看到内置登录名"sa"和登录名"ZH\Hui"均为角色"sysadmin"的成员，从图 11-8 中也可以看到登录名"ZH\Hui"为服务器角色"sysadmin"。因此，登录名"sa"和"ZH\Hui"具有"sysadmin"的权限，均为 SQL Server 管理员。

对于服务器角色"public"，打开【服务器角色属性-public】窗口—【常规】页，可以看到其对服务器的权限仅有"查看任意数据库"一项，如图 11-82 所示，但可以为其授权。与其他服务器角色属性窗口不同的是，该窗口中没有【成员】页，因为所有登录名都是"public"的成员，为其授权即为所有登录名授权，所以必须特别谨慎。

打开 Windows 登录名"ZH\Zhangmin"的【登录属性】窗口—【服务器角色】页，可以看到其服务器角色为"public"，如图 11-83 所示。因此，Windows 用户"ZH\Zhangmin"虽然能看到服务器中的所有数据库，但要进一步管理这些数据库还要被授予一定的权限。

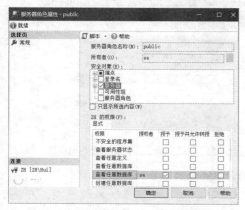

图 11-82　服务器角色"public"的属性

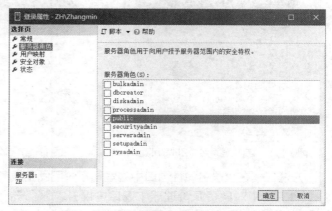

图 11-83　登录名"ZH\Zhangmin"的属性

📖 **说明**

请不要随意将登录名添加为固定服务器角色的成员或者设置某些固定服务器角色，这会导致意外的权限升级。例如，如果将任何一个登录名添加为角色"sysadmin"的成员或者将其服务器角色设置为"sysadmin"，那么他就是 SQL Server 管理员。

2. 使用 SSMS 更改服务器角色成员

可以用下例介绍的两种方法更改（添加或删除）服务器角色的成员，使此角色的成员获取相应的权限。

【例 11-19】 将 SQL Server 登录名"ZH\Shijun"添加为固定服务器角色"dbcreator"的成员，使其协助数据库管理员完成在服务器中创建和修改数据库的任务。

方法一：在固定服务器角色属性窗口中将登录名添加为固定服务器角色的成员。

（1）在【对象资源管理器】窗口中展开"服务器"→"安全性"→"服务器角色"节点，右击"dbcreator"节点，从快捷菜单中选择"属性"命令，如图 11-84 所示。

（2）在【服务器角色属性-dbcreator】窗口—【成员】页中单击"添加"按钮，如图 11-85 所示。

图 11-84　选择服务器角色的"属性"命令

图 11-85　【服务器角色属性-dbcreator】窗口—【成员】页

（3）在打开的【查找对象】对话框中，勾选登录名"ZH\Shijun"复选框，如图 11-86 所示，单击"确定"按钮。

（4）逐层返回【服务器角色属性-dbcreator】窗口，如图 11-87 所示。确定添加的登录名无误后，单击"确定"按钮。

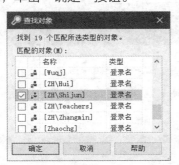

图 11-86　查找登录名"ZH\Shijun"

图 11-87　添加登录名"ZH\Shijun"为服务器角色成员

方法二：在登录名属性窗口中为登录名分配固定服务器角色。

（1）在【对象资源管理器】窗口中展开"服务器"→"安全性"→"登录名"节点，右击"ZH\Shijun"节点，从快捷菜单中选择"属性"命令，如图 11-88 所示。

（2）在【登录属性-ZH\Shijun】窗口—【服务器角色】页中，勾选要分配的固定服务器角色"dbcreator"复选框，如图 11-89 所示，单击"确定"按钮。

图 11-88　选择登录名的"属性"命令

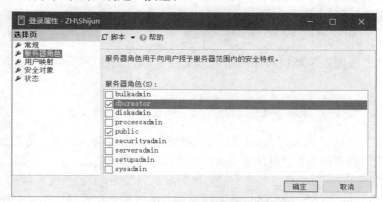

图 11-89　为登录名分配固定服务器角色

3. 使用 T-SQL 更改服务器角色成员

使用 ALTER SERVER ROLE 语句更改（添加或删除）服务器角色的成员，基本语法如下。

```
ALTER SERVER ROLE 服务器角色名        --指定要更改的服务器角色的名称
    ADD MEMBER 服务器主体             --将指定的服务器主体添加为服务器角色的成员
    |DROP MEMBER 服务器主体           --从服务器角色中删除指定的服务器主体
```

📖 说明

服务器主体是登录名或用户定义的服务器角色。

【例 11-20】将 Windows 登录名"ZH\Zhangmin"添加为服务器角色"diskadmin"的成员，使 Windows 用户"Zhangmin"具有在服务器中分离和附加数据库的权限。

```
ALTER SERVER ROLE diskadmin
ADD MEMBER [ZH\Zhangmin]
```

执行以上语句。打开固定服务器角色【服务器角色属性—diskadmin】窗口—【成员】页，可见角色成员中添加了登录名"ZH\Zhangmin"，如图 11-90 所示。

打开【登录属性- ZH\Zhangmin】窗口—【服务器角色】页，同样可见为其分配了固定服务器角色"diskadmin"，如图 11-91 所示。

图 11-90　【服务器角色属性-diskadmin】
窗口—【成员】页

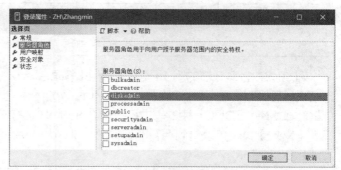

图 11-91　【登录属性- ZH\Zhangmin】
窗口—【服务器角色】页

为登录名分配固定服务器角色，可以使该登录名关联的 Windows 用户或 SQL Server 用户具有相应的执行管理任务的权限。固定服务器角色的维护比单个用户权限的维护更容易一些。

11.7.2　数据库角色管理

数据库角色是数据库级的安全性主体，其成员可以是数据库用户。

1．固定数据库角色

在安装 SQL Server 时，在数据库级别上也有一些预定义的固定数据库角色，在创建每个数据库时都会添加这些角色到新创建的数据库中，每个角色具有一定的数据库管理权限，并拥有同名架构。可将数据库用户添加为固定数据库角色的成员，使其具有相应的数据库管理权限。

在【对象资源管理器】窗口中展开"数据库"→"目的数据库"→"安全性"→"角色"→"数据库角色"节点，即可看到固定数据库角色，如图 11-92 所示。固定数据库角色及其管理权限如表 11-4 所示。

图 11-92　固定数据库角色

表 11-4　固定数据库角色及其管理权限

数据库角色	管理权限说明
db_owner	可以执行数据库的所有配置和维护行为，还可以删除数据库
db_securityadmin	可以修改数据库角色的成员并管理权限
db_accessadmin	可以为 Windows 登录名和 SQL Server 登录名添加或删除数据库访问权限
db_backupoperator	可以备份数据库
db_ddladmin	可以执行任何 DDL 命令
db_datawriter	可以在所有用户表中添加、删除和更新数据
db_datareader	可以从所有用户表中读取所有数据
db_denydatawriter	不能添加、删除和更新数据库内用户表中的任何数据
db_denydatareader	不能读取数据库内用户表中的任何数据
public	在初始状态时对数据库没有访问权限。每个数据库用户都属于 public 角色，如果未向某个数据库用户授予或拒绝对安全对象的特定权限，该用户将继承授予该对象的 public 角色的权限。不能将用户从 public 角色中移除

例如，在 11.3.3 节的图 11-38 所示的【登录名-新建】窗口—【用户映射】页中，勾选了数据库角色成员身份"db_datareader"和"db_datawriter"，使映射到登录名"Cuili"的数据库用户"Cuili"能够对数据库"EDUC"中的表进行读写访问。同样，打开【数据库角色属性-db_datareader】窗口—【常规】页，可以看到拥有的架构为"db_datareader"，角色成员为数据库用户"Cuili"，如图 11-93 所示。

例如，在 11.4.1 节的图 11-43 所示的【数据库用户-dbo】窗口—【成员身份】页中，内置数据库用户"dbo"为固定数据库角色"db_owner"的成员，具有对该数据库的所有权限，是数据库的管理员。同样，打开【数据库角色属性-db_owner】窗口—【常规】页，可以看到拥有的架构为"db_owner"，角色成员为数据库用户"dbo"，如图 11-94 所示。

图 11-93 【数据库角色属性-db_datareader】窗口

图 11-94 【数据库角色属性-db_owner】窗口

📖 说明

① 如前所述，固定服务器角色"sysadmin"的成员在所有数据库中都会被标识为用户"dbo"，而"dbo"又是固定数据库角色"db_owner"的成员。所以，"sysadmin"的成员（如 SQL Server 管理员"sa"和"ZH\Hui"）对所有数据库具有可以执行所有配置和维护行为的权限，同时还具有删除数据库的权限。

② 请不要随意将数据库用户添加为固定服务器角色的成员，这会导致意外的权限升级。例如，如果将某数据库用户添加为角色"db_owner"的成员，那么他就是该数据库的管理员。

与将登录名添加为固定服务器角色的成员的方法类似，使用 SSMS 也可以通过相应固定数据库角色的属性窗口方便地添加数据库用户，使之成为角色的成员。

2. 使用 SSMS 创建数据库角色

使用 SSMS 或 T-SQL 创建新角色，使新建的角色被授予某个或某些权限。对于创建的角色，还可以修改其对应的权限。无论使用哪种方法，都需要完成下列任务。

（1）创建新的数据库角色。

（2）授予权限给创建的角色。

（3）添加数据库用户为这个角色的成员。

【例 11-21】 为使某系教师能够修改数据库"EDUC"中的课程名称，创建新的数据库角色"TeachersRole"，添加数据库用户"Shijun"和"ZH\Teachers"为其成员，为其授予对表"Course"的"Cname"列"更新"（UPDATE）的权限。

（1）在【对象资源管理器】窗口中展开"数据库"→"EDUC"→"安全性"→"角色"节点，右击"数据库角色"节点，从快捷菜单中选择"新建数据库角色"命令，如图 11-95 所示。

（2）在【数据库角色-新建】窗口—【常规】页中，输入角色名称"TeachersRole"和所有者"dbo"，并选择此角色拥有的架构。单击"添加"按钮为新创建的角色添加角色成员，在本例中添加数据库用户"Shijun"和"ZH\Teachers"，如图 11-96 所示。

（3）在【数据库角色-新建】窗口—【安全对象】页中单击"搜索"按钮，添加"安全对象"表"Course"，并勾选权限"更新"右侧的"授予"复选框，如图 11-97 所示。单击"列权限"

按钮，在【列权限】对话框中勾选列"Cname"右侧的"授予"复选框，单击"确定"按钮，如图 11-98 所示。返回【数据库角色-新建】窗口，单击"确定"按钮，完成数据库角色的创建。

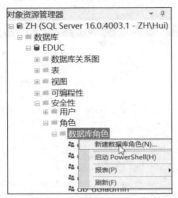

图 11-95　选择"新建数据库角色"命令

图 11-96　【数据库角色-新建】窗口

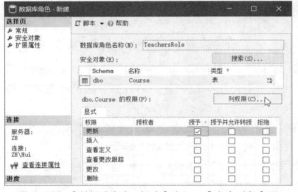

图 11-97　【数据库角色-新建】窗口—【安全对象】页

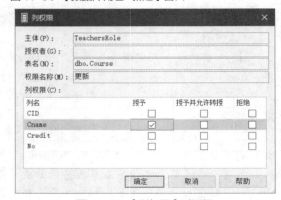

图 11-98　【列权限】对话框

3. 使用 T-SQL 创建数据库角色

使用 T-SQL 创建数据库角色的基本语法如下。

```
CREATE ROLE 角色名
[AUTHORIZATION 拥有者]
```

📖 **说明**

如果未指定拥有者，则执行 CREATE ROLE 的用户将拥有该角色。

创建角色后，可以使用 GRANT、DENY 和 REVOKE 语句配置角色的数据库级别权限，其方法与对数据库用户进行权限管理的相同，此处不赘述。

4. 使用 SSMS 更改数据库角色成员

前面已经介绍了在创建数据库角色的同时可以为角色更改（添加或删除）数据库用户成员，当然，也可以在创建数据库用户的同时指定该数据库用户属于一个已经创建好的角色身份，使其成为数据库角色的成员。

【**例 11-22**】　指定数据库用户"Cuili"为已创建数据库角色"TeachersRole"的成员。

打开【数据库用户-Cuili】属性窗口，在【成员身份】页的"数据库角色成员身份"列表中勾选"TeachersRole"复选框,如图 11-99 所示。

图 11-99　在【数据库用户-Cuili】窗口—【成员身份】页中指定角色成员身份

5. 使用 T-SQL 更改数据库角色成员

使用 ALTER ROLE 语句更改(添加或删除)数据库角色的成员,基本语法如下。

```
ALTER ROLE　数据库角色名        --指定要更改的数据库角色的名称
  ADD MEMBER 数据库主体         --将指定的数据库主体添加为数据库角色的成员
| DROP MEMBER 数据库主体        --从数据库角色中删除指定的数据库主体
```

📖 **说明**

数据库主体是数据库用户或用户定义的数据库角色。

【例 11-23】 将数据库用户"Zhangmin"添加为数据库角色"TeachersRole"的成员。

```
ALTER ROLE  TeachersRole
  ADD MEMBER Zhangmin
```

执行以上语句,可为数据库用户分配数据库角色,使用户具有相应的访问数据库的权限。

本章介绍了 SQL Server 安全性管理的基本概念,通过实例介绍了数据库的安全性管理,主要包括 SQL Server 身份验证模式及其设置、登录名管理、数据库用户管理、架构管理、权限管理和角色管理。

项目训练 9　人事管理数据库的安全性管理

1. 设置身份验证模式。
2. 创建登录名。
3. 创建数据库用户。
4. 设置对象权限和数据库权限。
5. 创建和管理数据库角色。

项目训练 9　人事
管理数据库的
安全性管理

思考与练习

一、选择题

1. SQL Server 的安全性管理可分为 5 个等级,不包括( )。
   A. Windows 级　　B. 用户级　　　　　　C. SQL Server 服务器级　　D. 数据库级

2. 关于登录名和数据库用户，下列各项表述不正确的是（　　　）。

    A. 登录名是在服务器级创建的，数据库用户是在数据库级创建的

    B. 创建数据库用户时必须存在一个登录名

    C. 数据库用户和登录名必须同名

    D. 一个登录名可以对应多个数据库用户

3. 对 SQL Server 实例的登录有两种验证模式：Windows 身份验证模式和（　　　）。

    A. Windows NT 模式　　　　　　　　　B. 混合身份验证模式

    C. SQL Server 身份验证模式　　　　　　D. 以上都不对

4. 固定数据库角色 db_owner（　　　）。

    A. 可以执行数据库的所有配置和维护行为，还可以删除数据库

    B. 可以添加或删除用户

    C. 可以管理全部权限、对象所有权、角色和角色成员资格

    D. 可以更改数据库内用户表中的任何数据

二、填空题

1. 对象权限管理用于控制数据库用户（或角色）对_____的操作。

2. 创建新的数据库角色时一般要完成的任务是_____、_____和_____。

三、简答题

列举与本章有关的英文词汇原文、缩写（如无可不填写）及含义等，可自行增加行。

序号	英文词汇原文	缩写	含义	备注

第12章

数据库的恢复与传输

素养要点与教学目标

- 严格遵守数据安全法，维护国家和人民的利益不受侵犯。树立强烈的数据安全意识，培养严肃认真、诚实守信和一丝不苟的职业态度。
- 能够根据数据库的安全性需求选择合理的恢复机制备份与还原数据库。
- 能够将 SQL Server 数据库的数据与其他数据源（Excel、Access、Oracle 等）的数据进行相互传输。

拓展阅读 12　立德树人是维护数据库之根本

学习导航

本章介绍数据库系统维护的数据恢复与传输技术。SQL Server 提供了完善的数据库备份和还原功能，可以从多种故障中恢复数据库。此外，用户可以将 SQL Server 中的数据导出到其他数据库系统中，也可以将其他数据库系统中的数据导入 SQL Server 中。本章内容在数据库开发与维护中的位置如图 12-1 所示。

微课 12-1　数据库的恢复与传输

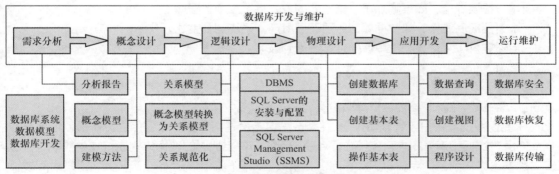

图 12-1　本章内容在数据库开发与维护中的位置

知识框架

本章的知识内容为数据库备份与还原的基本概念，使用 SSMS（DCL 功能）进行完整数据库、差异数据库和事务日志备份与数据库还原的方法，数据库表的导出与导入的方法。有关数据库的分离与附加在第 5 章中已经介绍过了，此处不赘述。本章知识框架如图 12-2 所示。

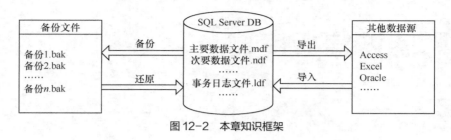

图 12-2　本章知识框架

12.1　数据库的备份与还原

在数据库应用环境中，计算机系统的各种软件与硬件故障、人为破坏和用户误操作等是难以避免的，这就有可能导致数据丢失、服务器瘫痪等严重后果。为了有效防止数据丢失，需要尽快恢复系统正常工作并把损失降到最低，因此应该及时创建备份并提供相应的备份和还原策略。

案例 1-12-1　教务管理数据库的备份与还原

制订并执行教务管理数据库"EDUC"的备份计划，在发生错误的情况下还原数据库。

12.1.1　数据库备份与还原概述

1．备份的重要性

"备份"是数据的副本，用于在数据库系统发生故障后还原和恢复数据。

在数据库系统中造成数据丢失的原因有很多，主要包括以下 4 个方面。

- 存储介质故障：保存数据库文件的磁盘设备损坏，用户没有数据库备份导致数据彻底丢失。
- 用户错误操作：如误删除了某些重要的表，甚至整个数据库。
- 服务器彻底瘫痪：如数据库服务器彻底瘫痪，系统需要重建。
- 自然灾害：水、火、雷等使硬件系统遭到破坏。

2．备份类型

SQL Server 有以下 4 种数据库备份类型。

（1）完整数据库备份（完整备份）。完整数据库备份是指对整个数据库进行备份，包括所有的数据库对象、数据和事务日志。完整数据库备份代表备份完成时的数据库，通过其中的事务日志可以实时用备份恢复到备份完成时的数据库。完整数据库备份使用的存储空间较大，所需时间较长，通常备份频率较低并尽可能安排在晚间。

还原某个数据库时，只用一步即可从完整数据库备份重新创建整个数据库。如果还原目标中已经存在这个数据库，还原操作将会覆盖现有的数据库；如果还原目标中不存在这个数据库，还原操作将会创建该数据库。

（2）差异数据库备份（差异备份）。差异数据库备份仅记录自上次完整数据库备份后发生更改的数据。差异数据库备份比完整数据库备份使用的存储空间要小，备份速度较快，可以更频繁地备份，从而降低数据丢失的风险。差异数据库备份基于完整数据库备份，因此将完整备份称为差异的"基准"或"差异基准"。必须注意的是，在还原差异数据库备份之前，必须先还原其基准。

（3）事务日志备份（日志备份）。事务日志用于记录所有事务，以及每个事务对数据库所做的修改。事务日志备份只备份事务日志中的变更，它由最近所提交到数据库中的事务组成，包括上次备份事务日志后对数据库执行的所有已完成事务的记录。如果数据库使用完整恢复模式或大容量日志恢复模式，则必须足够频繁地备份事务日志，以便最大限度地保护数据和避免事务日志变满。

（4）文件和文件组备份。SQL Server 支持备份或还原数据库中的文件和文件组，文件备份和还原操作必须与事务日志备份一起使用。使用文件和文件组备份可以加快恢复数据库的速度。

3. 备份计划

备份计划主要确定所需的备份类型和执行每种备份的频率，这主要取决于数据的重要性、数据库的大小和服务器的工作负荷等一系列因素。数据库管理员通常会定期创建完整数据库备份，选择较短的时间间隔创建差异数据库备份，并比较频繁地创建事务日志备份。例如，每周创建完整数据库备份，每天创建差异数据库备份，每隔 15 分钟创建事务日志备份。

可以创建维护计划，将备份计划作为其中的一部分。启动 SQL Server 代理服务，在 SSMS 的【对象资源管理器】→"管理"→"维护计划"下，可以为数据库创建并保存备份所需的任务工作流。执行此维护计划将会按预订的时间间隔自动执行备份等管理任务。有关维护计划的内容本书不做进一步介绍。

4. 备份设备

备份设备是对应于操作系统提供的资源，常用的有磁盘和磁带等。SQL Server 使用物理设备和逻辑设备两种方式来标识备份设备。物理备份设备的名称主要用来供操作系统进行引用和管理；逻辑备份设备是物理备份设备的别名，其名称被永久地保存在 SQL Server 的系统表中。使用逻辑备份设备名称的好处在于可以用一种相对简单的方式实现对物理备份设备的引用。例如，一个物理备份设备名称可能是"C:\备份\教务管理\EDUCBACKUP.bak"，如果使用逻辑备份设备名称，则可以缩写为"EDUCBACKUP"。对于常用的磁盘媒体来说，备份设备实质上就是一种文件。

5. 备份压缩

SQL Server 支持备份压缩，可以还原已压缩的备份。由于相同数据的压缩备份比未压缩备份小，压缩备份所需的设备 I/O（输入/输出）通常较少，因此可大大提高备份速度。

6. 恢复模式

恢复模式用于控制数据库备份和还原操作的基本行为，是一个数据库属性。数据库的恢复模式控制如何记录事务，决定是否需要并且允许备份事务日志，以及可以使用哪些备份类型的还原操作。SQL Server 可以选择以下 3 种恢复模式。

（1）完整恢复模式。完整恢复模式支持事务日志备份，依据所创建的完整数据库备份以及差异备份（如果有），再加上所有后续事务日志备份，可以将数据库还原到故障点，还可以将数据库还原到事务日志备份之一的特定恢复点（如某一特定的日期和时间）。SQL Server 默认并建议使用完整恢复模式，在最大范围内防止出现故障时丢失数据。

（2）简单恢复模式。简单恢复模式不支持事务日志备份，依据所创建的完整数据库备份以及差异备份（如果有），可以将数据库恢复到最近一次的数据库备份。由于没有事务日志备份，所以采用简单恢复模式无法将数据库还原到特定的恢复点，这种简化将可能导致在灾难事件中丢失数据。对于小型数据库和更改频繁程度不高的数据库，通常使用简单恢复模式。

（3）大容量日志恢复模式。大容量日志恢复模式简略地记录某些大容量操作（例如创建索引和大容量数据导入），并不在日志中记录所有的变化。大容量日志恢复模式提高了大容量操作的性能，并且使用最少的日志空间。

12.1.2 数据库备份

本节以数据库"EDUC"、完整恢复模式为例，介绍恢复模式设置、建立备份设备、完整数据库备份、差异数据库备份和事务日志备份。

为了保证数据库"EDUC"的安全与可靠性，考虑数据访问的时间和频率，制订一个备份计划：采用完整恢复模式，每周创建完整数据库备份，每天创建差异数据库备份，每隔 15 分钟创建事务日志备份。为了说明问题，可简单模拟一些 DDL 操作，系统日期时间也可虚拟，如表 12-1 所示。

表 12-1　为数据库"EDUC"实施备份计划

日期时间	备份类型	DDL 操作	备份集过期时间	覆盖介质（选项页）	备注
2024-7-22 01:00	完整	创建表 Table_1	30 天	覆盖所有现有备份集	例 12-3
2024-7-22 08:00	差异	创建表 Table_2	30 天	追加到现有备份集	例 12-4
2024-7-22 08:15	事务日志	创建表 Table_3	30 天	追加到现有备份集	例 12-5
2024-7-22 08:30	事务日志	错误删除表 Table_1	30 天	追加到现有备份集	例 12-5
2024-7-22 08:45	事务日志	创建表 Table_4	30 天	追加到现有备份集	例 12-5
……	事务日志	……	30 天	追加到现有备份集	
2024-7-23 08:00	差异	……	30 天	追加到所有备份集	第二天
……	事务日志	……	30 天	追加到现有备份集	
2024-7-29 01:00	完整	……	30 天	覆盖所有现有备份集	一周后

1. 恢复模式设置

【例 12-1】 在【数据库属性-EDUC】窗口—【选项】页中，可选择"恢复模式"为"完整"/"大容量日志"/"简单"。本书以完整数据库恢复模式为例，故选择"完整"，如图 12-3 所示。

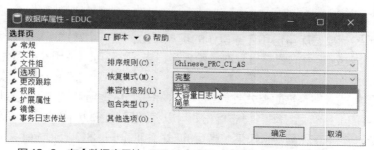

图 12-3　在【数据库属性-EDUC】窗口—【选项】页中设置恢复模式

2. 建立备份设备

【例 12-2】 对于物理备份设备名称 "C:\备份\教务管理\ EDUCBACKUP.bak"，建立其逻辑备份设备名称 "EDUCBACKUP"。

（1）在操作系统的支持下创建文件夹 "C:\备份\教务管理"。

（2）在【对象资源管理器】窗口中展开 "服务器对象" 节点，右击 "备份设备" 节点，从快捷菜单中选择 "新建备份设备" 命令，如图 12-4 所示。

（3）在打开的【备份设备】窗口中输入设备名称和物理文件名称，如图 12-5 所示。

图 12-4 选择 "新建备份设备" 命令

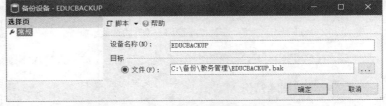

图 12-5 新建逻辑备份设备 "EDUCBACKUP"

3. 完整数据库备份

【例 12-3】 按照表 12-1 所示的数据库备份计划，于 2024-7-22 01:00 对数据库 "EDUC" 完成完整备份的任务，之后创建表 "Table_1"。

（1）启动 SSMS，右击【对象资源管理器】窗口中的 "EDUC" 数据库对象，从快捷菜单中选择 "任务" → "备份" 命令，打开【备份数据库-EDUC】窗口。

（2）在【备份数据库-EDUC】窗口—【常规】页中，选择 "源" 区域的 "备份类型" 为 "完整"，如图 12-6 所示；选择 "目标" 区域的 "备份到" 为 "磁盘"，然后单击 "添加" 按钮。在打开的【选择备份目标】对话框中选择建立的备份设备（本例为 "EDUCBACKUP"），如图 12-7 所示，单击 "确定" 按钮，返回【备份数据库-EDUC】窗口。

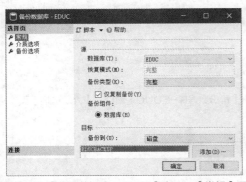

图 12-6 【备份数据库-EDUC】窗口—【常规】页

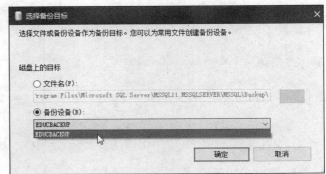

图 12-7 【选择备份目标】对话框

（3）在【备份数据库-EDUC】窗口—【介质选项】页中，选择 "覆盖介质" 区域 "备份到现有介质集" 中的 "覆盖所有现有备份集"，再选择可靠性等，如图 12-8 所示，然后单击 "确定" 按钮。在【备份选项】页中，选择 "备份集过期时间" 为 "30" 天，其他备份类型可与此类似。

（4）备份操作完成后，将弹出对话框提示备份成功，如图 12-9 所示。这时，在备份的文件位置可以找到"EDUCBACKUP.bak"备份文件。

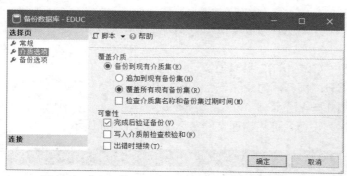

图 12-8 【备份数据库-EDUC】窗口—【介质选项】页   图 12-9 数据库备份完成提示对话框

（5）在数据库"EDUC"中创建表"Table_1"，表定义可随意设置。

4. 差异数据库备份

当对数据库进行一些操作之后，可以对数据库进行差异备份。

【例 12-4】 按照表 12-1 所示的数据库备份计划，于 2024-7-22 08:00 对数据库"EDUC"完成差异备份的任务，之后创建表"Table_2"。其方法与完整备份仅有两点不同。

（1）在【备份数据库-EDUC】窗口—【常规】页中，选择"备份类型"为"差异"，如图 12-10所示。

（2）在【备份数据库-EDUC】窗口—【介质选项】页中，选择"覆盖介质"区域"备份到现有介质集"中的"追加到现有备份集"，如图 12-11 所示。

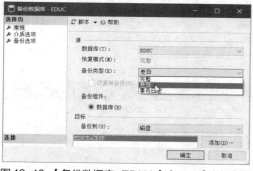

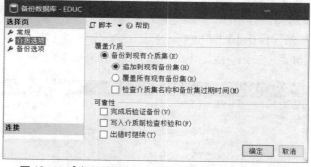

图 12-10 【备份数据库-EDUC】窗口—【常规】页   图 12-11 【备份数据库-EDUC】窗口—【介质选项】页

（3）单击"确定"按钮，完成差异数据库备份。

（4）在数据库"EDUC"中创建表"Table_2"，表定义可随意设置。

5. 事务日志备份

【例 12-5】 按照表 12-1 所示的数据库备份计划，于 2024-7-22 08:15 对数据库"EDUC"完成第一次事务日志备份的任务，之后创建表"Table_3"。于 2024-7-22 08:30 完成第二次事务日志备份的任务，之后错误删除表"Table_1"。于 2024-7-22 08:45 完成第三次事务日志备份的任务，之后创建表"Table_4"。创建事务日志备份与进行完整数据库备份也仅有两点不同。

（1）在【备份数据库-EDUC】窗口—【常规】页中，选择"备份类型"为"事务日志"，如图 12-12 所示。

（2）在【备份数据库-EDUC】窗口—【介质选项】页中，选择"覆盖介质"为"追加到现有备份集"，选择"事务日志"为"截断事务日志"（避免事务日志文件溢出），如图 12-13 所示。

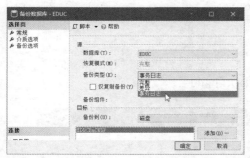

图 12-12 【备份数据库-EDUC】窗口—【常规】页

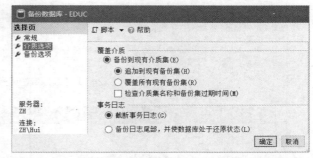

图 12-13 【备份数据库-EDUC】窗口—【介质选项】页

（3）单击"确定"按钮，完成事务日志备份。

（4）在数据库"EDUC"中创建表"Table_3"，表定义可随意设置。

按照表 12-1 所示的数据库备份计划，请读者自己完成第二次事务日志备份并删除表"Table_1"，第三次事务日志备份并创建表"Table_4"。

12.1.3 数据库还原

在数据库系统出现故障或者被误关闭之后，当用户重新启动它的时候，SQL Server 将自动启动还原进程，以保证数据的一致性。在用户手动执行恢复操作之前，应当验证备份的有效性，确认备份中是否包含有效的信息，并在执行某些特定的任务以后启动恢复进程。

对于使用完整恢复模式或大容量日志恢复模式的数据库，通常需要在开始还原数据库前备份日志尾部，将其作为恢复数据库之前的最后一个日志备份，以防系统出现故障后丢失所做的工作。

恢复数据库是一个装载数据库备份、应用事务日志重建的过程。应用事务日志之后数据库就会回到事务日志备份之前的状态。

【例 12-6】以前面备份的"EDUC"数据库为例，按照表 12-1 所示的备份计划和表定义操作实例，发现在 2024-7-22 08:30 第二次事务日志备份之后，错误地删除了表"Table_1"，现在希望将数据库恢复到这之前的状态。具体步骤如下。

（1）右击【对象资源管理器】窗口中的"EDUC"数据库，从快捷菜单中选择"任务"→"还原"→"数据库"命令，或者右击"数据库"节点，从快捷菜单中选择"还原数据库"命令。在打开的【还原数据库-EDUC】窗口中，选择还原的源设备为"EDUCBACKUP"，选择或者输入还原的目标数据库"EDUC"，勾选"要还原的备份集"，即勾选从完整数据库备份至第二个事务日志备份，如图 12-14 所示。

（2）对于图 12-14 所示的还原的时间点，也可以通过单击"还原到"右侧的"时间线"按钮，在打开的【备份时间线：EDUC】对话框中设置还原到某个时间点，如图 12-15 所示。

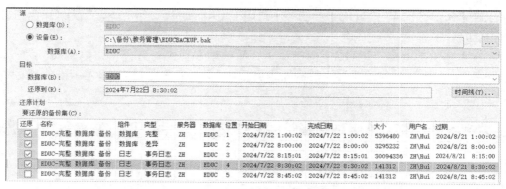

图 12-14 【还原数据库-EDUC】窗口

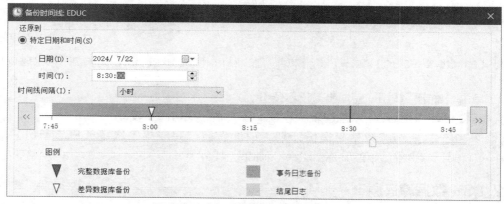

图 12-15 【备份时间线：EDUC】对话框

（3）在【还原数据库-EDUC】窗口—【选项】页的"还原选项"区域中勾选"覆盖现有数据库"复选框，如图 12-16 所示。

（4）单击"确定"按钮，完成数据库的还原，系统将提示成功还原了数据库，如图 12-17 所示。还原操作完成后，打开"EDUC"数据库，可以看到其中的数据已经还原，错误删除的表"Table_1"得到了还原，如图 12-18 所示。

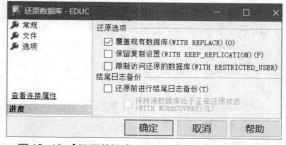

图 12-16 【还原数据库-EDUC】窗口—【选项】页

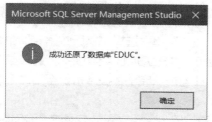

图 12-17 对数据库"EDUC"还原成功

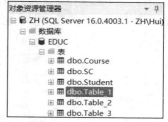

图 12-18 还原了错误删除的表"Table_1"

📖 说明

由于备份时将数据库的所有信息都进行了备份，因此对备份数据库还原时，一定要符合还原条件，特别是在还原时一定要将数据库文件还原到备份时的路径下。

12.2　数据库的导出与导入

通过 SQL Server 提供的导入和导出向导可以在 SQL Server 数据库与其他数据源（如 Excel 表、Access 和 Oracle 数据库）之间轻松传输数据。"导出"是指将数据从 SQL Server 源数据库复制到其他数据文件中；"导入"是指将其他数据文件加载到 SQL Server 数据库中。例如，可以将 SQL Server 数据库中的表导出到 Excel 文件中，也可以将数据从 Access 文件导入 SQL Server 数据库中。

案例 1-12-2　教务管理数据库的导出与导入

使用 SQL Server 提供的导入和导出向导，将教务管理数据库"EDUC"的数据与 Excel 和 Access 的数据进行相互传输。

12.2.1　SQL Server 数据导出

下面以数据库"EDUC"为例，介绍将 SQL Server 数据导出到 Excel 数据文件中的方法。

1. 直接导出数据

【例 12-7】　使用 SSMS 的【SQL Server 导入和导出向导】窗口将数据库"EDUC"中的表和视图导出到 Excel 数据文件"C:\数据\教务管理表.xls"（可事先创建此文件）中。

（1）打开 SSMS，右击【对象资源管理器】窗口中的"EDUC"数据库对象，从快捷菜单中选择"任务"→"导出数据"命令，如图 12-19 所示。

（2）在【SQL Server 导入和导出向导】窗口—【选择数据源】页中选择要从中复制数据的源。本例选择数据源为"Microsoft OLE DB Provider for SQL Server"，输入服务器名称为"ZH"，选择数据库为"EDUC"，如图 12-20 所示。然后单击"Next"按钮。

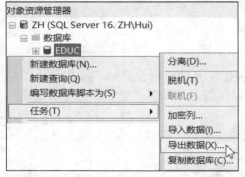

图 12-19　选择"任务"→"导出数据"命令

图 12-20　选择数据源

（3）在【选择目标】页中指定要将数据复制到的位置。本例选择目标为"Microsoft Excel"，并指定 Excel 文件名和 Excel 版本，如图 12-21 所示。然后单击"Next"按钮。

（4）在【指定表复制或查询】页中选择 SQL Server 数据导出的方式，如图 12-22 所示。选中"复制一个或多个表或视图的数据"单选项，可以直接把 SQL Server 数据库中全部或某几个完整的表或视图导出到目标数据表中；选中"编写查询以指定要传输的数据"单选项，可以使用 SQL 语句进行查询，然后把查询的结果导出到目标数据表中。本例选中"复制一个或多个表或视图的数据"单选项，然后单击"Next"按钮。

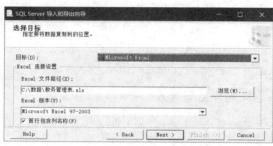

图 12-21　选择 Excel 文件作为目标　　　　　图 12-22　指定数据导出的方式

（5）在【选择源表和源视图】页中列出了源数据库所有的表和视图，如图 12-23 所示。可以逐一勾选或单击"全选"按钮选择所需内容，还可以单击"编辑映射"按钮编辑目标表列，单击"预览"按钮查看导出的表，然后单击"Next"按钮。

（6）在【查看数据类型映射】页中查看源列与目标列数据类型的匹配情况，选择类型不一致时转换的处理方式，一般可以保持默认状态，如图 12-24 所示，然后单击"Next"按钮。

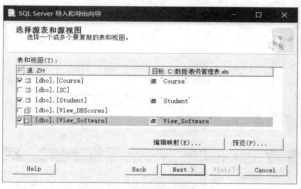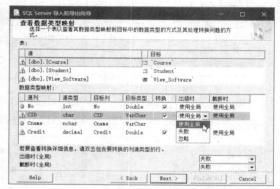

图 12-23　选择源表和源视图　　　　　　　　图 12-24　查看数据类型映射

（7）在【保存并运行包】页中可以选择是否需要保存以上操作所设置的 SSIS 包。勾选"保存 SSIS 包"复选框，可以把以上设置保存起来。默认情况下勾选"立即运行"复选框，如图 12-25 所示。设置完成后单击"Next"按钮。

（8）在【完成该向导】页中验证在向导中选择的选项，单击"完成"按钮，弹出【执行成功】页，如图 12-26 所示。

（9）导出数据操作完成后，打开 Excel 文件"教务管理表.xls"，可以看到导出的各个工作表，其中工作表"Course"如图 12-27 所示。

图 12-25　选择是否保存并运行包　　图 12-26　SQL Server 数据导出成功　　图 12-27　导出到 Excel 数据文件中的表

2. 编写查询导出数据

【例 12-8】　使用 SSMS 将数据库"EDUC"中表"Student"中的男生信息导出到 Excel 数据文件"C:\数据\男学生表.xls"（可事先创建此文件）中。

（1）前几步操作与直接导出数据的操作相同，只是此处在【SQL Server 导入和导出向导】窗口—【指定表复制或查询】页中，选中"编写查询以指定要传输的数据"单选项，编写 SQL 查询，然后把查询结果导出到目标数据表中，如图 12-28 所示。

（2）打开【提供源查询】页，在"SQL 语句"文本框中输入 SELECT 查询语句或单击"浏览"按钮打开 SQL 脚本语言，如图 12-29 所示。

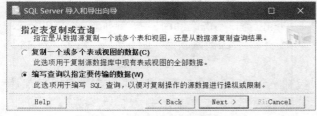

图 12-28　指定表复制或查询方式　　　　　　　图 12-29　输入 SELECT 查询语句

（3）单击"Next"按钮，再单击"预览"按钮预览所查询的数据，检查无误后单击"确定"按钮，如图 12-30 所示。

（4）剩下的操作与例 12-7 相同，在向导提示下逐步完成导出数据操作。打开 Excel 文件"男学生表.xls"，可以看到导出的"查询"工作表，如图 12-31 所示。

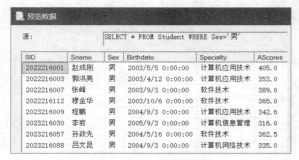

图 12-30　预览查询数据　　　　　　　图 12-31　查询后导出到 Excel 数据文件中的表

12.2.2　SQL Server 数据导入

下面以数据库"EDUC"为例，介绍将 Access 数据库中的数据导入 SQL Server 数据库中的方法。

【例 12-9】 使用 SSMS 的【SQL Server 导入和导出向导】窗口将 Access 数据库"C:\数据\毕业生.mdb"（可事先创建此文件）中的表"graduate"导入数据库"EDUC"中。

（1）启动 SSMS，右击【对象资源管理器】窗口中的"EDUC"数据库对象，从快捷菜单中选择"任务"→"导入数据"命令，如图 12-32 所示。

（2）在【SQL Server 导入和导出向导】窗口—【选择数据源】页中选择要从中复制数据的源。本例选择数据源为"Microsoft Access"，并指定 Access 数据库文件名"C:\数据\毕业生.mdb"，如图 12-33 所示。然后单击"Next"按钮。

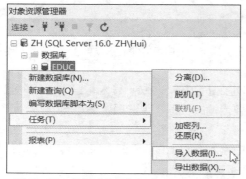

图 12-32　选择"任务"→"导入数据"命令

图 12-33　选择数据源文件"毕业生.mdb"

（3）在【选择目标】页中指定要将数据复制到的位置。本例选择目标为"Microsoft OLE DB Provider for SQL Server"，输入服务器名称为"ZH"，选择数据库为"EDUC"，如图 12-34 所示。然后单击"Next"按钮。

（4）在【指定表复制或查询】页中，选中"复制一个或多个表或视图的数据"或者"编写查询以指定要传输的数据"单选项，这里选择复制方式，如图 12-35 所示。然后单击"Next"按钮。

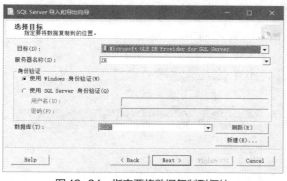

图 12-34　指定要将数据复制到何处

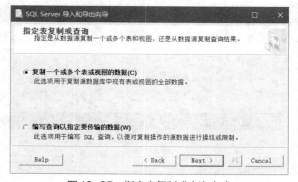

图 12-35　指定表复制或查询方式

（5）在【选择源表和源视图】页中选择所需的表和视图，如图 12-36 所示。

（6）单击"编辑映射"按钮，在【列映射】页中可根据 SQL Server 的数据类型重新定义（保持数据类型相容）目标表列。例如，将源列"学号"的数据类型由 varchar(50)改为 char(10)，如图 12-37 所示，然后单击"确定"按钮。

图 12-36　选择源表和源视图

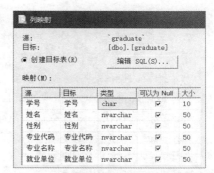

图 12-37　在【列映射】页中定义目标表

（7）在向导提示下逐步完成导入数据操作。在【完成该向导】页中单击"完成"按钮，弹出【执行成功】页，如有个别警告提示，则可以单击其后的"消息"查看原因，有些数据类型匹配的问题可以酌情忽略，如图 12-38 所示。

（8）导入数据完成后，查看数据库"EDUC"中新导入的表"graduate"，如图 12-39 所示。

图 12-38　导入执行成功

图 12-39　从 Access 导入的表

本章主要介绍了 SQL Server 数据库的备份与还原，以及数据的导出与导入。看似简单的操作实现起来却常会遇到困难或者失败，读者需要在应用中保持清醒的头脑，分析和解决问题。有关数据库的恢复与传输技术，读者可以通过对平时实验使用的数据库进行备份和还原等操作逐渐掌握。

SQL Server 数据库的恢复与传输技术直接关系到数据库的安全，是数据库管理员必须熟练掌握的技术，更重要的是要逐步培养扎实的实践技能和良好的职业素质。

项目训练 10　人事管理数据库的恢复与传输

1. 分析数据的备份需求。
2. 训练备份和还原。
3. 训练数据库的导出与导入。

项目训练 10
人事管理数据库的
恢复与传输

思考与练习

一、选择题

1. 进行差异数据库备份之前，需要做（　　）备份。
   A. 差异数据库　　　B. 完整数据库　　　C. 事务日志　　　D. 文件和文件组

2.（　　　　）备份最耗费时间。

    A. 完整数据库   B. 差异数据库   C. 事务日志   D. 文件和文件组

3. 下列关于数据库备份的叙述错误的是（　　　　）。

    A. 如果数据库很稳定就不需要经常做备份，否则要经常做备份以防止数据库损坏

    B. 数据库备份是一项很复杂的工作，应该由专业的管理人员来完成

    C. 数据库备份会受到数据库恢复模式的制约

    D. 数据库备份策略的选择应该综合考虑各方面的因素，并不是备份做得越多、越全面就越好

4. 关于 SQL Server 的恢复模式叙述错误的是（　　　　）。

    A. 大容量日志模式提高了大容量操作的性能，并且使用最少的日志空间

    B. 简单恢复模式支持所有的文件恢复

    C. 完整恢复模式是最好的安全模式

    D. 简单恢复模式无法将数据库还原到故障点或特定的即时点（恢复点）

二、填空题

1. SQL Server 数据库的恢复模式有_____、_____和_____3 种。

2. SQL Server 数据库的备份类型包括_____、_____、_____和_____。

3. 完整恢复模式下的备份类型可以分为 3 类，分别是_____、_____和_____。

4. 在数据传输中，_____是指将数据从 SQL Server 表复制到其他数据文件；_____是指将数据从其他数据文件加载到 SQL Server 表。

三、简答题

请列举与本章有关的英文词汇原文、缩写（如无可不填写）及含义等，可自行增加行。

序号	英文词汇原文	缩写	含义	备注